国家出版基金项目
NATIONAL PUBLICATION FOUNDATION

大飞机出版工程

总主编 顾诵芬

机载软件研制流程
最佳实践

Best Practice for Airborne software
Production Workflow

沈小明 王云明
陆荣国 蔡 喁 欧旭坡　　编著

上海交通大学出版社
SHANGHAI JIAO TONG UNIVERSITY PRESS

内容提要

本书首先介绍了机载软件适航的基本概念和基本要求,并说明了软件研制流程对软件适航的重要性;其次从严格的数学角度提出了软件研制流程的模型,给出了软件研制流程的具体内涵分析,并定义了软件研制流程四个不同层次的质量要求;再次综合了国外著名航空单位机载软件研制的大量案例,结合中国航空工业的实际特点,依据国际软件适航标准的要求,经过分析、研究和归纳,提出了一套完整的、严格的、规范的、易操作的机载软件研制流程的最佳实践,并综合评估了最佳实践的各项流程质量要求以及与适航标准的符合性;最后针对书中提出的数学模型以及最佳实践,简要介绍了配套的机载软件集成开发环境 ASIDE 以及其生成的部分软件生命周期数据的样本。希望本书对软件适航标准的实施和审定都具有良好的指导和借鉴意义。

图书在版编目(CIP)数据

机载软件研制流程最佳实践/沈小明等编著.—上海:上海
交通大学出版社,2013(2024 重印)
(大飞机出版工程)
ISBN 978 - 7 - 313 - 10438 - 0

Ⅰ.①机…　Ⅱ.①沈…　Ⅲ.①机载计算机-软件-最优
化-研究-中国　Ⅳ.①V247.1

中国版本图书馆 CIP 数据核字(2013)第 239579 号

机载软件研制流程最佳实践

编　　著:沈小明　王云明　陆荣国　蔡　喁　欧旭坡
出版发行:上海交通大学出版社　　　　　　　　地　　址:上海市番禺路 951 号
邮政编码:200030　　　　　　　　　　　　　　电　　话:021 - 64071208
印　　制:上海新华印刷有限公司　　　　　　　经　　销:全国新华书店
开　　本:787mm×1092mm　1/16　　　　　　印　　张:23.5
字　　数:462 千字
版　　次:2013 年 12 月第 1 版　　　　　　　　印　　次:2024 年 8 月第 2 次印刷
书　　号:ISBN 978 - 7 - 313 - 10438 - 0　　　　电子音像号:ISBN 978 - 7 - 89424 - 065 - 1
定　　价:148.00 元

大飞机出版工程

丛书编委会

总主编

顾诵芬（中国航空工业集团公司科技委副主任、两院院士）

副总主编

金壮龙（中国商用飞机有限责任公司董事长）

马德秀（上海交通大学党委书记、教授）

编　　委（按姓氏笔画排序）

王礼恒（中国航天科技集团公司科技委主任、院士）

王宗光（上海交通大学原党委书记、教授）

刘　洪（上海交通大学航空航天学院教授）

许金泉（上海交通大学船舶海洋与建筑工程学院工程力学系主任、教授）

杨育中（中国航空工业集团公司原副总经理、研究员）

吴光辉（中国商用飞机有限责任公司副总经理、总设计师、研究员）

汪　海（上海交通大学航空航天学院副院长、研究员）

沈元康（中国民用航空局原副局长、研究员）

陈　刚（上海交通大学副校长、教授）

陈迎春（中国商用飞机有限责任公司常务副总设计师、研究员）

林忠钦（上海交通大学常务副校长、院士）

金兴明（上海市经济与信息化委副主任、研究员）

金德琨（中国航空工业集团公司科技委委员、研究员）

崔德刚（中国航空工业集团公司科技委委员、研究员）

敬忠良（上海交通大学航空航天学院常务副院长、教授）

傅　山（上海交通大学航空航天学院研究员）

适航系列编委会

名誉主编

沈元康（中国民用航空局原副局长）

顾　问

张红鹰（中国民用航空局总工程师）

罗荣怀（中国商用飞机有限责任公司副总经理）

吴光辉（中国商用飞机有限责任公司副总经理）

王　中（中国民用航空局原适航司司长）

主　编

赵越让（中国商用飞机有限责任公司适航管理部部长）

副主编

沈小明（中国民用航空局上海航空器适航审定中心主任）

编　委

吴兴世（中国商用飞机有限责任公司研究员）

白　杰（中国民航大学副校长、教授）

姜丽萍（中国商飞上海飞机制造有限公司总工程师）

马小骏（中国商飞上海飞机客户服务有限公司副总经理）

曾海军（中航商用飞机发动机公司副总经理）

欧旭坡（中国民用航空局上海航空器适航审定中心副主任）

黎先平（中国商用飞机有限责任公司型号副总设计师）

修忠信（中国商用飞机有限责任公司型号副总设计师）

褚静华（中国商用飞机有限责任公司总部项目适航处处长）

郝　莲（中国商用飞机有限责任公司适航工程中心主任）

丘　弢（中国民用航空局西北地区管理局适航审定处处长）

成　伟（中国民用航空局东北地区管理局适航审定处副处长）

路　遥（中国民航科学技术研究院航空器适航研究所所长）

钱仲焱（中国商用飞机有限责任公司适航工程中心副主任）

傅　山（上海交通大学航空航天学院研究员）

余红旭（中国商用飞机有限责任公司总装制造中心适航管理部部长）

总　序

国务院在 2007 年 2 月底批准了大型飞机研制重大科技专项正式立项,得到全国上下各方面的关注。"大型飞机"工程项目作为创新型国家的标志工程重新燃起我们国家和人民共同承载着"航空报国梦"的巨大热情。对于所有从事航空事业的工作者,这是历史赋予的使命和挑战。

1903 年 12 月 17 日,美国莱特兄弟制作的世界第一架有动力、可操纵、重于空气的载人飞行器试飞成功,标志着人类飞行的梦想变成了现实。飞机作为 20 世纪最重大的科技成果之一,是人类科技创新能力与工业化生产形式相结合的产物,也是现代科学技术的集大成者。军事和民生对飞机的需求促进了飞机迅速而不间断的发展,应用和体现了当代科学技术的最新成果;而航空领域的持续探索和不断创新,为诸多学科的发展和相关技术的突破提供了强劲动力。航空工业已经成为知识密集、技术密集、高附加值、低消耗的产业。

从大型飞机工程项目开始论证到确定为《国家中长期科学和技术发展规划纲要》的十六个重大专项之一,直至立项通过,不仅使全国上下重视起我国自主航空事业,而且使我们的人民、政府理解了我国航空事业半个世纪发展的艰辛和成绩。大型飞机重大专项正式立项和启动使我们的民用航空进入新纪元。经过 50 多年的风雨历程,当今中国的航空工业已经步入了科学、理性的发展轨道。大型客机项目其产业链长、辐射面宽、对国家综合实力带动性强,在国民经济发展和科学技术进步中发挥着重要作用,我国的航空工业迎来了新的发展机遇。

大型飞机的研制承载着中国几代航空人的梦想,在 2016 年造出与波音 B737 和空客 A320 改进型一样先进的"国产大飞机"已经成为每个航空人心中奋斗的目标。然而,大型飞机覆盖了机械、电子、材料、冶金、仪器仪表、化工等几乎所有工业门类,集成了数学、空气动力学、材料学、人机工程学、自动控制学等多种学科,是一个复杂的科技创新系统。为了迎接新形势下理论、技术和工程等方面的严峻挑战,迫切需要引入、借鉴国外的优秀出版物和数据资料,总结、巩固我们的经验和成果,编著一套以"大飞机"为主题的丛书,借以推动服务"大型飞机"作为推动服务整个航空科学的切入点,同时对于促进我国航空事业的发展和加快航空紧缺人才的培养,具有十分重要的现实意义和深远的历史意义。

2008 年 5 月,中国商用飞机有限公司成立之初,上海交通大学出版社就开始酝酿"大飞机出版工程",这是一项非常适合"大飞机"研制工作时宜的事业。新中国第一位飞机设计宗师——徐舜寿同志在领导我们研制中国第一架喷气式歼击教练机——歼教 1 时,亲自撰写了《飞机性能捷算法》,及时编译了第一部《英汉航空工程名词字典》,翻译出版了《飞机构造学》、《飞机强度学》,从理论上保证了我们飞机研制工作。我本人作为航空事业发展 50 年的见证人,欣然接受了上海交通大学出版社的邀请担任该丛书的主编,希望为我国的"大型飞机"研制发展出一份力。出版社同时也邀请了王礼恒院士、金德琨研究员、吴光辉总设计师、陈迎春副总设计师等航空领域专家撰写专著、精选书目,承担翻译、审校等工作,以确保这套"大飞机"丛书具有高品质和重大的社会价值,为我国的大飞机研制以及学科发展提供参考和智力支持。

编著这套丛书,一是总结整理 50 多年来航空科学技术的重要成果及宝贵经验;二是优化航空专业技术教材体系,为飞机设计技术人员培养提供一套系统、全面的教科书,满足人才培养对教材的迫切需求;三是为大飞机研制提供有力的技术保障;四是将许多专家、教授、学者广博的学识见解和丰富的实践经验总结继承下来,旨在从系统性、完整性和实用性角度出发,把丰富的实践经验进一步理论化、科学化,形成具有我国特色的"大飞机"理论与实践相结合的知识体系。

"大飞机"丛书主要涵盖了总体气动、航空发动机、结构强度、航电、制造等专业方向,知识领域覆盖我国国产大飞机的关键技术。图书类别分为译著、专著、教材、工具书等几个模块;其内容既包括领域内专家们最先进的理论方法和技术成果,也包括来自飞机设计第一线的理论和实践成果。如:2009 年出版的荷兰原福克飞机公司总师撰写的 *Aerodynamic Design of Transport Aircraft*(《运输类飞机的空气动力设计》),由美国堪萨斯大学 2008 年出版的 *Aircraft Propulsion*(《飞机推进》)等国外最新科技的结晶;国内《民用飞机总体设计》等总体阐述之作和《涡量动力学》、《民用飞机气动设计》等专业细分的著作;也有《民机设计 1000 问》、《英汉航空双向词典》等工具类图书。

　　该套图书得到国家出版基金资助,体现了国家对"大型飞机项目"以及"大飞机出版工程"这套丛书的高度重视。这套丛书承担着记载与弘扬科技成就、积累和传播科技知识的使命,凝结了国内外航空领域专业人士的智慧和成果,具有较强的系统性、完整性、实用性和技术前瞻性,既可作为实际工作指导用书,亦可作为相关专业人员的学习参考用书。期望这套丛书能够有益于航空领域里人才的培养,有益于航空工业的发展,有益于大飞机的成功研制。同时,希望能为大飞机工程吸引更多的读者来关心航空、支持航空和热爱航空,并投身于中国航空事业做出一点贡献。

2009 年 12 月 15 日

序　一

　　发展国产大型客机是党中央、国务院在21世纪作出的具有重要战略意义的决策。"民机发展,适航先行",是民用航空事业的基本理念。适航是国产大型客机获得商业成功、走向国际市场的法定前提和重要保证。

　　众所周知,第二次世界大战结束后,世界航空工业的两个超级大国——美国和苏联,分别成功制造了大型飞机波音707飞机和图-154飞机,并投入民用航空运输领域。经过数十年的市场选择,最后的结果值得我们深思。目前,世界大型民机市场几乎完全由美国波音和欧洲空客两大航空巨头垄断,而辉煌一时的苏联民用运输机在市场上所占的份额不足0.5%。造成这种结果的最重要因素,就是它的飞机安全性没有完全保证;同时,其保障安全性的适航体系也没有完全建立和全面实施。

　　美国高度重视适航体系的建立和发展。早在1926年商务部就成立了航空司,并颁发第7号航空通报,对飞行员、航图、导航和适航标准进行管理。1934年,航空司更名为航空局。从1934年到1958年相继制定并颁发了民用航空规章(CAR)如CAR04(飞机适航要求)、CAM04(要求和解释材料)、CAR03(小飞机)、CAR06(旋翼机)、CAR04a-1(TSO)、CAR7(运输类旋翼飞机)等。

　　1958年,航空局更名为联邦航空局(FAA),被赋予制定和监督实施美国航空规章(FAR)的职责。FAA归属交通运输部,但局长由总统直接任命。

　　波音707飞机于1958年获得FAA型号合格证,获得了适航批准。在美国严格的审定标准和审定程序下,该飞机具有良好的安全性和市场表现,先后共交付1010架,被誉为商用民航客机的典范。美国的适航体系和概念也得到了世界上绝大多数国家的认可。

　　苏联图-154飞机却命运多舛。该飞机于1966年开始设计,苏联当时没有构成体系的民用飞机适航标准和主要参考强度规范等。虽然苏联民用飞机和直升机适航标准联合委员会于1967年制订了《苏联民用飞机适航标准》，该标准涵盖了运输类飞机、直升机、发动机和螺旋桨等各种航空产品，但适航要求不够详细和完善。1972年，图-154获得苏联民用航空部运送乘客许可并投入运行。该飞机虽然生产了900余架，但却发生了56次重大事故，最终没能在国际主流民机市场获得认可。

欧洲空中客车公司在国际民机市场的崛起，从另一个侧面说明了强有力的适航管理能力是大型客机成功的关键因素之一。欧洲为了在国际民机市场上和美国分庭抗礼，于1990年成立联合航空局（JAA），大力加强适航审定体系和适航管理能力建设，为空中客车公司后来居上进而在国际大型民机市场与波音公司平分秋色，起到了支撑和保障作用。

纵观欧美和苏联的运输类飞机发展历程可以发现，民机型号的发展不仅需要先进的航空工业基础，更重要的是要有国际认可的安全性——适航性。

当前，在国家政策指引下，中国航空业呈现跨越式发展。ARJ21-700新支线飞机、215直升机、MA600螺旋桨飞机、Y12F轻型多用途飞机、N5B农用飞机、H0300水陆两栖飞机、L7初级教练机、28F直升机、Y8F-600飞机等型号陆续开展研制工作。2009年12月16日，大型客机C919基本总体技术方案经过评审并获得通过，转入初步设计阶段；2010年向中国民航局提交大型客机取证申请，预计大型客机争取在2014年首飞，2016年交付客户使用。

面对正在开展的支线飞机和大型客机适航审定工作，我国的适航管理面临着新的严峻的挑战，突出表现为两个主要矛盾：一是国际审定技术快速发展与我国适航审定能力相对滞后的矛盾，尽管我们采用"影子审查"的中美两国政府合作方式来弥补；二是国内民用航空工业的快速发展与有限的适航符合性基础能力的矛盾。

现实迫切需要引入、借鉴国外的优秀出版物和数据资料，同时总结、巩固我国30年的实践经验和科研成果，编著一套以"民用飞机适航"为主题的丛书，这对于促进我国适航管理技术的发展和加快适航紧缺人才的培养，具有十分重要的现实意义和深远的历史意义。

与适航事业结缘近30年，并见证了中国适航发展变迁，我怀着继续为中国适航管理竭尽绵薄之力的愿望，欣然接受了上海交通大学出版社的邀请，担任"民用飞机适航"丛书的名誉主编。出版社同时邀请了中国民用航空局张红鹰总工程师、中商飞吴光辉总设计师和原民航局适航司副司长赵越让等适航专家撰写专著、精选书目，承担翻译、审校等工作，以确保这套丛书具有高品质和重大的社会价值，为我国的大飞机研制以及适航技术的发展提供参考和智力支持。

这套丛书主要涵盖了适航理念与原则、机载软件适航、试飞、安全可靠性、金属材料与非金属材料等专业方向，知识领域覆盖我国国产大飞机适航的关键技术，内容既包括适航领域专家们最先进的理论方法和技术成果，也包括来自工艺部门进行适航符合性验证的理论和实践成果。

该套图书得到国家出版基金资助，体现了国家对"大型飞机项目"以及"民用飞机适航出版工程"的高度重视。这套丛书承担着记录与弘扬科技成就、积累和传播科技知识的使命，凝结了国内外民机适航领域专业人士的智慧和成果，具有较强的系统性、完整性、实用性和技术前瞻性，既可作为实际工作指导用书，也可作为相关专业人员的学习参考用书。期望这套丛书能够有益于民用航空领域里适航人才的培养，有益于国内适航法规的完善、有益于国内适航技术的发展，有益于大飞机的成功研制。同时吸引更多的读者重视适航、关心适航、支持适航，为国产大型客机的商业成功做出贡献。

最后，我们衷心感谢中商飞、上海交通大学出版社和参与编写、编译、审校的专家们以及热心于适航教育的有识之士做出的各种努力。

由于国内外专家们的背景、经历和实践等差异，有些观点和认识不尽相同，但本着"仁者见仁，智者见智"，"百花齐放，百家争鸣"的精神，给读者以研究、思考的广阔空间，也诸多裨益。当然，不同认识必将在未来的实践检验中得到统一和认可。这也是我们出版界伟大的社会责任。我们期望的事业也就蓬勃发展了。大家努力吧！

2013 年 4 月 20 日

序　二

　　2012 年 7 月 8 日,国务院出台了《国务院关于促进民航业发展的若干意见》。其中明确提出"积极支持国产民机制造",包括加强适航的审定和航空器的适航评审能力建设,健全适航审定组织体系,积极为大飞机战略服务,积极拓展中美、中欧等双边适航范围,提高适航审定国际合作水平。2013 年 1 月 14 日,国务院办公厅以国办函[2013]4 号文件下发了《促进民航业发展重点工作分工方案的通知》,要求有关部门认真贯彻落实《国务院关于促进民航业发展的若干意见》精神,将涉及本部门的工作进行分解和细化,并抓紧制订出具体落实措施。由此可见,适航和适航审定能力建设已上升为国家民航强国战略、国产大飞机战略的有效组成部分。

　　适航是民用飞机进入市场的门槛,代表了公众对民用飞机安全的认可,也是民用飞机设计的固有属性。尽管相比国外,我国的适航管理起步较晚,1987 年国务院才颁布《中华人民共和国民用航空器的适航管理条例》,但是我们一开始在适航标准的选用上就坚持了高标准并确定了与欧美国家接轨的道路,几十年国际民用飞机的发展和经验已充分证明我国适航管理道路的正确性和必要性,对于国家的大飞机战略,我们仍将坚持和选择这样的道路,只有这样,才能确保我国从民航大国走向民航强国,形成有国际竞争力的民用飞机产业。

　　飞机已经诞生 110 年了,国外先进的民机发展历史也有七八十年,我国民机发展历史较短,目前还无真正意义上按 25 部适航标准要求取得型号合格证的产品出现,但可喜的是从中央到企业,从民航到工业界,业界领导和专家将适航及适航能力的突破作为国产民用飞机产业发展的基础和前提,达成了共识。专家、学者、工程师和适航工作者全面探索和开辟了符合中国国情的适航成功道路的研究及实践,并直接应用到 C919 等型号研制中。我很高兴地看到上海交通大学出版社面向大飞机项目的适航技术提高和专业适航人才的培养,适时推出"民用飞机适航出版工程"系列丛书,引入、借鉴国外的优秀出版物,总结并探索我国民机发展适航技术的实践经验及工程实践道路,直接呼应了国家重大任务,应对了民机产业发展,这无疑具有十分重要的现实意义和深远的历史意义。

张江鹰

2013 年 7 月 20 日

作 者 介 绍

沈小明,南京航空航天大学硕士。早年在民航华东管理局从事航空器适航审定工作,先后参加了对 Y8F、Y12IV、N5、MD80/90、WJ6 发动机等项目的审定,获得高级工程师资格。2005 年因《中国民用航空安全运行监督管理程序研究》获民航局科技进步三等奖。现任上海航空器适航审定主任、中国民航 C919 型号合格审定委员会主任、ARJ21—700 型号合格审定委员会副主任。主要研究方向为航空器适航管理等。

王云明,软件适航资深专家,复旦大学硕士,法国国家信息与自动化研究所博士。早年就职于法国爱斯特尔技术有限公司研发部,先后从事过软件研制和软件项目管理工作,参与过多国民航局方(FAA、EASA(原JAA)、Transport Canada 等)对 KCG 工具的鉴定。归国后,一直从事高安全嵌入式软件开发方法学的研究和技术推广,给许多单位做过嵌入式软件开发的技术讲座。近些年来,为众多的中国航空单位进行了 DO - 178B/C 的基础培训、高级培训、实战训练,并为许多单位的 DO - 178B/C 实施或审定工作提供了咨询。

蔡喁,合肥工业大学硕士,长年从事软件研制工作。曾就职于霍尼韦尔中国研发中心,先后参加了 A380、A340、B787 等多个型号机载系统的软件研制项目。现为中国民用航空上海航空器适航审定中心电子电气室高级工程师,参加过中国民用航空局对庞巴迪、波音等多个型号的认可审查活动。

陆荣国，机载软件资深专家，长期从事航空电子软件开发与验证，拥有非常丰富的各类航空电子软件的研制经验，曾是多项航空电子综合化相关重点项目的主要参加者，先后获得国务院特殊津贴、航空航天部劳动模范、中航一集团航空五十周年"科技尖兵"、国防科工委劳动模范、国防科工委有突出贡献中青年专家等多项奖项。

欧旭坡，西北工业大学硕士，南京航空航天大学博士，研究员级高级工程师。从1988年起，在成都飞机工业公司工作了15年，先后在技术中心担任飞机设计员、专业设计组长、总体室副主任、中心副主任以及成飞公司计划处副处长等职。2001年后，先后担任中航商飞总经理助理（计划财务部长）及成都威特电喷公司总经理。2007年至今，担任上海审定中心副主任，中国民航C919型号合格审定审查组组长。主要研究方向飞机设计、经营及项目管理、适航及适航审定等。

前　　言

　　机载软件是指飞机上各类机载系统和设备中所含的计算机程序和数据。它在现代飞机中占有重要的一席之地。自 20 世纪 70 年代以来,民用飞机(民机)的飞行原理、布局和用途并没有发生太大的变化,但飞机上所装载的各类机载系统和设备的功能和性能却发生了翻天覆地的变革。这些变革很大程度上得益于机载软件技术以及现代电子技术突飞猛进的发展。据统计,在喷气式民用运输类飞机上包括发动机在内的各类机载系统和设备的造价已经占到了飞机总造价的 50% 以上,而当今的机载系统几乎无一例外地包含机载软件。纵观飞机的通信导航系统、现代化"玻璃座舱"的显示和告警系统、起落架系统、飞机内外部照明系统、机上液压系统、能源的分配与控制系统、电传飞控系统、发动机和推力控制系统等等,机载软件无处不在。可以毫不夸张地说机载软件已经成为当代民用飞机的灵魂。

　　随着机载软件在机载系统乃至整架飞机的重要性越来越高,机载软件的安全也成为了飞机安全的一个重要隐患。考虑到机载软件本身的特殊性,它的安全通常无法像电子器件、复合材料一样进行测量和实验,也不可能进行穷举的测试,所以软件的安全通常是依靠严格、规范的软件研制流程控制来保障的。为此,RTCA/EUROCAE 颁布了 DO‐178B/ED‐12B,提出了机载软件的适航要求,用以规范软件生命周期的过程和数据以保证达到适航的目标。

　　自 1992 年正式颁布以来,DO‐178B 对保证机载软件的安全起到了非常重要的作用。FAA 的咨询通告 AC20‐115B 以及 CAAC 的咨询通告 AC‐21‐02 都把 DO‐178B 认可为机载软件可接受的适航符合性方法,并且在机载软件研制和审定的实践活动中起到了很好的效果,成了民用航空工业的通行标准。国内外民用飞机的机载软件通常都按照 DO‐178B 为标准来进行研制并取得适航批准。

　　中国大飞机重大专项计划已经启动,以 C919 为代表的国产大型民用飞机的研制也在如火如荼地开展中。业界专业人士认为,当前我国民机机载系统和设备的制造水平与发达国家依然存在一定的差距,而在机载软件领域这一差距则更加显著。到本书编写之时,我国虽然已经推出了包括运-7系列、新舟系列以及运-12系列等多型民用飞机,但迄今为止还鲜有国产机载系统和设备成功进入发达国家市场的案例。有专家分析认为,这一现象在很大程度上与我国航空工业的研制单位对DO-178B等适航标准的理解和实施能力不足有密切的关系。

本书认为,掌握DO-178B标准包含两个层面的内容:一是对标准核心内容的深入理解和正确解读;二是正确地将标准应用于机载软件的研制和实践以达到标准提出的适航要求,特别是能够有效地根据自己单位的组织架构、项目特点、软件级别等要素定义出适合自己的软件研制流程和研制方法并有效实施。本书作者调研过若干国内航空电子系统和设备的研制单位,有些对DO-178B标准核心内容的解读和理解还存在一定的疑惑,有些则能够理解标准的要求,但由于缺少实践经验和参考案例,对实际软件项目中如何切实地贯彻DO-178B标准感到迷茫。

自从2003年我国开展具有自主知识产权的ARJ21-700的适航审定工作并引进DO-178B标准作为机载软件适航符合性标准以来,国内外各类专家为国内研制单位和广大软件技术人员开展过大量的DO-178B培训。可以说,对标准核心内容的解读和理解将不再是中国航空工业执行DO-178B的瓶颈。但是,迄今为止国内民机机载软件得到适航批准的成功案例仍然较少,与飞机安全性相关性强的机载软件的研制还严重依赖于与国外企业的合作,表明DO-178B标准存在实施方面的障碍,可以说真正的瓶颈出现在上述的第二个层面。因此,作者认为迫切需要通过部分先驱工作者的努力,给出一个可适应国内研制情况和特点,并满足DO-178B标准的软件研制流程的最佳实践,供中国航空工业的软件研制单位学习和参考。

在这样的背景下,本书的目的不是对DO-178B标准的解读和诠释,而是对DO-178B标准的成功实施的指南。它围绕着软件研制流程这个核心话题,给出了一套完整的、严格的、规范的、易操作的解决方案。这套解决方案包含了以下几个方面的内容:

第2章:提出了软件研制流程的数学模型;

第3章:基于该数学模型,给出了软件研制流程的最佳实践;

第4章:设计了完全兼容于该数学模型和该最佳实践的流程支持环境ASIDE;

第5章:展示了由 ASIDE 自动生成的,基于该数学模型及该最佳实践的文档样本;

附录 A:评估了本书提出的解决方案对 DO-178B 标准的符合性;

附录 B,C,D:评估了本书提出的解决方案对 GJB5000A,EN50128,IEC60880 标准有关流程要求的符合性。

本书所提出的软件研制流程最佳实践,是从国内外多个著名航空单位的机载软件研制案例中概括、总结并提练出来的。书中剔除了这些案例中过于个性化的成份,结合了中国航空工业单位的实际情况,保留了一个完备的共性流程。因此该最佳实践具有足够的典型性和良好的代表性,对初次建设流程的单位来说具有很好的参考意义和实用价值。但是,作者认为非常有必要提醒读者,本书所给出最佳实践并不是对 DO-178B 标准实施的唯一标准答案。建议大家结合本单位的组织架构、项目特点、软件级别等实际情况,对症下药,有选择性地吸收和改进本最佳实践,才能取得更好的效果。

本书作者均从事民用飞机的研制和审定等工作,书中不乏多年工作中的独到见解。其中王云明先生和蔡喝先生还曾在欧美等国外知名公司就职,参加过发达国家民用飞机机载软件或软件工具的研制项目,并且还直接参与了 DO-178C 标准的制订工作;陆荣国先生则是中航集团的资深专家,几十年如一日地奋斗在航电系统和设备的研发事业中,负责过多个适航项目;欧旭坡先生多年从事航空工作,现任 C919 审查组长,积极地参与了本书编写和审阅工作。他们对 DO-178B/C 系列标准的应用都具有一定的经验,也对中国航空工业单位在理解和实施标准方面遇到的困难有一定的了解。可以说,本书提供的机载软件研制流程最佳实践是建立在工程实践基础之上的,希望能够帮助中国航空工业软件研制单位解决当前机载软件研制流程方面的困难和问题。

本书在编写过程中得到了中国民用航空局相关领导的大力支持,也得到了上海爱韦讯信息技术有限公司多名技术人员的鼎力协助,还得到了中国民航上海航空器适航审定中心、中国商用飞机有限责任公司上海飞机设计研究院等单位同行专家的帮助和指正,在此一并致谢。

由于作者水平有限、时间仓促,书中存在的错误和疏漏,欢迎广大读者提出宝贵意见。

沈小明

2013 年 6 月于上海

目　　录

1 机载软件研制概述

1.1 软件研制的发展史

1.1.1 纯朴时代

早在软件刚刚出现的时候,人们有一个纯朴概念,觉得软件开发就是写程序、调程序两部分工作。于是,当人们决定开发一个软件时,似乎认为唯一需要做的就是写程序、调程序这两件事。在那个时候,既没有成熟的需求、设计等概念,也没有系统的测试、版本等思想,所以把它称之为"纯朴时代"。

在这个时代,软件开发的成功与否严重依赖于程序员的个人能力。但是,人们很快就意识到这一概念的局限性。在实际的软件开发中,各个程序员的编程能力存在着巨大的差异,同样学历、同样智商、同样经验的不同程序员编程效率和代码质量存在 10 倍以上的差异,严重的甚至可达 25 倍以上[19]。尽管这一现象在纯朴时代并没有被大家普遍认识和关注,但它却确确实实地影响着当时的软件开发项目:程序员编程能力的巨大差异导致程序员之间的思想沟通、工作协调、程序接口等方面存在很大的障碍。另外,出色的程序员的流动往往为整个软件项目带来致命的灾难。

因此,人们在探索这些问题解决方案的实践中很快地就认识到软件开发其实并不是简单的写程序、调程序这两项活动,而是由一系列创造性的、互相合作的复杂活动组成的。例如,为了让几十个人共同写好一个程序,写代码之前的工作协调和思想沟通,促使他们努力去探索协调和沟通的方法和有效途经,这就逐步衍生了通过各种各样的图表来沟通和交流,从而形成了后来需求和设计的雏形。

在纯朴时代,很多软件项目的结局都很悲惨,不仅进度严重落后,开发的软件也往往达不到预期,很多都以失败而告终,导致了巨大的财产损失。随着软件规模越来越大,软件的应用越来越普及,人们日益感到对软件开发已经力不从心。于是人们慢慢放弃了原来的对编程能力的追求,开始走上了对软件开发管理能力的追求之路。

1.1.2 软件工程时代

有了纯朴时代的经验和教训,很多专家学者就开始了对软件开发技术、开发方法、开发模型以及开发方法学方面的研究,软件工程的概念也就慢慢的应运而生了。北大西洋公约组织(NATO)在 1968 年举办了首次软件工程学术会议[23],并于会中提出"软件工程"来界定软件开发所需的相关知识和思想,并建议"软件开发应该是类似工程的活动"。软件工程自 1968 年正式提出后迅速风靡。人们开始积累和分享大量的研究成果,并广泛地进行大量的技术实践。通过学术界和产业界的共同努力,软件工程逐渐发展成了一门专业学科。概括地说,软件工程是一门研究和应用如何以系统化、规范化、过程化、可定量的方法去开发和维护软件,以及如何把经过时间考验而证明正确的管理技术和当前能够得到的最好的技术方法结合起来的学科。随着软件工程的学术研究和实践积累,人们开始总结出各种各样的软件开发模型,例如瀑布式开发模型、V 型开发模型,Jackson 模型等等。

软件工程的思想在很大程度上提高了软件开发的成功率,较好地解决了软件开发团队之间的沟通和交流问题。但它并不是什么神丹妙药,无论是瀑布型开发模型还是 V 型开发模型,关注的重点依旧停留于开发和测试上,未能化解软件项目的所有问题。

首先,软件项目进度落后或研制失败的现象依然普遍,并且给社会带来巨大的财产损失。而造成进度落后或研制失败的重要原因之一还是软件工程管理经验的不足。OS 360 操作系统就是一个典型的案例。这个经历了数十年、千名程序员参与的超大型软件项目甚至产生了一套不包括在原始设计方案之中的工作系统。Fred Brooks 在《人月神话》[20]中承认在管理这个项目的时候犯了一个价值数百万美元的错误。

除了进度落后或研制失败带来的巨大财产损失之外,软件的错误也常常带来灾难性的后果。例如 1996 年 6 月 4 日在 Ariane 5 火箭的初次发射中,由于软件中把一个 64 位的浮点数转化成一个 16 位带符号整数时发生了溢出,发射后仅仅 37 s,火箭就偏离了它的飞行路径,发生解体并爆炸了。当时,火箭上载有价值 5 亿美元的通信卫星。这次发射中由于一个软件错误使得 6 亿美元付之一炬。

财产损失让人惋惜,但人身伤亡则更为惨痛。由于信息技术的高速发展,计算机软件的应用很快地渗透到各行各业,其中包括许多与人类生命安全密切相关的领域,例如航空、铁路、汽车、医疗等等,而这些行业中的软件错误往往带来的是人员的伤亡。最典型的案例就是 Therac - 25 放射治疗仪意外。在 1985 年 6 月到 1987 年 1 月之间,由于软件错误,Therac - 25 提供了过量的放射剂量,造成了六起导致患者死亡或严重辐射灼伤的医疗事故[21]。

在软件工程的思想提出 35 年以后,The Standish Group 在 2003 年的一份年度报告中指出,他们调查的 13 522 个项目中有 66% 的软件项目失败,82% 超出进度,48% 在发布时缺乏必需的功能,合计浪费的费用可达 550 亿美元[22]。

这些现象不得不引起人们的进一步思考,在充分认可软件工程思想对软件产业带来的巨大正面作用的同时,也必须直面软件开发的困难,寻求解决软件危机的新方法。一方面,人们在进一步研究和探索软件工程方法学的新思想,产生了许多新型的软件开发模型,如 Y 型开发模型、敏捷开发[24]、极限编程[25]、防御编程[26]等等;

另一方面,人们也开始思考软件工程的局限性,以及在软件开发实践中无法仅仅由"工程思想"来解决的问题,从而衍生了许多软件科学的新思路,如面向对象编程[27]、UML 建模[28]、自动代码生成[29]等等;再一方面,为了提高软件的质量、保证软件的安全而从数学理念的角度提出了一些新的思路,如同步编程方法[30]、形式化方法[31]、程序正确性证明等等。

1.1.3　软件研制流程

软件研制流程是在软件工程的基础上进一步发展起来的。如果说软件工程是将软件需求分析、概要设计、详细设计、源代码编写、编译、集成、单元测试、集成测试、系统测试、版本管理等各个过程和各项活动进行规范化管理,那么软件研制流程就是将所有这些环节实施中的依赖关系、实施主体、角色、权限、职责、目标等各个方面融会贯通成为一体的综合管理。如果说软件工程化强调的是某个工程项目的成功管理,那么软件研制流程化更加强调的则是成功管理的固化和复制。

随着软件应用的普及,人们对软件的质量要求也越来越高,特别是在诸如航空、航天、轨道交通、能源、汽车电子、医疗等许多涉及人类生命安全的领域,对软件质量和安全的要求更是提高到了一个不容忽视的程度。为此,国际上高安全领域的相关机构对电子系统和软件研制也提出了严格的要求,诸如民用航空机载软件的适航标准 RTCA DO－178B[2] 和 RTCA DO－178C[4]、轨道交通软件研制标准 EN50128[36]、IEC61508[38]、核电软件研制标准 IEC60880[37]、汽车电子软件的研制标准 ISO26262[40]、化工工业领域的研制标准 IEC 61511[41]等等。

为了充分保障安全关键软件的质量,许多行业不仅制订了相应的软件研制标准,还常常要求有专业的认证机构对软件产品和软件研制流程进行审定。在有些行业,这样的审定是由专门的第三方机构来实施的,并且是遵循法律法规的要求强制性执行的,例如民用航空的适航审定。在其他一些行业,这样的审定可能是由业主系统(这是利益相关方,不是第三方)的最高机构来负责执行的,但随着电子系统在各种交通工具或关键设备中的比重越来越大,其安全性越来越受到人们的关注,这些行业的审定也逐步走向正规、普及、强制和独立,用以保障人民生命财产的安全。

综上所述,在软件工程的思想日趋成熟,人们探索着进一步解决软件危机,提高安全关键软件的质量,并有效应对各种审定以及把成功案例进行固化和复制的实践中,越来越意识到软件研制流程的重要性,开始建设或者重新建设软件研制流程。

1.2　机载软件的发展趋势

自从 RTCA DO－178B 标准 1992 年颁布以来,全世界范围内民用航空机载软件的安全性经受住了时间的考验。然而,机载软件不论是软件研制技术还是软件的功能都在不断的发展变化中。当今民用航空机载软件的发展主要来自两个方面:机载系统和设备的架构方式发生的变化很大程度上影响着机载软件的架构、功能乃至研制过程和方法;此外,软件技术的发展,特别是最新的软件开发和验证技术的发展也在很大程度上改变着机载软件研制状况。

最近五年内,国内外新研发的商用运输类民用飞机通常都采用了综合模块化航电系统架构(Integrated Modular Avionics)。从空客的 A380、波音 B787 到正在研制的空客 A350、商飞 C919,无不将提高计算和网络资源的集成度作为航电系统研发的主要方向。在综合模块化航电系统架构下,机载软件的研制往往与其所驻留的硬件器件的研制过程分开,即由一家供应商提供全部的驻留资源并由另外的供应商提供所谓的驻留应用程序。在这种情况下,机载软件的架构或多或少地受到综合模块化航电系统架构变化的影响,特别是 DO - 178B 所要求的软硬件集成过程相关的活动也必须进行调整。

此外,高度集成的机载航电网络由于各种不同的应用均通过统一的网络总线传递数据,打破了以往民用飞机中各系统间的独立性,这也给民用运输类飞机带来了机载网络安保的全新课题。以后的机载软件性能需求除了安全性需求外很可能还会有相关的安保性需求。目前,部分机载软件已经开始针对这种变化做出调整。需要注意的是,传统的安全性分析和保证活动主要针对功能和设计是否正确、元组件是否可靠以及研制过程中是否引入人为的错误等方面。然而,安保性面对的却是某种技术条件下人为的"故意"的攻击或者误导机载系统的行为带来的风险,因此,安保性的分析方法和符合性方法都会与安全性分析有所不同。这些变化也必然会传递到机载软件领域,对软件的需求、设计和验证带来新的变化。

最近两年,计算机行业内广泛使用的多核处理技术也呈现出在机载系统中使用的趋势。多核处理技术的使用将使得传统机载软件实现隔离的方法发生变化,并影响软件验证活动所依赖的目标机环境。

在软件研制和验证技术方面,从波音 B787 这一代民用飞机开始,C 语言以及面向对象的 C++语言正在部分取代以往 Ada 语言在机载软件编程语言领域内的地位。从一种为高安全性软件而量身定制的编程语言转换到行业内普遍使用的大众化的编程语言,对机载软件的研制工作特别是软件安全性、软件设计和编码标准等方面带来的挑战还需要工业界在今后一段时间内逐步适应。

另外,基于模型的开发和验证技术越来越多地在机载系统和软件设计中使用,这也正在改变传统的软件需求、设计的编写方式,并最终影响软件的验证和符合性评价。对这一技术在民机机载系统和软件中的使用,特别是这一技术将在何种程度上等效于乃至取代传统的软件开发和验证方式也是近年来软件适航审定局方和工业界颇具争议的话题。

总之,机载系统和软件的技术不可能始终保持一成不变。当前制定的机载软件研制过程和方法很大程度上还是面向传统的软件开发方式的。随着新技术的不断引入,软件的符合性方法乃至适航审定策略都将不断地更新和发展。研制单位的软件研制流程也注定需要实时地对变化做出调整。然而,我们也应该看到,不论上述两点如何变化,在当前系统和设备研制保证体系下,机载软件的需求和设计要求均来自于系统设计过程和系统安全性分析过程;软件的功能也依赖于其驻留的环境。作为机载系统和设备功能的实现方式,机载软件的安全风险还是主要来自于软件研制过程中人为引入的错误。在找到更加有效的方法以前,基于研制保证过程的软件研制方法在今后一段时间内还将是最主要的符合性方法。

1.3　机载软件研制要求

1.3.1　航空器与适航

自从飞机以及其他航空器发明以后,它们日益成为现代文明不可缺少的运载工具,深刻地改变和影响着人们的生活。与其他交通工具相比,航空器有很多优点,如速度快、安全舒适。但航空器也有局限性,如价格昂贵、受天气和起降场地限制等。虽然民航客机每亿客公里的死亡人数远低于其他运输工具,但事故的风险始终存在,且民航事故单次事故死亡率高,影响也较为重大。因此,保障航空器的安全性,始终是航空器的制造、运营、监管等所有相关行业的最重要的目标。

适航性(Airworthiness,简称为适航)是指航空器能在预期的环境中安全飞行(包括起飞和着陆)的固有品质,这种品质可以通过合适的维修而持续保持。根据国务院1987年颁布的《中华人民共和国民用航空器适航管理条例》,任何单位或个人设计、运行的民用航空器均应取得民航局颁发的适航证件。同时,中国民用航空局在适航管理条例的指导下制定了一系列的适航规章。对航空器的设计、制造和持续适航要求进行了全面系统的规定。根据上述法律法规,适航性已经是我国对于民用航空器及其产品的强制要求,所有单位和个人都应确保所运行的民用航空器的这一属性。

根据适航规章规定,航空器的新研制或改装要按适航条例、适航标准、适航程序和技术规定进行设计、制造和试飞,获得适航当局颁发的型号合格证、生产许可证和单机适航证后,方可投入安全有效使用。

在现代航空器中,机载软件承担了越来越多的功能,软件的种类和规模日益增长。民机机载软件持续增长的主要原因有四个:第一是系统功能的扩大,由此要求软件完成更多更复杂的功能;第二是硬件与软件的功能分配比例向软件倾斜;第三是通过越来越智能的软件来改善人机界面最终减轻飞行员的负担;第四是同样功能条件下,运行软件所需的重量、功耗和维护成本远远低于其他类型的设备。随之而来的便是软件的研制和审定工作量的大幅度增长。虽然适航性是航空器的一种固有属性,单纯机载软件并不具备这种"在预期的环境中安全飞行"的特性,但是不得不承认的是航空器的适航性越来越多地受到机载软件特性的影响。在本书中,我们将用"软件适航"这一术语来指称以机载软件为对象的所有与适航相关的要求、方法和技术。

1.3.2　软件适航的基本要求

软件适航是航空器适航中不可缺少的一个环节。由于各国局方都把DO-178B作为机载软件适航的可接受的符合性方法,我们可以认为DO-178B很好地涵盖了软件适航的基本要求。

软件适航是航空器适航中不可缺少的一个环节。由于各国局方都把 DO‐178B 作为机载软件适航可接受的符合性方法,我们可以认为 DO‐178B 很好地涵盖了软件适航的基本要求。

通常来说,与 DO‐178B 一起使用的参考文档还有 DO‐248B[3]、Order8110.49[57]、Job Aid[58] 以及 CAST 文件[17][18] 等等。2012 年,DO‐178B 升级成为 DO‐178C[4],与此同时颁布的标准还有 DO‐330[42]、DO‐331[43]、DO‐332[44]、DO‐333[45]、RTCA DO‐248C[5]、DO‐278A[46] 等等。2013 年 7 月 19 日,FAA 正式颁布了 AC‐20‐115C,把 DO‐178C 等一系列文档确认为"可接受的符合性方法"。在可以预见的若干年里,DO‐178C 标准将会与 DO‐178B 标准并存并逐渐取代后者。

截止本书出版之时,中国民航局还没有颁布新的咨询通告认可 DO‐178C 并废止 DO‐178B,因此,在目前中国航空工业还是以 DO‐178B 为普遍认可的符合性方法。为此,我们在本书将以 DO‐178B 为蓝本来叙述软件适航的基本要求。

根据 DO‐178B,软件适航的基本要求包括三个方面,即软件生命周期过程、软件生命周期数据和软件生命周期目标。要理解 DO‐178B 所定义的软件生命周期的三个要素,首先必须正确理解标准本身的定位。DO‐178B 第一章对标准的目的进行了明确的定义:

"本文件的目的在于为制造机载系统和设备的机载软件提供指导,使其能够提供在满足符合适航要求的安全性水平下完成预期的功能的信心。指导包括:

(1) 软件生命周期过程的目标;

(2) 为满足上述目标要进行的活动;

(3) 证明上述目标已经达到的证据,也即软件生命周期数据。"

换言之,一旦选择了 DO‐178B 标准作为符合性方法以后,我们必须要满足该标准所定义的所有适航目标,而满足这些适航目标的途径则是执行该标准所建议的过程和活动,为证明这些适航目标被满足,应按照该标准所定义的软件生命周期数据来组织相关证据。这充分体现了过程、数据、目标这三方面适航要求辩证统一的关系。在下面的几个小节里,我们将分别简要介绍过程、数据、目标这三个方面的适航要求并阐述它们之间的统一关系。

1.3.3　软件生命周期过程

1.3.3.1　什么是过程

DO‐178B 标准把过程定义为:"为制造特定的输出或产品而在软件生命周期中执行的一系列活动的集合"。在特定条件下为实现特定目标对输入进行处理并得到输出,这就是过程。通常来说,过程具有以下特点:

(1) 过程一定与某种形式的输入或输出相关联;

(2) 过程是活动的集合,可以被拆分和组合,因此过程有着不同的层次和粒度;

（3）过程由活动组成，它们都有执行的主体，也即行动者或角色；

（4）过程与过程之间可能存在各种关联关系，如依赖关系、时序关系、独立性关系；

本书的第二章将从数学的角度对过程的这些特点作出更加深入的论述。

DO-178B标准从第三章起到第九章均在描述软件生命周期过程。它把软件生命周期分为"软件计划过程"、"软件开发过程"和"软件综合过程"，其中软件开发过程和软件综合过程又分别被细分成四个子过程，如表1.1所示。

软件工程常见的通用过程[6]框架可以为我们更好地理解这些软件生命周期过程。这一过程框架将软件研制环节中的活动分为五个主要类别——沟通、策划、建模、构建以及部署。此外，一系列普适性活动如：项目跟踪控制、风险管理、质量保证、配置管理、技术评审以及其他活动始终贯穿整个软件生命周期[6]。DO-178B所定义的过程及子过程与该通用过程框架的对应关系参见表1.1。

表1.1　软件生命周期过程、子过程

软件生命周期过程	包含子过程	DO-178B章节	对应过程框架
软件计划过程		第四章	策划
软件开发过程	软件需求过程	第五章	建模、构建、部署
	软件设计过程		
	软件编码过程		
	集成过程		
软件综合过程	软件验证过程	第六章	沟通以及项目跟踪、风险管理、质量保证、配置管理、技术评审等贯穿始终的普适性活动
	软件配置管理过程	第七章	
	软件质量保证过程	第八章	
	审定联络过程	第九章	

事实上，任何软件研制项目的开展并不仅仅是将集合里的相关活动全部完成就能实现所有目标的。过程内部的活动之间，以及过程与过程之间必须定义正确的关联关系。在DO-178B中，并没有强制规定活动间的相互关系，但标准要求通过定义"软件生命周期"（Software Life Cycle）来描述软件研制活动中所有的过程和活动的先后顺序和执行关系；并通过定义过程间的"迁移准则"（Transition Criteria）来描述过程的进入和退出的条件。

1.3.3.2　软件计划过程

进入软件生命周期，首先需要执行的就是软件计划过程。其目的是制定一系列的软件计划和软件标准，用以指导将来的软件开发过程和软件综合过程，并使得将来根据这些软件计划和软件标准研制的软件能够满足相应软件级别的所有适航要求。

　　根据DO-178B,在软件计划过程中应该事先考虑到软件生命周期的各个方面,包括软件开发过程和软件综合过程的各项活动;活动之间的关系;活动的输入输出;活动的迁移准则;活动的执行人、执行方式及执行工具;软件需求、软件设计和软件编码活动的执行标准;语言与编译器;各项数据的控制类别;数据的组织方式;资源的约束;研发的进度;局方审查的介入以及多版本非相似软件、现场可加载软件、商用成品软件、先前开发的软件等等其它方面的考虑。

　　另外,为确保将来根据这些软件计划和软件标准所研制的软件能够真正满足相应软件级别的所有适航要求,我们还常常需要依据制定好的软件计划和软件标准列出适航符合性矩阵。

1.3.3.3　软件开发过程

　　软件开发过程包含了通用过程框架里所说的"建模"(即建立需求、设计和架构)、"构建"(即编写软件代码和目标代码)以及"部署"(即将软件目标代码加载到目标机环境)。它是自顶向下、逐步求精、从无到有地生产机载软件的活动集,也是将人类知识转换成软件产品的活动集。DO-178B标准中,又将软件开发过程分解成软件需求过程、软件设计过程、软件编码过程以及集成过程等四个子过程。

　　软件需求过程是将分配到软件的系统需求分解和细化成为高层需求、并建立高层需求与系统需求追踪关系的过程。不能直接追踪到系统需求的高层需求称为派生的高层需求。这些高层需求应反馈到系统生命周期。

　　软件设计过程是将高层需求经过一轮或多轮的替代和细化、开发软件架构和低层需求、并建立低层需求与高层需求追踪关系的过程。不能直接追踪到高层需求的低层需求称为派生的低层需求。这些低层需求也应反馈到系统生命周期。

　　软件编码过程是编写源代码以实现软件架构和软件低层需求、并建立源代码与低层需求追踪关系的过程。DO-178B不允许存在不能追踪到低层需求的源代码。

　　集成过程是对源代码进行编译、链接成为可执行目标代码、并将可执行目标代码加载到目标机的过程。对于A级软件来说,还应该建立目标代码与源代码的追踪关系,并分析不能直接追踪到源代码的目标代码是否会带有安全的隐患。

1.3.3.4　软件综合过程

　　软件综合过程贯穿于软件计划过程和软件开发过程的始终,并与这两个过程并行执行。它又被分为软件验证过程、软件配置管理过程、软件质量保证过程以及审定联络过程。

　　软件验证过程是对软件开发过程的产物进行核查、评审、分析或测试,以保证这些产物的可验证性、一致性、符合性、准确性、兼容性、健壮性、追踪性等特性。除了对软件开发过程的产物进行验证以外,软件验证过程还需要保证验证工作本身已经达到足够严格的程度,也即进行测试用例的需求覆盖分析与结构覆盖分析。

　　由于软件验证过程主要是验证软件开发过程的产物,因此,软件验证人员需要独立于软件开发人员。软件级别越高,独立性要求也越高。

　　软件配置管理过程旨在标识、记录、存储并管理软件生命周期数据的整个变化历史,其中对软件生命周期数据的管理包括冻结(基线)、检索、重现、备份、追踪、统计、变更控制等等。通过软件配置管理,整个软件生命周期的任何关键节点都是可以重现的,关键活动的工作基础是固定的,关键变更是受控的。

　　DO-178B 定义的软件配置管理活动如表 1.2 所示。基于这些活动,DO-178B还定义了两个数据控制类别(Data Control Categorites):CC1 和 CC2,用以区别在不同软件级别下对不同重要性的数据进行配置管理时不同严格程度的适航要求。

表 1.2　与 CC1 和 CC2 有关的软件配置管理活动

软件配置管理过程活动	参考章节	CC1	CC2
配置标识	DO-178B　7.2.1 节	●	●
基线	DO-178B　7.2.2 节 a, b, c, d, e	●	●
追踪性	DO-178B　7.2.2 节 f, g	●	●
问题报告	DO-178B　7.2.3 节	●	
变更控制—完整性和标识	DO-178B　7.2.4 节 a, b	●	●
变更控制—追踪	DO-178B　7.2.4 节 c, d, e	●	
变更评审	DO-178B　7.2.5 节	●	
配置状态纪实	DO-178B　7.2.6 节	●	
检索	DO-178B　7.2.7 节 a	●	●
阻止未授权的变更	DO-178B　7.2.7 节 b(1)	●	●
介质选择、更新及复制	DO-178B　7.2.7 节 b(2), (3), (4), c	●	
发布	DO-178B　7.2.7 节 d	●	
数据保存	DO-178B　7.2.7 节 e	●	●

　　软件质量保证过程的目的是通过对软件产品和软件过程的审计,以确保软件产品和软件过程的实施满足事先定义的、已经过批准的软件计划和软件标准,并在软件接受局方的最终审查以前,对整个软件生命周期的过程和产品进行符合性评审。

　　由于质量保证需要检查其他研制人员是否按照预定的计划从事软件开发过程、软件验证过程或软件配置管理过程,所以软件质量保证人员需要和软件开发人员、软件验证人员以及软件配置管理人员保持独立。DO-178B规定,对于 A 级、B 级、C 级、D 级的软件来说,质量保证人员都是需要严格独立的。

　　审定联络过程是软件研制单位与局方进行沟通并向局方表明适航符合性的活动集。首先,研制单位或申请人应选择软件符合性方法并得到局方的批准;此后,研制单位或申请人应向局方提供相应的证据,使其获得相应软件级别所需的适航信用。

1.3.4　软件生命周期数据

软件生命周期数据是软件生命周期过程（或活动）的输入/输出，用于计划、指导、解释、定义或记录各个活动的执行。DO-178B的第十一章把软件生命周期数据分成了计划、标准、需求、设计、源代码、可执行目标代码、验证用例/验证规程、验证结果、问题报告、软件配置管理记录、软件配置索引、软件生命周期环境配置索引、软件质量保证记录、软件完成综述等20类。无论是哪类数据，DO-178B都要求它们是明确的、完整的、可验证的、一致的、可修改的、可追踪的。

DO-178B的第十一章还对每一类软件生命周期数据应包含的内容进行了规定。但是，它并没有对数据的具体格式或表现形式作出任何强制要求。事实上，除了中国民用航空程序所规定格式的文件外，通常申请人可以自己决定其数据的组织方式和格式。

1.3.5　软件生命周期目标

为了给软件研制单位提供更明确的适航指导，也为了给局方开展软件适航审定提供更明确的评价依据，DO-178B标准还对软件生命周期过程提出了目标的适航要求。事实上，软件项目的研制方法、研制环境、软件研制流程的组织方式乃至软件生命周期数据的组织方式都各有不同。但是，需要达到的目标通常不会改变。因此，DO-178B标准并不指定采用什么样的设计方法或开发工具。相反地，它强调的是一种目标导向的做法：一方面，它要求给出明确的功能和性能目标；另一方面它要求给出验证这些目标的方式；最后一方面它要求给出达成目标的指标及证明。目标是软件合格审定最核心的依据，审查方通过阅读软件生命周期数据，了解并且评价软件生命周期过程来判断这些目标的完成情况，并以此作为软件符合性评价的主要依据。

软件生命周期目标根据软件级别的高低而不同。以A级软件为例，DO-178B中共定义了66个软件生命周期目标，其中部分目标还定义了独立性要求。

1.3.6　过程、数据、目标的统一

软件生命周期目标、软件生命周期过程和软件生命周期数据三者并不是独立的，而是辩证统一、密不可分的。过程是为研制软件产品而执行的一系列活动，这一系列活动间存在着相互关联；数据是过程的输入和输出，过程执行时产生相应的数据，而这些数据又成为其他过程的输入；同时，这些数据还是表明软件生命周期符合相关目标的证据。图1.1很好地展示了过程、数据、目标这三个适航要素之间和谐统一的关系[55]。

如果我们仔细分析软件适航的这三个

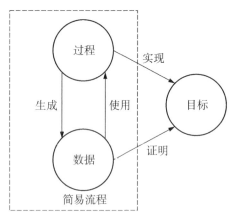

图1.1　过程、数据、目标三个软件适航要素的和谐统一

要素,可以发现目标是其中最根本的要素。当局方进行机载软件适航审查的时候,主要是通过对数据和过程的查验来评价目标是否满足。因此,软件研制单位需要通过一系列的过程生产相应的数据,以使得过程和数据作为一个整体能够满足所有的适航目标。

但是,在实际的软件研制项目中,要切实地完成一套完整的过程和数据以满足目标,却并不是一件容易的事情。迄今为止,国内初次涉及软件适航的大多数软件研制单位对如何实施软件生命周期活动以生产软件生命周期数据并最终达到软件适航目标,表示困难重重。他们遇到的主要挑战有如下三个方面:

首先,DO-178B 标准是按照欧美成熟的机载软件研制单位的经验总结而成的。标准的思想和要求对于缺乏相关经验的研制单位来说难以理解。对于国内的绝大部分研制单位,业已存在的研制方法与 DO-178B 标准的要求可能存在本质的区别。

其次,活动与活动之间存在着各种关联关系,包括活动的先后顺序、协作关系、数据的传递关系、乃至资源的共享关系等等。这些关系是 DO-178B 标准中没有明确定义和解释的内容。将所有的活动在空间上、时间上合理的组织起来本身就是一项约束条件众多的系统工程。特别是 DO-178B 虽然给出了软件生命周期的过程、数据和目标要求,但是绝大部分要求并未具体到可以直接指导研制工作的水平。研制单位必须结合自身情况制定满足标准的、可以操作的、完整的、具体的软件研制流程。

此外,任何过程和活动的执行由于牵涉到大量人类的活动都可能产生偏离。在动辄几百甚至上千人参与的软件项目,每天都可能出现形形色色的偏离,这一方面削弱了其针对 DO-178B 标准所要求的目标的符合性,同时也对过程动态管理和优化提出了挑战。

从这个角度来说,软件适航的范畴其实远远超出了过程(活动)和数据本身,还包含了实施活动的行动者和角色,以及这些要素之间错综复杂的关联关系。我们在第 2 章将把所有这些内容全部完整地综合在一起,称之为"软件研制流程"。事实上,我们可以把图 1.1 中的过程和数据作为一个整体视为一个简易版的"软件研制流程",这和第 2 章第 2.1.2 节的图 2.3 是完全兼容的。

综上所述,定义一套合理的、灵活的、具有操作可行性的软件研制流程是开展民用航空机载软件研制工作的必要条件。软件研制流程的合理性和适用性不仅直接影响到软件研制的成本,更可能影响机载软件的安全性乃至整个项目的成败。然而,制定软件研制流程又是一项极其需要经验的工作。为此,在接下来的儿章里,我们觉得有必要将一整套"合理的、灵活的且符合国内研制现状,并且具有可操作性的"软件研制流程介绍给读者,为中国航空工业的软件单位建设其软件研制流程提供参考。

2 软件研制流程的内涵分析

2.1 软件研制流程的数学模型

2.1.1 软件研制流程的四个基本要素

由于不同专家关注的焦点不同,软件研制流程的定义也有所不同,如文献[6][12][32][33]等等。某些定义着重关注各个活动的主体,某些定义着重关注活动与活动之间的联系,而某些定义则着重关注软件研制团队的组织结构,也即每个角色的责任和行为能力。

综合分析各类参考文献[6][12][32][33]中的各项定义,软件研制流程完整地来说应该是对软件研制的现实世界的一个全面的、准确的、抽象的概括描述,它应该包括各个软件研制现实世界中的各个关键要素,阐明这些要素之间的关联关系,并说明整个流程应该达到的一个预期的目标。一个定义明确的优秀的软件研制流程不仅能为软件研制提供操作上的指导,而且对于其他工程也具有良好的参考意义。

本节中,我们吸收了各文献的思想,综合了其他的定义,对软件研制流程进行了数学化的抽象概括,认为一个完整的软件研制流程的定义应该包含以下四个方面的要素:活动、行动者、角色和数据。而这四个要素之间的关联关系,将在 2.1.2 节描述。

2.1.1.1 活动

【定义 1】 活动(Activity)是软件研制中一个相对独立的步骤,根据一定的输入进行相关的处理后得到相应的输出,并产生软件产品状态外部可见的改变。

活动包含一系列规程、规则、策略和目标,并通过人或工具(也即行动者)来实现这些规程、规则、策略、目标,以生成或者更改一组给定数据。

为了保证活动的有效性,通常来说软件研制流程中的活动应该由不同的行动者来实施。也就是说,活动之间可能存在着独立性要求,互相独立的活动不允许由同一个行动者执行。详见第 2.2.2 节。

活动的颗粒有大小和粗细之分,一个复杂的活动可分解为多个更细粒度的活动。因此,活动之间有一个组成关系:活动可以由其他活动组成,活动也可以组成其他的活动。详见第 2.2.3 节。

活动之间可能还存在着时序关系,也即在执行某个活动之前,必须先执行其他的一些活动。换句话说，一个活动的执行必须以其他的某些活动的执行为前提。详见第 2.2.8.1 节。

2.1.1.2 行动者

【定义 2】 行动者(Actor)是实施活动的实体。

行动者可分为两类：一是人类行动者；二是系统行动者。人类行动者是指实现某项活动的软件研制人员；而系统行动者是指实现某项活动的工具，这里工具可能指计算机软件(如代码生成器、编译器等)，也可能指计算机硬件(仿真机、示波器等)。

2.1.1.3 角色

通常来说，出于专业技能、工作权限、工作平衡以及工作独立性的原因，一个行动者不会执行所有软件研制活动，而只会执行某一系列或某一类活动，于是我们需要引入了角色的概念。

【定义 3】 角色(Role)是行动者执行某些特定活动所需的职责、权力和技能。一个行动者执行某一系列或某一类活动的时候，我们称他扮演了某一角色。

角色的概念已被广泛用于各个行业的流程管理中。它是一个抽象的概念，用来从本质上反映职责和权限的社会关系。软件研制中常见的角色有需求人员、设计人员、编码人员、验证人员、质量保证人员、配置管理人员、项目管理人员等等。

正如活动的颗粒有大小和粗细之分，角色也有粗细之分。例如，我们可以把需求人员、设计人员、编码人员统称为开发人员，而开发人员也是一个角色，详见第 2.2.4.1 节。

从上面的定义和叙述可以看出，每个角色其实表征了相应的技能、权力和职责去执行某一类活动，因此存在一个什么角色实施什么活动的关系，详见第 2.2.4.2 节。

角色本身不是具体的行动者，而是由具体的行动者来扮演。显而易见，在实践中一个角色可以由多个行动者来扮演，如配置管理员的角色可以分配给多个软件研制人员来扮演；一个行动者也可能同时扮演多个角色，例如某一个软件研制人员既是编码人员又同时兼任配置管理员。详见第 2.2.4.3 节。

2.1.1.4 数据

【定义 4】 数据(Data)，有时也被称为"工件"或"产品"，是活动的输入或输出。

如同活动和角色一样，数据的粒度也有粗细之分。一个大的数据可以由多个小的数据组成，详见第 2.2.5 节。

一个行动者执行某项活动，也就是他根据某些数据(即输入)进行劳动，以生成、更改、或者维护某些数据(即输出)，如图 2.1 所示。

图 2.1 活动与数据的输入关系和输出关系

　　同一个数据,它作为某个活动的输出,也可能是另外一个活动的输入,如图 2.2 所示。

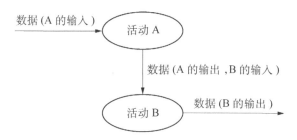

图 2.2　活动与数据的输入关系和输出关系

　　关于数据与活动的输入/输出关系的更加详细的描述,参见第 2.2.6 节。

　　在 2.1.1.1 节我们已经提到过,一个活动的执行有时候需要以其他一些活动的执行作为前提条件;与此类同,一个活动的执行有时候还需要以具备某些数据作为前提条件,而这些数据可能并不完全等同于活动的输入,详细请参见第 2.2.8.2 节。一个活动得以执行所必须具备的其他活动或数据的前提条件,统称为迁移准则(第 2.2.7 节)。

　　数据的表达方式可以是任意的,只要能清晰、准确地说明数据的内容就可以。通常来说它可能是文本、图形、表格,甚至可能是一个模型[43]。

　　在软件研制的过程中,一个数据的值可能是会改变的,因此,数据的值可以有多个版本。但是,数据内容的改变和版本的更新不应该改变数据本身固有的组成关系,即数据的变更不应改变数据本身的结构,这也是机载软件适航要求之一[2][4]。

2.1.2　软件研制流程四个要素之间的关联关系

　　从上面四个要素的定义和介绍可以看出,这四个基本要素并不是完全独立的,而是密切相关的。因此,除了上述四个基本要素之外,软件研制流程还包括要素与要素之间的关联关系。读完本书第 2 章软件研制流程的整个剖析以后,我们甚至可以在一定的程度上说,这四个要素是软件工程的主要研究内容,而软件研制流程区别于软件工程的主要特征则是对这四个要素之间关联关系进行透彻的分析、建立、检验并加以固化,以实现成功经验的复制。因此说,这四个要素之间的关联关系才是软件研制流程更重要的关注点。

　　图 2.3 给出了软件研制流程四个要素的关联关系。具体有:

　　(1) 活动、数据、角色的组成关系。

　　(2) 活动之间的时序关系。

　　(3) 活动之间的独立性关系。

　　(4) 活动和数据的输入与输出关系。

　　(5) 角色实施活动的关系。

　　(6) 行动者扮演角色的关系。

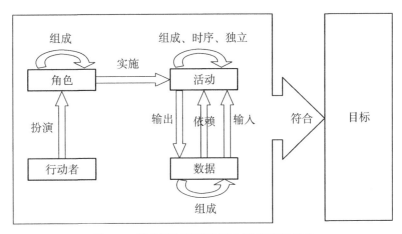

图 2.3　软件研制流程的四个要素及其关系

（7）活动与数据的依赖关系。

本书将软件研制流程的四个要素定义成四个集合,分别用大写字母来标识:活动集合记作 A、行动者集合记作 $Actor$、角色集合记作 R、数据集合记作 D。这些集合的元素分别用其对应的小写字母 a, $actor$, r, d 等描述。这样,四个要素之间的关联关系的定义如表 2.1 所示,每个关联关系的详细定义在后面的各个章节中逐一叙述。

表 2.1　软件研制流程要素之间的关联关系

标识	关系	章节	意义简述
$R_I(a_1, a_2)$	活动的独立性关系	2.2.2	a_1 和 a_2 是独立的,其中 $a_1 \in A$, $a_2 \in A$
$R_C(a_1, a_2)$	活动的组成关系	2.2.3	a_1 是 a_2 的子活动,其中 $a_1 \in A$, $a_2 \in A$
$R_C(r_1, r_2)$	角色的组成关系	2.2.4.1	r_1 是 r_2 的子角色,其中 $r_1 \in R$, $r_2 \in R$
$R_{EXE}(r, a)$	角色实施活动的关系	2.2.4.2	角色 r 实施了活动 a,其中 $r \in R$, $a \in A$
$R_{PLAY}(actor, r)$	行动者扮演角色的关系	2.2.4.3	行动者 $actor$ 扮演了角色 r,其中 $r \in R$, $actor \in Actor$
$R_C(d_1, d_2)$	数据的组成关系	2.2.5	d_1 是 d_2 的子数据,其中 $d_1 \in D$, $d_2 \in D$
$R_{OUT}(a, d)$	活动与数据的输出关系	2.2.6	数据 d 是活动 a 的输出,其中 $a \in A$, $d \in D$
$R_{IN}(d, a)$	活动与数据的输入关系	2.2.6	数据 d 是活动 a 的输入,其中 $d \in D$, $a \in A$
$R_S(a_1, a_2)$	迁移准则的前置活动关系	2.2.8.1	实施活动 a_2 之前必须先实施活动 a_1,其中 $a_1 \in A$, $a_2 \in A$
$R_T(d, a)$	迁移准则的前置数据关系	2.2.8.2	实施活动 a 之前必须具备数据 d,其中 $a \in A$, $d \in D$

2.1.3　软件研制流程的数学定义

【定义 5】　软件研制流程是活动、行动者、角色、数据这四个基本要素以及它们之间的关联关系组成一个综合体。用数学的方式表达,软件研制流程是一个多元组:$P = \langle A,\ Actor,\ R,\ D,\ R_\text{I},\ R_\text{C},\ R_\text{EXE},\ R_\text{PLAY},\ R_\text{OUT},\ R_\text{IN},\ R_\text{S},\ R_\text{T} \rangle$

因此,一个完整的软件研制流程的定义是 4 个集合 A, $Actor$, R, D,以及这 4 个集合之间的 8 个关系 R_I, R_C, R_EXE, R_PLAY, R_OUT, R_IN, R_S, R_T。关于这 8 个关系所表示的具体意义,我们将在本章的 2.2 节进行更加详细的叙述。

从定义 5 可以看出,软件研制流程对软件生命周期中活动、数据、角色、行动者等要素以及这些要素之间的关系进行了规范和约束,即对软件研制的整个过程进行了明确的定义。为了本书后面行文方便,我们还需要提出一个与"软件研制流程"密切相关的术语,即"软件研制实践"。

【定义 6】　软件研制实践是软件研制流程在具体软件项目中的实例化。也就是说,软件研制实践是根据预先定义的软件研制流程进行一个实际软件项目的研发实践。

图 2.4 为软件研制流程经过实例化变成软件研制实践的示意图。

图 2.4　软件研制流程和软件研制实践

从这里可以看出,某个实际软件项目研发的规范与否,即其软件研制实践的好坏优劣,主要由两部分组成:一是软件研制流程的定义,二是对软件研制流程的实例化方法。因此,优秀的软件研制实践也必须具备两个方面的先决条件:一是定义一个优秀的软件研制流程,二是对这个流程进行正确的实例化。

2.1.4　软件研制流程的要求

在本节中,需要特别指出的是,虽然从纯粹的数学角度来说,任意写出 4 个集合,再任意写出这 4 个集合之间的 8 个二元关系,就算是一个流程。但是,一个真正有意义的软件研制流程应该是对成功的、优秀的软件研制实践的抽象和概括,并用以指导以后的软件研制实践。换言之,软件研制流程的定义应该满足预定的目标(参见图 2.3)。

图 2.3 较好地概括了软件研制流程的定义:即什么是行动者,扮演了什么角色,具有了何种权限得以在什么时候什么条件下,用何种方式实现了哪些活动,在活动中使用了哪些数据,并生产了哪些数据,所有这些要素和关系组成的整体最终符合一定的目标。

而这里所说的目标,包含了多个不同的角度对软件研制流程的不同层次的要求,主要包括数学模型的要求、工程意义上的要求、行业标准的要求以及管理意义的要求。我们在接下来的四节分别叙述这四个方面。

2.1.4.1　数学模型的要求

纯粹数学意义上的任意 4 个集合以及这 4 个集合之间的 8 个二元关系所组成的软件研制流程，可能在软件研制实践中是没有意义的，甚至可以说，软件研制流程无法进行有效的实例化以得到一个可以执行的软件研制实践。

譬如说，对软件研制流程进行实例化成为软件研制实践的时候，我们显然不能对一个无限元的集合进行实例化。或者说，对一个无限元的集合即使做了实例化，比如说自然数集合，但这是无法穷举的，软件研制实践也是永远无法完成和实现的。因此，我们可以列出如下的流程质量要求。

【流程质量要求 1】　软件研制流程的活动集合 A、行动者集合 $Actor$、角色集合 R、数据集合 D 都应该是有限元集合。

从数学模型的角度来提出软件研制流程的质量要求，除了四个要素都必须是有限元集合之外，其实还有很多方面。下面再举一个例子。

【例 1】　从纯粹的数学角度，三个不同的活动 $a_1 \in A$，$a_2 \in A$，$a_3 \in A$，可能存在如下的组成关系：$R_C(a_1, a_2)$，$R_C(a_2, a_3)$，$R_C(a_3, a_1)$。也就是说，a_1，a_2，a_3 这三个活动的组成关系构成了一个环，执行活动 a_1 的时候要执行 a_2，执行 a_2 的时候要执行 a_3，而执行 a_3 的时候又要执行 a_1，那么，a_1，a_2，a_3 这三个活动实例化以后是永远无法完成的工作。

我们在 2.2 节对软件研制流程的各个关系进行详解和分析的时候，会陆续结合上下文的内容给出软件研制流程的数学模型角度的流程质量要求，并将这些流程质量要求总结在第 2.3.1 节。

数学模型的要求是软件研制流程的最低要求，说明一个流程具备了最起码的数学上的实际意义。我们可以把满足数学模型要求的流程称之为"可实例化的"或"合理的"流程。

2.1.4.2　工程意义的要求

很显然，一个流程仅仅可实例化或者可执行，那还是远远不够的。在实际软件项目中，我们还会要求软件研制流程具有一定的工程意义，这主要包括两个方面的要求：

（1）软件研制流程及其实例化可以映射成为现实世界中有真实价值的软件研制实践；

（2）该软件研制实践符合本单位的研发体系、本项目的实际特性、本单位的人事架构以及本单位的软件研制技术等等。

综合上面两点工程意义的要求，说明了软件研制流程是符合现实世界的，确实可以用于指导和规范软件研制实践的。因此，满足工程意义要求的软件研制流程可以称为是"合适的"流程。

有关工程意义的要求更加详细的论述，请参见本章第 2.3.2 节。

2.1.4.3　行业标准的要求

根据本单位的研发体系及项目特性而制定的软件研制流程是满足工程意义的

要求的,但对于诸如航空、航天、轨道交通、核电、医疗等一些高安全的软件领域来说,这还是不够的,因为这些行业通常都会对软件研制流程提出相应的行业要求。因此,软件研制流程在满足工程意义的要求之外,还必须要满足行业标准的要求。

不同的行业对软件研制流程的目标要求可能会有所不同,而这些要求通常也会由相应的行业组织定义成为标准,例如民用航空机载软件的研制流程应当满足 DO-178B/C 规定的要求;中国军用软件的研制流程应当满足 GJB 2786A[50]、GJB 438B[48] 等标准的要求;军用软件的研制组织应当达到 GJB 5000A[49] 标准的相应能力成熟度要求;轨道交通领域的软件研制流程应当符合 EN-50128 的要求;核电领域的软件研制流程应当符合 ISO 60880 标准的要求;汽车电子领域的软件研制流程应当符合 ISO 26262 标准的要求等等。

由于图 2.3 没有对应当满足的目标做出具体的规定,因此即使不同的行业具有不同的软件研制标准和目标,图 2.3 展示的软件研制流程仍然可以适用于多个行业。

行业标准的要求是软件研制流程的门槛要求。在某个行业里从事软件研制工作,其软件研制流程就必须要遵循相应的行业标准。因此,我们把满足行业标准要求的软件研制流程称之为"合格的"流程。

通常来说,软件研制流程对某一标准的符合性通过矩阵的方式给出,以证明软件产品及其研制过程满足相应标准提出的目标和要求。关于软件研制流程与相应规范或标准的符合性描述详见本章的 2.3.3 节。

2.1.4.4 管理意义的要求

一个满足行业标准的"合格的"软件研制流程可以很好地帮助我们在软件研制项目中规范作业、分工合作、提高质量、避免返工、控制风险、及时发现软件产品的错误、有效控制错误的传播、放大和扩散。

但是我们还可以从管理的角度给软件研制流程提出更高的要求,希望软件研制流程的定义能够简洁、易懂、高效、可配置、可定制、可裁剪、可优化、可移植等等。它不仅仅要求软件研制流程在一个软件项目中的成功,而是从更高的层次要求每次的成功可以通过软件研制流程进行固化和复制。通过实例化这样的软件研制流程进行软件研制实践的话,从管理意义上来说其风险最小、进度最短、成本最低、质量最高。本章 2.3.4 节更详细地从管理的角度给出了软件研制流程更高的要求。

我们把满足管理意义上质量要求的软件研制流程称为"可持续的"或"优秀的"流程。

2.1.4.5 软件生命周期环境

在 2.1.3 节中我们已经提到,一个优秀的软件研制流程在真正软件研制项目中的使用效果的好坏,还取决于另外一个很重要的因素,就是流程的实例化。一方面,同样一个软件研制流程,可以实例化成完全不同的软件研制实践;另一方面,要切切实实、不折不扣地按照软件研制流程进行实例化以实现软件研制实践,仅仅依靠人类的行为管理在实践中被认为是非常困难甚至是不可行的,所以我们必须要借助于有效的软件生命周期环境的支撑,来实现流程的严格定义、流程质量要求的检查、流程的实例化、流程的驱动以及任务的执行。

关于软件生命周期环境的详细叙述请参见 2.4 节。

2.2 软件研制流程的关系详解

2.2.1 关系的重要性质

对软件研制流程的各个关系进行详细的解剖和分析以前,我们先从离散数学[51][52]的角度回顾一下关系的一些重要性质。

【定义 7】 关系:设 A 和 B 是两个集合,如果 A 的元素 a 和 B 的元素 b 之间存在某种相关性 R,那么称 a 和 b 之间存在二元关系 R,记作 $R(a, b)$。特别地,如果 $A=B$,那么称 R 是集合 A 上的二元关系。

【定义 8】 传递关系:R 是集合 A 上的二元关系,对于 $\forall x \in A$, $\forall y \in A$, $\forall z \in A$,如果 $R(x, y)$,$R(y, z)$,则有 $R(x, z)$,那么称 R 是传递的关系。

【定义 9】 自反关系:R 是集合 A 上的二元关系,如果 $\forall x \in A$,有 $R(x, x)$,那么称 R 是自反的关系。

【定义 10】 反自反关系:R 是集合 A 上的二元关系,如果 $\forall x \in A$,$R(x, x)$ 不成立,那么称 R 是反自反的关系。

【定义 11】 对称关系:R 是集合 A 上的二元关系,对于 $\forall x \in A$, $\forall y \in A$,如果 $R(x, y)$,则有 $R(y, x)$,那么称 R 是对称的关系。

【定义 12】 反对称关系:R 是集合 A 上的二元关系,对于 $\forall x \in A$, $\forall y \in A$,$y \neq x$,如果 $R(x, y)$,则 $R(y, x)$ 不成立,那么称 R 是反对称的关系。

【定义 13】 拟序关系:R 是集合 A 上的二元关系,如果 R 是传递的,反自反的,那么称 R 是拟序关系。

【定义 14】 偏序关系:R 是集合 A 上的二元关系,如果 R 是传递的,自反的,反对称的,那么称 R 是偏序关系。

【定义 15】 恒等关系:R 是集合 A 上的二元关系,如果对 $\forall x \in A$,$R(x, x)$ 成立,且对 $\forall x \in A$, $\forall y \in A$, $y \neq x$,都有 $R(x, y)$ 不成立,那么称 R 是恒等关系。习惯上恒等关系通常被记作 I。

【定理 1】 拟序关系是反对称的。(证明略)

【定理 2】 对任何拟序关系 R,$R + I$ 是偏序关系。(证明略)

【定理 3】 对任何偏序关系 R,$R - I$ 是拟序关系。(证明略)

【定理 4】 有限元集合 A 上的拟序关系或偏序关系 R 肯定存在极小的元素,即 $\exists x \in A$,对 $\forall y \in A$,若 $y \neq x$,则 $R(y, x)$ 不成立。(证明略)

【定理 5】 有限元集合 A 上的拟序关系或偏序关系 R 肯定存在极大的元素,即 $\exists x \in A$,对 $\forall y \in A$,若 $y \neq x$,则 $R(x, y)$ 不成立。(证明略)

2.2.2 活动的独立性关系

【定义 16】 $a_1 \in A$，$a_2 \in A$，如果 a_1 和 a_2（按照相关的标准或要求）不能由同一个行动者来执行，我们称 a_1 和 a_2 是独立的，记作 $R_I(a_1, a_2)$。

【例 2】 在有些军用软件项目实践中，要求设计、编码、测试人员三分离。也就是说，针对某一个软件模块，令 a_1 是其设计活动，a_2 是其编码活动，a_3 是其测试活动。那么，a_1，a_2，a_3 是互相独立的。用数学方式描述为：$R_I(a_1, a_2)$，$R_I(a_1, a_3)$，$R_I(a_2, a_3)$。

【例 3】 在 DO-178B 或 DO-178C 中，对于 A 级和 B 级软件来说，要求高层需求的验证目标 A3-1、A3-2 是独立完成的。因此，针对某一个软件模块，令 a_1 是其高层需求的编写活动，令 a_2 是验证其高层需求是否符合系统需求的活动（A3-1），令 a_3 是验证其高层需求准确性和一致性的活动（A3-2）。那么，a_1 和 a_2 是互相独立的，a_1 和 a_3 是互相独立的。用数学方式描述为：$R_I(a_1, a_2)$，$R_I(a_1, a_3)$。

值得注意的是，这里 a_2 和 a_3 并没有要求独立，也就是说，a_2 和 a_3 这两项验证活动是可以由同一个人来完成的。

【流程质量要求 2】 R_I 应该是一个对称关系。

2.2.3 活动的组成关系

2.2.3.1 组成关系的定义

在现实的软件研制活动中，对"活动"的定义是很有技巧和讲究的。定义一套好的活动是软件研制流程是否适用、是否有效的关键之一。我们不仅要求活动是完整的（没有遗漏），还要求活动的颗粒粗细得当。如果把活动定义得过细，必然导致活动的数量繁多，不便于描述，不便于理解，也不便于管理。但如果把活动定义得过粗，又必然导致有些细节无法准确涉及，不便于实施。

为有效地解决这对矛盾，通常的做法是建立活动之间的组成关系，把较粗粒度的活动用于沟通、理解、管理等目的，而把较细粒度的活动用于实施、控制等目的。具体地，活动的组成关系定义如下。

【定义 17】 如果活动 a_2 实行了活动 a_1 的所有工作，那么我们称 a_2 由 a_1 组成，a_1 是 a_2 的子活动，记作 $R_C(a_1, a_2)$，其中 $a_1 \in A$，$a_2 \in A$，A 是活动的集合。

【例 4】 通常来说，我们常常会把"编写软件高层需求"定义成为一个活动。根据 DO-178B 和 DO-178C 第 5.1.2 节，我们也常常会把这个活动分解成一系列更细致的活动。令：

a 为"编写软件高层需求"的活动；

a_1 为"阅读和理解分配到软件的系统需求和接口需求"的活动；

a_2 为"若发现有歧义的、不一致的和未定义的系统需求，则向系统生命周期作出报告"的活动；

a_3 为"根据系统需求编写高层需求"的活动；

a_4 为"建立系统需求和高层需求的追踪关系"的活动；

a_5 为"识别派生高层需求"的活动；

a_6 为"向系统生命周期反馈派生高层需求"的活动。

于是,我们有 $R_C(a_i, a)$,其中 $a \in A$, $a_i \in A$, $i = 1, 2, 3, 4, 5, 6$。

在软件研制实践中,不应该存在互不相等的几个活动,它们的组成关系构成一个环,要不然这些活动是永远完成不了的。这一要求可以用离散数学的方式严格定义如下:

【流程质量要求 3】 活动的组成关系应该是一个偏序关系。

根据定理 4 和流程质量要求 3,一个合理的软件研制流程实例化以后,肯定存在一些最基础的活动,也就是最细粒度的活动,它们不由其他活动组成,我们把这样的活动称之为原子活动。

【定义 18】 对于 $a \in A$, A 是活动的集合。如果 $\forall a' \in A$, $R_C(a', a)$ 不成立,那么称 a 是原子活动。也就是说,一个活动如果不能分解成为其他更细粒度的活动,称为原子活动。

通常来说,活动的组成关系可以按照一定的原则来自由定义。下文将列举三个最常见的组成关系,以及从这三个组成关系所引申出来的三个术语:过程、阶段、任务。

2.2.3.2 过程

【定义 19】 为了叙述上的方便,我们常常把一系列工作内容相近、性质相仿、并共同实现某(些)目标的活动组合在一起,成为一个更大的活动。我们常常把以这样的方式组合后的活动称之为过程(Process),以区别于常规意义上的活动。

【定义 20】 由于过程本身也是活动,因此过程也可以有组成关系,如果一个过程由其他几个过程组成,那么后者称为前者的子过程。

【例 5】 在 DO-178B 和 DO-178C 中,其适航要求基本上是以过程作为线索给出的。它把软件研制的活动划分成了如下几个过程:

(1)软件计划过程,它包含了所有的软件计划(PSAC,SDP,SVP,SCMP,SQAP,TQP 等等)和软件标准(SRS,SDS,SCS 等)的策划、编写、协调等活动。整个过程所有活动的共同目标就是为了制定一系列的软件计划和软件标准用以指导其他过程(也即后面紧接着要讲的软件开发过程和软件综合过程)的实施。这些目标综合列在 DO-178B 和 DO-178C 附件 A 的表 A-1。

(2)软件开发过程,它包含了生产软件产品的所有活动。整个过程所有活动的共同目标就是实现软件产品的自顶向下、由粗及细、从无到有的生产。这些目标综合列在 DO-178B 和 DO-178C 附件 A 的表 A-2。

软件开发过程又包括了 4 个更小的子过程,即:软件需求过程、软件设计过程、软件编码过程和集成过程。

a. 软件需求过程,它包含了根据系统生命周期的输出来开发软件高层需求的所有活动；

b. 软件设计过程,它包含了对高层需求进行细化,开发软件架构和低层需求的所有活动；

　　c. 软件编码过程,它包含了根据软件架构和低层需求编写源代码的所有活动;

　　d. 集成过程,它包含了对源代码进行编译、对目标码进行链接并加载到目标机,形成软件与硬件集成的机载系统或设备的所有活动。

　　(3) 软件综合过程,它包含了验证软件产品、管理软件产品、控制软件产品,以保证软件产品和软件过程正确、受控、可信的所有活动。软件综合过程又包含了4 个更小的子过程,即软件验证过程、软件配置管理过程、软件质量保证过程以及审定联络过程。

　　a. 软件验证过程,它包含了对软件产品和软件验证结果进行技术评估以保证其正确性、合理性、完好性、一致性、无歧义性等特性的所有活动;软件验证依然是一项十分复杂的活动,它完全又可以分成几个子过程。DO－178B 和 DO－178C 中根据验证活动的分类,分别在附件 A 的表 A－3、A－4、A－5、A－6、A－7 列出了这些验证活动所实现目标。

　　b. 软件配置管理过程,它包含对数据进行配置标识、基线建立、更改控制、软件产品归档等一系列活动的;这个过程中所有活动的目标就是实现软件生命周期数据的配置管理,综合列在 DO－178B 和 DO－178C 附件 A 的表 A－8 中。

　　c. 软件质量保证过程,它包含对数据和过程进行审计的所有活动。整个过程所有活动的共同目标就是评价软件生命周期过程及其输出,保证过程的目标得以实现,缺陷得以检测,软件产品和软件生命周期数据与合格审查要求一致。这些目标综合列在 DO－178B 和 DO－178C 附件 A 的表 A－9 中。

　　d. 审定联络过程,它包含了软件研制单位与合格审查机构之间建立交流和沟通的所有活动,这些活动的目标列在 DO－178B 和 DO－178C 附件 A 的表 A－10 中。

　　从例 5 可以看出,"过程"的概念主要体现了以目标为导向的方式来组织活动,把共同达成某些目标的活动组合在一起,称之为过程。这种方式可以用来更清晰地叙述软件研制流程。DO－178B 和 DO－178C 以"过程"作为线索来叙述软件生命周期(详见 DO－178B 和 DO－178C 的第 4 章到第 9 章),并给出不同软件级别下的每个过程(或子过程)的目标(详见 DO－178B 和 DO－178C 的附件 A),从而清晰、系统、完整地提出机载软件的适航要求,这是非常恰当的。

　　由于过程的概念是以目标为导向的方式来组织活动的,它几乎很少关注各个过程执行时的先后次序关系。因此,有些过程(或过程内部的活动)是串行执行的,但有些过程是并行执行的。关于过程和活动的串行和并行,更详细的描述请参见 2.2.8.1。

　　【例 6】　在例 5 给出的各个过程中,软件需求过程、软件设计过程、软件编码过程、集成过程通常来说是有先后次序关系的(串行执行);而软件验证过程、软件配置管理过程(如问题报告、变更控制)、软件质量保证过程等活动则通常是和软件开发过程的活动并行执行的。我们可以把这些过程之间的串行和并行关系用图 2.5 来描述[7]。其中双向箭头线表示两边的过程是并行的,单向箭头线表示相邻两个过程是串行的。从图 2.5 可以看出，在机载软件生命周期中，软件计划过程通常要先于软件开发过程进行；软件开发过程中 4 个子过程是按顺序进行的；而软件综合过程则贯穿在整个软件生命周期中，即无论是软件计划过程还是软件开发过程，都需要同时进行软件验证过程、配置管理过程、质量保证过程和相应的审定联络过程。

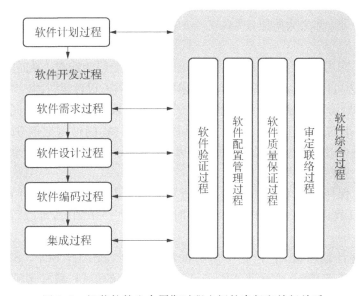

图 2.5　机载软件生命周期过程之间的串行和并行关系

【例 7】　我们可以把例 5、例 6 和图 2.5 所述的各个过程的包含关系用数学的方式表述如下：

$$A = A_P \bigcup A_D \bigcup A_I \tag{2-1}$$

其中，A 为软件生命周期中所有活动的集合，A_P 为软件计划过程的活动集合，A_D 为软件开发过程的活动集合，A_I 为软件综合过程的活动集合。

软件开发过程的活动集合 A_D 还可以进一步划分为 4 个子过程，表示为：

$$A_D = A_{D\text{-}R} \bigcup A_{D\text{-}D} \bigcup A_{D\text{-}C} \bigcup A_{D\text{-}I} \tag{2-2}$$

其中，$A_{D\text{-}R}$ 为软件需求过程的活动集合，$A_{D\text{-}D}$ 为软件设计过程的活动集合，$A_{D\text{-}C}$ 为软件编码过程的活动集合，$A_{D\text{-}I}$ 为集成过程的活动集合。

软件综合过程的活动的集合 A_I 同样可以进一步划分为 4 个子过程，表示为：

$$A_I = A_{I\text{-}V} \bigcup A_{I\text{-}CM} \bigcup A_{I\text{-}QA} \bigcup A_{I\text{-}CL} \tag{2-3}$$

其中，$A_{I\text{-}V}$ 为软件验证过程的活动集合，$A_{I\text{-}CM}$ 为软件配置管理过程的活动集合，$A_{I\text{-}QA}$ 为软件质量保证过程的活动集合，$A_{I\text{-}CL}$ 为审定联络过程的活动集合。

2.2.3.3　阶段

上节 2.2.3.2 提出了"过程"的概念，它把共同达成某些目标的活动组合在一起,而几乎不考虑各活动执行的先后次序关系。这一概念非常适合软件研制流程的定义以及软件研制标准的制订,具有很清晰的表述性。然而,当我们着眼软件研制实践的具体实施时,则还需要引入另外一个概念,即"阶段",以更好地实现软件研制实践的具体实施、控制和管理。

【定义 21】 以活动执行的时间作为划分的依据,把一系列在时间上紧密相关的活动组合在一起,称之为阶段(Phase)。一个阶段的活动完成后,通常会达到一个新的里程碑。

【例 8】 军用飞机及装备的研制流程通常要求以阶段为线索。从时间里程碑的角度来说,分别为可行性论证、方案论证、初样阶段、试样阶段、设计定型、生产定型等等。

由此可见,阶段和过程的一个重要区别,就是阶段强调了某个时间段中相关活动的组合,突出的是软件研制流程活动的时间特性。我们可以把例 5、例 6 和如图 2.5 所示的各个过程按照时间的角度进一步重新划分,得到很常见的软件研制流程的若干阶段。

【例 9】 保持例 5、例 6 和如图 2.5 所示的各个串行的过程,把并行的过程(也即软件综合过程和它的 4 个子过程)按照时间关系进一步划分,可以得到如下 5 个阶段(见图 2.6):

(1) 软件计划阶段,它包含了所有的软件计划(PSAC,SDP,SVP,SCMP,SQAP,TQP 等等)和软件标准(SRS,SDS,SCS 等)的策划、编写、协调、验证、配置管理、质量保证以及相关的审定联络等活动。本阶段的活动结束即达成一个新的里程碑。通常会进行 SOI♯1 的审查。

(2) 软件需求阶段,它包含了根据系统生命周期的输出来开发软件高层需求,以及对高层需求进行验证、配置管理、质量保证和相关的审定联络等活动;本阶段的活动结束即达成一个新的里程碑。

(3) 软件设计阶段,它包含了对高层需求进行细化,开发软件架构和低层需求,以及对软件构架和低层需求进行验证、配置管理、质量保证和相关的审定联络等活动;本阶段的活动结束即达成一个新的里程碑。

(4) 软件编码阶段,它包含了根据软件架构和低层需求编写源代码,以及对源代码进行验证、配置管理、质量保证和相关的审定联络等活动;本阶段的活动结束即达成一个新的里程碑。通常会进行 SOI♯2 审查。

(5) 集成与测试阶段,它包含了对源代码、目标码进行编译、链接并加载到仿真机或目标机,以及对可执行目标码进行验证、配置管理、质量保证和相关的审定联络等活动;本阶段的活动结束即达成一个新的里程碑。通常会进行 SOI♯3 和 SOI♯4 审查。

值得指出的是,例 9 仅仅是继承了例 5、例 6 和如图 2.5 所示的各个过程,给出相对应的若干个阶段。它并不是把软件研制流程划分成为阶段的唯一的方法,也不一定是完整的软件研制流程的所有阶段的穷举。在本书第 3 章将给出软件研制流程的最佳实践,并在第 3.2.1 节介绍一套新的阶段的定义。

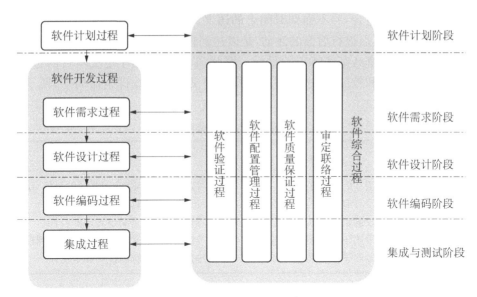

图 2.6　过程与阶段的关系

【**例 10**】　我们可以把例 9 和如图 2.6 所示的各个阶段及其活动的包含关系用数学的方式表述如下：

$$A = A_{SP} \bigcup A_{SR} \bigcup A_{SD} \bigcup A_{SC} \bigcup A_{SIT} \qquad (2-4)$$

其中，A 为软件生命周期中所有活动的集合，A_{SP} 为软件计划阶段的活动集合，A_{SR} 为软件需求阶段的活动集合，A_{SD} 为软件设计阶段的活动集合，A_{SC} 为软件编码阶段的活动集合，A_{SIT} 为集成与测试阶段的活动集合。

【**例 11**】　令：

a_1 为编写 PSAC 的活动；

a_2 为建立软件计划和软件标准评审基线的活动；

a_3 为评审 PSAC 的活动；

a_4 为向审定单位递交 PSAC 的活动。

继承例 5、例 6、例 7 给出的过程，我们有 $a_1 \in A_P$，$a_2 \in A_{I\text{-}CM}$，$a_3 \in A_{I\text{-}V}$，$a_4 \in A_{I\text{-}CL}$，也就是说，这 4 个活动分别属于软件计划过程、软件验证过程、软件配置管理过程和审定联络过程。继承例 9、例 10 给出的阶段，我们有 $a_1 \in A_{SP}$，$a_2 \in A_{SP}$，$a_3 \in A_{SP}$，$a_4 \in A_{SP}$，即这 4 个活动都属于软件计划阶段。

从前面的叙述、定义、例题以及图 2.5 和图 2.6 的对比，我们可以发现，阶段和过程在软件生命周期中有着一定的对应关系。例如，软件计划阶段不仅要完成软件计划过程的所有活动，而且还需要进行相关的软件验证活动、软件配置管理活动和软件质量保证活动。但就两者的组成方式、执行顺序、目的、应用等各方面来说，阶段和过程仍然存在较大的差异。表 2.2 比较了阶段与过程的不同特性。阶段是按照活动的时间进行组合的，阶段和阶段之间具有较强的先后顺序关系；而过程是根据活动的性质进行组合,并不强调时间上的语义。阶段强调的是某些活动做完后,建立一个里程碑,然后进行后面的活动,是以达到预定的里程碑为目的的;而过程强调的是共同实现某个或某些特定的目标。因此,阶段通常用于定义项目的进度,便于实际流程的管理和控制;而过程则主要用于定义项目的软件生命周期,便于流程的说明和定义。

表 2.2　阶段与过程的不同特性

特　性	阶　　段	过　　程
组合方式	按活动的时间组合	按活动的性质(实现共同的目标)组合
时间语义	阶段具有较强的时间语义	过程通常不具有时间上的语义
目的	阶段的目的是达到预定的里程碑	过程的目的是满足规定的目标
应用	阶段用于定义项目的进度	过程用于定义项目的软件生命周期
优势	阶段便于流程的管理和控制	过程便于流程的说明和定义

2.2.3.4　任务

无论是过程还是阶段,这两个概念都是粗粒度的:通常来说,一个过程或一个阶段不可能是由单一行动者来完成的。为了更加有效地实施软件研制活动,我们通常会在软件研制实践中引入任务的概念。

【定义 22】　把活动进行分解或适当组合,形成一个相对独立、粒度适宜、能够由单一行动者来执行的单位,称为任务(Task)。

从上面的定义可以看出,任务是软件研制实践中活动的执行单位。任务需要指派给具体的行动者,并且必须给定任务完成的时间约束。因此,任务的粒度必须适宜,工作内容相对独立,以便于任务的分配和监管。

将活动进行细化、分解和组合形成任务的方式要视实际情况而定,不能一概而论。有时候,一个活动可以直接作为一个任务来执行,如例 12;有时候,多个活动组合成一个任务来执行,如例 13;有时候一个活动要拆分成多个任务来执行,如例 14;也有时候,多个活动需要分解后重新组合成为多个任务才方便执行,如例 15。

并且,值得特别指出的是,活动和任务之间的对应关系也不是永远绝对的,它完全依赖于软件研制流程的定义时给出什么样的活动及其实施时如何实例化以产生什么样的任务。因此,下面举出的例子仅仅是各种情况的示意,而不是建议性的意见。

【例 12】　通常情况下,我们会把"递交评审通过后的 PSAC 文档给审定机构联络人"定义成为一个活动。而这个活动也通常会作为一个任务分配给某个审定联络员去执行。

【例 13】　通常情况下,我们可能会定义如下三个活动,令:

a_1:评审软件需求标准;

a_2:评审软件设计标准;

a_3:评审软件编码标准。

这 3 个活动在真实的软件研制实践中可能被合并成为一个任务"评审软件标准",组织一个评审委员会执行。(注:这里所述的"评审"是指一个评审会议,有别于"核查"和"审查"的概念,参见第 3.1.2 节。)

【例 14】 通常情况下,我们会把"建立软件高层需求评审基线"定义成为一个活动。而这个活动在真实的软件研制实践中可能会被拆分成如下几个任务来执行:

t_1:提出建立软件高层需求评审基线的申请,由软件需求负责人执行;

t_2:审核并批准软件高层需求评审基线的申请,由 CCB 执行;

t_3:创建高层需求评审基线,由配置管理员执行。

【例 15】 根据前面几节的叙述,或者参考 DO - 178B 和 DO - 178C 的指南,我们在定义软件研制流程的时候会很自然地定义出类似这样的活动,令:

a_1 为"阅读和理解分配到软件的系统需求和接口需求"的活动;

a_2 为"若发现有歧义的、不一致的和未定义的系统需求,则向系统生命周期作出报告"的活动;

a_3 为"根据系统需求编写高层需求"的活动;

a_4 为"建立系统需求和高层需求的追踪关系"的活动;

a_5 为"识别派生高层需求"的活动;

a_6 为"向系统生命周期反馈派生高层需求"的活动。

这些活动在实际的软件研制实践中是需要被拆分的。对于 C919 主飞控计算机的机载软件来说,它可能又被分解为诸如"四余度表决和监控模块"(以下简称"模块 1")、"三余度表决和监控模块"(以下简称"模块 2")、"高空飞行模态下的控制律模块"(以下简称"模块 3")等多个模块。这样,a_1,a_2,a_3,$\cdots$,a_n 中的每一个活动都可能按照模块被拆分成多个子活动,如表 2.3 所示:

表 2.3　活动按照模块被拆分

原活动	被拆分以后的活动				
	模块 1	模块 2	模块 3	$\cdots\cdots$	模块 m
a_1	a_{11}	a_{12}	a_{13}	$\cdots\cdots$	a_{1m}
a_2	a_{21}	a_{22}	a_{23}	$\cdots\cdots$	a_{2m}
a_3	a_{31}	a_{32}	a_{33}	$\cdots\cdots$	a_{3m}
$\cdots\cdots$	$\cdots\cdots$	$\cdots\cdots$	$\cdots\cdots$	$\cdots\cdots$	$\cdots\cdots$
a_n	a_{n1}	a_{n2}	a_{n3}	$\cdots\cdots$	a_{nm}

在 C919 主飞控计算机的机载软件研制实践的实际情况下,很自然地会出现类似这样的一个任务 t:"C919 主飞控计算机四余度表决与监控模块的高层需求的编写任务,由张三执行,在两个星期内完成"。

这样,实际情况是:$t = \{a_{11}, a_{21}, a_{31}, \cdots, a_{n1}\}$,它是 a_1,a_2,a_3,$\cdots$,a_n 这些活

动的分解和组合。

如果我们仔细分析例15,还可以发现任务区别于活动的很重要的一点:活动是在定义软件研制流程的时候就已经决定了的,而任务常常是在流程实例化的时候才产生的,例如,在定义软件研制流程的时候我们可能不知道具体的软件项目有多少个模块,只有把软件研制流程实例化到软件研制实践的时候,才能真正确定一个(些)活动将被分解或组合成多少个任务。

实例化是一个比较复杂的过程,它并不是一次性完成的,而可能是在软件研制实践的进行中动态地发生的。因此,把活动进行分解或组合产生任务也可能是在一定的触发条件下才发生的事情。

【例16】 通常情况下,我们会把"提出问题报告"、"评审问题报告"、"打开问题报告"、"关闭问题报告"等定义成为活动。但所有这些活动的开始时间是不能预测的,只有在验证、评审、审计、审查或其他类似情况下发现问题的时候才会被触发,从而转换(实例化)成为真正需要执行的任务。

仔细分析起来,活动和任务还是有比较大的差异的。这些差异如表2.4所示。一般来说,活动强调的是概念上的语义,如这项活动由哪个角色来完成;而任务强调的是实施的语义,如这个任务应分配给哪个(扮演了这个角色的)行动者来完成。活动作为软件研制流程的四大要素之一,主要用于流程的定义;而任务作为活动在软件研制实践中的实例化,主要用于流程的实施。当我们谈论活动时,常常关注的是活动之间的串行和并行关系;而当我们谈论任务时,更关注的则是任务有没有按时完成。此外,任务常常比活动具有更多的属性,例如,任务的状态可以分为"已创建"、"已接受"、"已提交"、"已完成"等等,如图2.7所示。

图2.7 任务的状态过程与阶段的关系

表2.4 任务与活动的不同特性

特性	活动	任务
性质 定义 语义	活动是软件研制流程定义的要素 产生软件产品状态的外部可见的改变 更强的概念语义 ● 由什么角色执行 ● 主要用于流程的定义 ● 更多关注活动间的串行和并行关系 ● 通常没有状态属性	任务是软件研制实践中对活动的实例化 活动的细化和组合,可由单个行动者完成 更强的实施语义 ● 由哪个行动者执行 ● 主要用于流程的实现 ● 更多地关注任务有没有保质保量按时完成 ● 有状态属性(参见图2.7)
举例	软件需求开发活动应由软件需求人员来完成	A项目B模块的软件需求由某人在某天之前完成

2.2.4 角色、权限和独立性

通常来说,角色的定义依赖于不同的软件开发组织和不同的软件开发模式。不同的软件开发组织通常有不同组织架构,从而也会定义不同的角色体系;即使在同一个开发组织里,在不同的软件开发项目或不同的软件开发模式下,角色的定义也会有所不同。

当然,综合各个不同领域的不同软件开发项目,我们也可以列出一些典型的常见的角色[14]。

【例17】 我们列出若干比较典型的常见角色:项目总负责人、项目软件负责人、项目硬件负责人、项目系统负责人、软件开发负责人、软件需求人员、软件设计人员、软件编码人员、软件验证负责人、软件验证人员、软件配置管理负责人、软件配置管理人员、软件质量保证负责人、软件质量保证人员等。图2.8是一个比较典型的角色组织架构图。

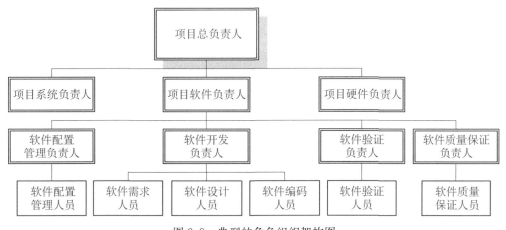

图 2.8 典型的角色组织架构图

在本节中,我们主要讲述与角色相关的三个关系:角色本身的组成关系、角色实施活动的关系以及行动者扮演角色的关系。

2.2.4.1 角色的组成关系

【定义23】 如果角色 r_2 包含了角色 r_1 的所有职责和权限,那么我们称 r_2 由 r_1 组成,r_1 是 r_2 的子角色,记作 $R_C(r_1, r_2)$,其中 $r_1 \in R$,$r_2 \in R$,R 是角色的集合。

【例18】 针对例17中给出的软件需求人员、软件设计人员、软件编码人员这三个角色,我们可以统称为软件开发人员,即软件开发人员是同时具备了软件需求人员、软件设计人员、软件编码人员这三个角色所有的职责、权限和技能要求。于是,我们有:

$$R_C(\text{软件需求人员},\text{软件开发人员})$$
$$R_C(\text{软件设计人员},\text{软件开发人员})$$
$$R_C(\text{软件编码人员},\text{软件开发人员})$$

讲到这里,我们需要特别强调指出,角色的包含关系和图 2.8 给出的角色组织架构图中的上下级关系没有任何必然的联系。虽然说软件开发负责人是软件需求人员、软件设计人员、软件编码人员的上级领导,但这并不说明 R_C(软件需求人员,软件开发负责人)、R_C(软件设计人员,软件开发负责人)、R_C(软件编码人员,软件开发负责人)成立。换句话说,虽然软件开发负责人是软件编码人员的上级领导,但软件开发负责人其实并不从事软件编码人员的工作,而是管理软件编码人员。

因此,软件开发负责人是管理软件需求人员、软件设计人员、软件编码人员的人,而软件开发人员是同时具备软件需求人员、软件设计人员、软件编码人员的所有能力的人。这两者是两个不同的角色,切不可混淆。

显而易见,角色的组成关系应该是一个传递的、自反的、非对称的偏序关系。所以有:

【流程质量要求 4】　角色的组成关系应该是偏序关系。

软件研制实践是一个集成了许多活动和许多角色的复杂行为。能够合理地分配和协调项目成员(人类行动者)在软件研制活动中的职责和权限,使他们紧密地、高效地协作,在软件研制实践中是至关重要的。要做到这一点,仅仅定义角色的组成关系是远远不够的,我们还需要考虑如下两个方面的因素:

(1) 每个角色可以实现哪些活动;

(2) 每个行动者可以扮演什么角色。

2.2.4.2 节和 2.2.4.3 节将分别叙述这两个方面的内容。

2.2.4.2　角色实施活动的关系

在软件研制实践中,需要合理分配和协调角色在研制活动中的职责和权限,即哪个角色能执行哪项活动。这种角色对活动的实施关系,其实就是权限。

【定义 24】　如果一个角色 r 可以执行活动 a,我们就称 r 对 a 存在"实施"关系,记作 $R_{EXE}(r, a)$,其中 $r \in R$,$a \in A$,R 是角色的集合,A 是活动的集合。

【例 19】　令角色 r 为"软件设计人员",活动 a_1 为"开发软件低层需求",活动 a_2 为"开发软件架构",那么有:$R_{EXE}(r, a_1)$,$R_{EXE}(r, a_2)$。

显然,角色实施活动的关系通常来说是多对多的关系,即某个角色可以实施多个活动,某个活动可能由多个角色实施。

由于过程的定义是把一系列内容相近、性质相仿、并共同实现某(些)目标的活动组合在一起,因此,过程和角色之间有比较好的对应关系,常常出现某一个角色可以实现某个过程的所有活动的现象,如例 20。

【例 20】 根据例 7 给出的过程示例,令:

$$A_\text{D} \text{为软件开发过程的活动集合};$$
$$A_\text{D-R} \text{为软件需求过程的活动集合};$$
$$A_\text{D-D} \text{为软件设计过程的活动集合};$$
$$A_\text{D-C} \text{为软件编码过程的活动集合}。$$

结合例 17 和例 18 给出的角色,我们有:

$$\forall a \in A_\text{D}, \text{有} R_\text{EXE}(\text{软件开发人员}, a)$$
$$\forall a \in A_\text{D-R}, \text{有} R_\text{EXE}(\text{软件需求人员}, a)$$
$$\forall a \in A_\text{D-D}, \text{有} R_\text{EXE}(\text{软件设计人员}, a)$$
$$\forall a \in A_\text{D-C}, \text{有} R_\text{EXE}(\text{软件编码人员}, a)$$

用自然语言解读上述公式,其实非常简单:

软件开发人员可以执行所有软件开发活动;
软件需求人员可以执行所有需求开发活动;
软件设计人员可以执行所有设计开发活动;
软件编码人员可以执行所有编码开发活动。

过程与角色之间这么好的对应关系在阶段与角色之间通常是不会出现的。一个阶段常常会涉及很多个不同角色的合作才能达到一个新的里程碑。

【流程质量要求 5】 若有 $R_\text{EXE}(r, a_2)$、$R_\text{C}(a_1, a_2)$,那么应有 $R_\text{EXE}(r, a_1)$。

该质量要求用自然语言的简易解读是:能做大事的人也能做小事。

【流程质量要求 6】 若有 $R_\text{EXE}(r_1, a)$、$R_\text{C}(r_1, r_2)$,那么应有 $R_\text{EXE}(r_2, a)$。

该质量要求用自然语言的简易解读是:能力更大的人能做比自己能力更小的人所做的事情。

【例 21】 根据上述的流程质量要求,结合例 18 和例 20 的已有结论,我们可以得到:

$$\forall a \in A_\text{D-R}, \text{有} R_\text{EXE}(\text{软件开发人员}, a)$$
$$\forall a \in A_\text{D-D}, \text{有} R_\text{EXE}(\text{软件开发人员}, a)$$
$$\forall a \in A_\text{D-C}, \text{有} R_\text{EXE}(\text{软件开发人员}, a)$$

用自然语言解读上述这些公式,即:

软件开发人员可以执行所有需求开发活动;
软件开发人员可以执行所有设计开发活动;
软件开发人员可以执行所有编码开发活动。

讲到这里,我们再次强调 2.2.4.1 中提到的有关"软件开发负责人"与"软件开发人员"的差异。软件开发负责人是管理软件需求人员、软件设计人员、软件编码人员的人,而软件开发人员是同时具备软件需求人员、软件设计人员、软件编码人员的所有能力的人。因此,虽然软件开发负责人是软件需求人员、软件设计人员、软件编码人员的上级,但是他并不具备做软件需求、软件设计和软件编码的职责或权限。

权限描述了角色能够执行的活动,不同角色的权限从一定程度上还能体现角色之间的互斥关系。也就是说,当一个角色在拥有某些权限的同时,可能在某些条件或标准要求下,就会丧失对另一些活动的执行权限,形成软件研制流程中的权力制衡。这种角色的互斥关系定义如下:

【定义25】　若有$R_I(a_1, a_2)$、$R_{EXE}(r_1, a_1)$和$R_{EXE}(r_2, a_2)$,我们称r_1和r_2是互斥的。

用自然语言可以简易地解读为:如果a_1和a_2是两个互相独立的活动,r_1有权限执行a_1,r_2有权限执行a_2,那么r_1和r_2是互斥的。

【例22】　例3中讲到,针对某一个软件模块的高层需求来说,其编写活动和其验证活动是独立的。软件需求人员可以执行编写活动,软件验证人员可以执行验证活动,所以,软件需求人员和软件验证人员这两个角色是互斥的。

【流程质量要求7】　若有$R_I(a_1, a_2)$,那么不应该存在$r \in R$,使得$R_{EXE}(r, a_1)$和$R_{EXE}(r, a_2)$同时成立。也即同一个角色不能同时执行两个独立的活动。

乍一看,活动的组成关系和角色的组成关系有很多相似之处。但如果我们仔细分析一下,可以发现它们之间有着非常本质的区别。活动的组成关系几乎没有任何限制和约束,我们可以把两个或多个独立的活动组成成为一个更大的活动,甚至在最极端的情况下,我们可以把软件生命周期中的所有活动定义成为一个大活动,如例7、例10中的A就是这样的一个活动;但是,我们不能把两个或两个以上的互斥角色组成成为一个父角色,否则的话,由于父角色具备子角色的所有权限,可以实现子角色的所有活动,从而也就可以实现这些互斥子角色所实施的独立活动了。因此,我们又有如下的流程质量要求。

【流程质量要求8】　若有$R_I(a_1, a_2)$、$R_{EXE}(r_1, a_1)$、$R_{EXE}(r_2, a_2)$,那么不应该存在$r \in R$,$R_C(r_1, r)$和$R_C(r_2, r)$同时成立。也即两个互斥的角色不应该存在共同的父角色。

【流程质量要求9】　若有$R_I(a_1, a_2)$、$R_C(a_1, a)$、$R_C(a_2, a)$,那么不应该存在$r \in R$,使$R_{EXE}(r, a)$成立。也即一旦某个活动包含了两个或两个以上独立的子活动,那么这个活动不应该由同一个角色来实施,而只应该有两个或两个以上的角色来分别实现这些独立的子活动。

【定理6】　如果一个软件研制流程同时满足流程质量要求5、流程质量要求6和流程质量要求7,那么该流程满足流程质量要求8和流程质量要求9。

正是由于活动的组成关系和角色的组成关系有着这一本质的区别,所有在定义软件研制流程的时候,活动的组成关系非常普遍,具有大量的内容;而角色的组成关系则其实很少,通常只有少数的几对组成关系而已。

如果两个角色是互斥的,则在软件研制实践中为项目成员(行动者)分配角色的时候,需要确保这两个角色的行动者不能是同一个人。这就是下节要叙述的内容。

2.2.4.3 行动者扮演角色的关系

角色的本质是一种职责和权限的社会关系,这种社会关系需要通过行动者这个实体对角色的扮演来实现。不是任何人都能扮演任何角色,角色的扮演者必须具有一定的资质,能够完成特定的活动。角色对扮演者有技能的要求,例如项目软件负责人必须具有项目管理的经验,才能协调统筹项目的进展,控制项目的进度和成本;软件开发人员的扮演者必须具有相关项目的开发经验,掌握一定的编程语言,熟悉开发环境。

前面已经提到,行动者可以是人类行动者,即参与软件研制活动的人员;也可以是系统行动者,也即实现活动的软硬件工具。当行动者是某软硬件工具的时候,也同样需要对工具做一定的功能和性能要求(如一定级别的工具鉴定[42]等等)。

【定义 26】 如果某个行动者 $actor$ 具备足够的能力和资质扮演角色 r,我们说 $actor$ 和 r 存在扮演关系,记作 $R_{\text{PLAY}}(actor, r)$,其中 $r \in R$, $actor \in Actor$, R 为角色的集合,$Actor$ 为行动者的集合。

显然,行动者扮演角色的关系是在软件研制流程实例化形成软件研制实践的时候完成的。也就是说,当软件研制项目成立,确定了项目组成员(人类行动者)和软件生命周期环境(系统行动者)之后,给项目组成员指定工作职责,给软件研制工具确定使用方法的同时,定义了行动者扮演角色的关系。

值得指出的是,在软件研制流程实例化时建立了 $actor$ 和 r 的扮演关系 R_{PLAY} $(actor, r)$ 后,在软件研制实践中并不一定由 $actor$ 来实现 r 能够执行的所有活动,它在实例化以后可能只执行了其中一部分工作。

【例 23】 假设有 $R_{\text{PLAY}}(actor_1, r)$,$R_{\text{EXE}}(r, a_1)$ 和 $R_{\text{EXE}}(r, a_2)$,这并不意味着 $actor_1$ 在软件研制实践中肯定执行了 a_1 和 a_2 这两项活动。因为实际情况下,还可能存在 $actor_2$,$R_{\text{PLAY}}(actor_2, r)$,而 $actor_1$ 执行了 a_1,$actor_2$ 执行了 a_2。

显而易见,行动者扮演角色的关系是多对多的关系。在软件研制实践中一个角色可以由多个行动者来扮演,如配置管理员的角色可以分配给多个软件研制人员来扮演;一个行动者也可能同时扮演多个角色,例如某一个软件研制人员既是软件编码人员、又同时兼任配置管理员。

一个行动者可以扮演多个角色,一个角色可以拥有多种权限执行多个活动,但这两者综合起来必须符合相关标准或指南提出的独立性(independence)要求。独立性是为了确保完成目标评价而进行的责任分离和权力制衡,它表现为关系 R_{PLAY} $(actor, r)$ 实例化以后具备某种特征,使得扮演角色 r_1 的行动者不同时扮演其互斥

角色 r_2,用数学方式表达如下:

【流程质量要求 10】　如果 r_1 和 r_2 是互斥的角色,那么不应该存在 $actor \in Actor$,实例化时使得 $R_{PLAY}(actor, r_1)$ 和 $R_{PLAY}(actor, r_2)$ 同时成立。

定义中的行动者集合 $Actor$ 可以是人类行动者或系统行动者,说明独立性可以通过人员组织上的责任分离实现,也可以通过使用工具达到同样的独立性效果。这点和文献[17]对独立性的解读是完全一致的。

【例 24】　DO-178B 规定,对于 A 级或 B 级的软件来说,必须独立验证高层需求是否符合系统需求。对于某个软件模块,令:

a_1 为开发软件高层需求的活动,

a_2 为验证软件高层需求是否符合系统需求的活动。

根据 DO-178B,对于 A 级或 B 级的软件来说,a_1 和 a_2 是互斥的活动。若有 $R_{EXE}(r_1, a_1)$ 和 $R_{EXE}(r_2, a_2)$,则 r_1 和 r_2 是互斥的角色。那么,在实例化以后针对某个模块来说,不存在 $actor \in Actor$,$R_{PLAY}(actor, r_1)$ 和 $R_{PLAY}(actor, r_2)$ 同时成立。

【流程质量要求 11】　若有 $R_{PLAY}(actor, r_2)$ 和 $R_C(r_1, r_2)$,那么应有 $R_{PLAY}(actor, r_1)$。

DO-178B/C 对独立性的要求主要涉及软件验证活动和软件质量保证活动。简而言之,对于软件验证活动,DO-178B/C 要求验证活动的行动者和被验证对象的开发行动者独立,以确保验证结果的有效性;对于软件质量保证过程,DO-178B/C 要求软件质量保证人员相对其他人员都要独立,以确保软件质量保证人员具有检查纠正措施是否落实的权力。

2.2.5　数据的组成关系

2.2.5.1　组成关系的定义

如同活动和角色一样,数据也有组成关系,它体现了数据的粒度。

【定义 27】　如果数据 d_2 包含了数据 d_1 的所有信息,那么我们称 d_2 由 d_1 组成,d_1 是 d_2 的子数据,记作 $R_C(d_1, d_2)$,其中 $d_1 \in D$, $d_2 \in D$, D 是数据集合。

【例 25】　在 DO-178B 和 DO-178C 的第 5.2.2 节中讲到,软件设计过程的输入是软件需求数据、软件开发计划、软件设计标准;它经过一轮或多轮的迭代开发出软件设计说明。这里软件需求数据、软件开发计划、软件设计标准、软件设计说明都是数据。此外,DO-178B 和 DO-178C 的第 5.2.2 节中还讲到,软件设计说明包括软件低层需求和软件架构,显然这里软件低层需求和软件架构都是数据。令 d 为"软件设计说明",d_1 为"软件低层需求",d_2 为"软件架构",则有 $R_C(d_1, d)$,和 $R_C(d_2, d)$。

有必要区别一下数据的组成关系和数据之间的引用关系。数据之间可以互相引用,并且可以循环地引用。但数据的组成关系在实例化以后是不可能构成环的,也就是说,数据不可能是自包含的,任何一个数据都不会直接或间接地包含它自己。换句话说,数据的组成关系是一个拟序关系。

【流程质量要求 12】　数据的组成关系应该是偏序关系。

2.2.5.2　数据元

由于数据的组成关系是一个拟序关系,根据定理 4,肯定存在一些最基础的、最细粒度的数据,它们本身具有独立的语义,但不能进一步分解成为更细粒度且具有独立语义的数据,我们把这样的数据称之为数据元。

【定义 28】　一个具有独立语义的数据,如果它不能进一步分解为更细粒度且具有独立语义的数据,称为数据元(Data Element)。

在软件研制实践中,有很多软件生命周期数据通常是条目化的,例如:系统需求、高层需求、低层需求、测试用例、测试规程、测试结果、问题报告、变更请求、基线等等。每一个条目的数据都是最小粒度并且具有独立语义的数据,因此都是数据元。通常来说,我们在软件研制流程定义的时候,并不知道会有多少条系统需求、高层需求、测试用例等等,只有软件研制实践中随着项目的进展才会知道这些数据元的数量。

【定义 29】　以条目的形式出现,在软件研制流程定义的时候无法明确其数量,只有在实例化后在软件研制实践中才能实际产生的数据元,称之为条目化数据元。

【例 26】　前面提到的系统需求、高层需求、低层需求、测试用例、测试规程、测试结果、问题报告、变更请求、基线等等都是条目化数据元。下面是实例化后的一条低层需求的范文:

需求标识:LLR－0000108

需求标题:转弯信息的合法性处理

需求类别:功能性需求

需求优先级:高

输入:转弯信号

输出:经过合法性处理后的转弯信号

需求描述:如果输入的转弯信号同时出现"左转"和"右转",则视为非法。在非法情况下,输出空的转弯信号(不转弯);否则,保持输入的转弯信号作为输出。

从例 26 可以看出,这条软件低层需求是具有独立语义的最小单位,所以是数据元。一个数据元可以具有多个属性,如"需求标识"、"需求标题"等等。也有人可能会认为,一条软件低层需求由"需求标识"、"需求标题"等其他更细粒度的数据组成,即使这样,也不影响我们给出的数据元的定义,因为"需求标识"、"需求标题"等在软件研制过程中并不具备独立的语义,而整条低层需求才是具有独立语义的最细粒度的数据,把它称为数据元是合适的。

【定义30】 以段落(非条目)的形式存在,在软件研制流程定义的时候就可以明确其存在数量,而在实例化的时候并不会改变其数量和结构的数据元,称为非条目化数据元。

【例27】 软件开发计划,软件合格审定计划,软件实施概要等数据中若干段落,如系统概述、软件概述、软件等级、审定基础、符合性方法、软件生命周期环境等等,都属于非条目化数据元。

需要指出的是,条目化数据元与非条目化数据元的区分并不是绝对的。不同的研制单位,根据不同的项目特性,定义不同的软件研制流程,可能对条目化数据元与非条目化数据元有着不同的划分。一个流程中的条目化数据元可能在另外一个流程则以非条目化数据元的形式出现,反之亦然。

正确、深入地理解数据元的概念,了解条目化数据元和非条目化数据元的差异,对软件研制实践有着非常重要的意义。譬如说,为了便于验证、变更和影响分析等活动,我们常常要建立数据之间的追踪。数据之间的追踪本身也是一种数据。许多标准,如 DO-178B,也给出了适航指南要求我们建立数据的追踪。DO-178C 则更加明确地在 11.21 节中给出了相关指南,显式地要求建立如下数据之间的双向追踪:

(1) 分配到软件的系统需求和高层需求;

(2) 高层需求和低层需求;

(3) 低层需求和源代码;

(4) 需求(包括高层需求和低层需求)与测试用例;

(5) 测试用例与测试规程;

(6) 测试规程和测试结果。

图 2.9 是这些数据之间追踪的示意图。

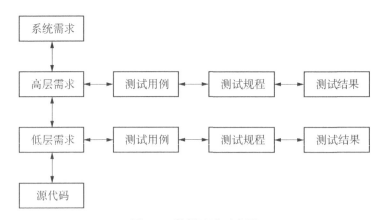

图 2.9　数据追踪示意图

　　在例 26 给出的示例中,这些都是条目化的数据,而每个条目都是一条数据元。因此,我们有足够的理由认为数据的追踪应该是条目化数据元之间的追踪。文献[17]也给出论述,认为数据的追踪应该建立在数据元(data element)的粒度上。这样才能使开发和验证机制更加有效,从而来保证数据的完整性。

　　在软件研制实践中,有很多活动需要用到数据的追踪,例如验证、变更、影响分析等等。因此,粒度得当的数据追踪对这些活动的有效性起到了至关重要的作用。

2.2.5.3　数据项

　　在 2.2.3.1 中提到了,把原子活动按照一定的原则组织成较粗粒度的活动,称之为过程或阶段。与此类似的思想和目的,我们可以把数据元按照一定的原则组织成较粗粒度的数据,称之为数据项。

　　【定义 31】　为了叙述上的方便,我们常常把性质相近、从属于某一个过程的输入或者输出的数据元组合在一起,形成一个更粗粒度的数据,称之为数据项(Data Item)。

　　【例 28】　在 DO‐178B 第 11 章,把软件生命周期数据列为 20 个数据项。在 DO‐178C 中,新增加了 2 项数据项,共有 22 个数据项,如表 2.5 所示。

表 2.5　软件生命周期数据项(DO‐178C 第 11 章)

英文或缩写	数据项名称	英文或缩写	数据项名称
PSAC	软件合格审定计划	EOC	可执行目标代码
SDP	软件开发计划	SVCP	软件验证用例和验证规程
SVP	软件验证计划	SVR	软件验证结果
SCMP	软件配置管理计划	SECI	软件生命周期环境配置索引
SQAP	软件质量保证计划	SCI	软件配置索引
SRS	软件需求标准	PR	问题报告
SDS	软件设计标准	SCMR	软件配置管理记录
SCS	软件编码标准	SQAR	软件质量保证记录
SRD	软件需求数据	SAS	软件实施概要(软件完成综述)
SDD	软件设计说明	Trace Data	追踪数据项
SC	源代码	PDI	参数数据项

　　很显然,一个数据项由多个数据元组成。但值得指出的是,数据项不是对数据元集合一个简单的分割或者划分。不同的数据项可以包含相同的数据元,换句话说,同一个数据元可能出现在多个数据项中。因此,数据元和数据项的组成关系其实是一个多对多的关系。

　　【例 29】　在例 27 中提到,系统概述、软件概述、软件等级、审定基础、符合性方法、软件生命周期环境等都是(非条目化的)数据元。依据 DO‐178B/DO‐178C 第

11.1和11.20,这些数据元都应该是软件合格审定计划和软件实施概要这两个数据项的内容。在软件研制实践中,还有许多单位也会把系统概述、软件概述等数据元也用于软件开发计划、软件验证计划、软件配置管理计划、软件质量保证计划等其他数据项。图2.10是这些数据项和非条目化数据元之间的多对多的关系示意图。

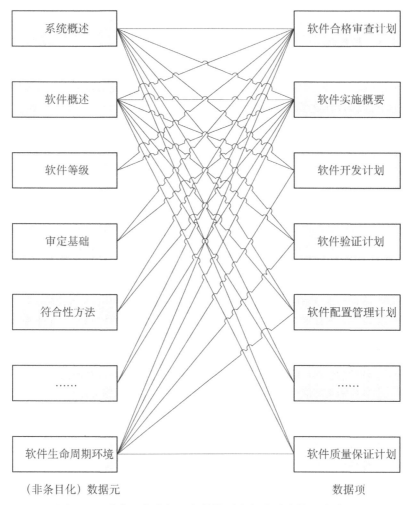

图2.10 非条目化数据元与数据项之间多对多的组成关系

【例30】 在例26中提到,每个条目的高层需求和低层需求都是条目化数据元。显然,每个条目的高层需求应出现在软件需求数据这个数据项中;每个条目的低层需求应出现在软件设计说明这个数据项中,而每个条目的高层需求和低层需求(除派生的低层需求)都应该出现在追踪数据这个数据项中。图2.11是这一现象的示意图。

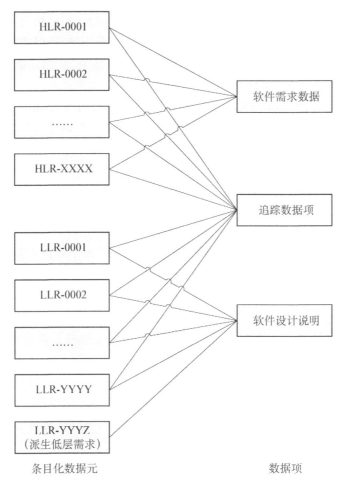

图 2.11　条目化数据元与数据项之间多对多的组成关系

2.2.5.4　文档

根据笔者对中国航空工业的了解，可能对大部分读者来说，很可能会把 2.2.5.3 中所述的"数据项"视同为"文档"，把这两个概念等同起来。其实数据项和文档在语义上还是有明显的区别的。

【定义 32】　在软件研制实践中，把内容密切相关的数据组织在一起并按照一定的形式（如电子文件、纸质文件等）呈现出来，称之为文档（Document），以方便进行项目评审、质保审计、局方审定、文件归档以及项目管理上的需要。

从上面的定义可以看出，数据项和文档的区别主要在于以下三个方面。

首先是呈现形式的区别。如果我们只谈论"数据"，我们着重关心的是数据的存在性、准确性、无歧义性、完整性等属性，但我们往往不关心它的存在形式和呈现方式。DO-178B 和 DO-178C 都明确地指出，除了局方有特别要求的极个别数据外，绝大多数数据的适航要求并不关心这些数据的存在形式,至于它们是以电子文档的方式保存的,还是以数据库的形式存放,标准都是认可的。与此相反,如果我们谈论"文档",则往往还会关心到它的存在形式和存放位置等信息,所以文档又被分为"电子文档"、"纸质文档"等等。换一句话概括,我们可以认为,文档是数据的呈现方式和表现形式。

其次,数据项的概念常常用于软件研制流程的定义和描述,是一个相对来说抽象的概念;而文档的概念则常常用于软件研制实践,是一个具体的概念,它是数据的实例化,是数据的表现形式。数据通常用于适航规章、适航标准等材料中作为普适性的概述,对所有适用的项目都有效,综观 DO‒178B/C,从头到尾通篇只用"数据"这个术语而不用"文档";而文档则是数据在某个具体工程项目中的实例,只在本项目中有效。详见例 31。

【例 31】 软件编码标准是一个数据项(参见 DO‒178B/C 第 11.8 节),它是一个抽象的概念,其名词可以用于这个项目,也可以用于那个项目。而《C919 主飞控计算机机载软件手写代码编码规范(C 语言分册)》、《C919 主飞控计算机机载软件手写代码编码规范(汇编语言分册)》、《C919 主飞控计算机机载软件自动代码生成规范》等就是具体的文档。这些文档是软件编码标准在"C919 主飞控计算机机载软件"这个项目中的实例化。而这些文档只针对"C919 主飞控计算机机载软件"这个项目有效,对 C919 其他系统的机载软件项目,如"C919 FADEC 机载软件"则不适用,对"C929 主飞控计算机机载软件"也可能不适用。当然,你也可以拷贝同样的内容,把这些文档作些修改(如把"C919"改成"C929")后在其他项目中使用,但这样操作后的文档已经是软件编码标准在新项目中新实例了。或者,你可以用一种更好的组织方式,把某些文档从项目的层次提高到组织的层次,形成"组织资产库"[47],让同一个文档在多个项目中可以不加任何修改地重用,不过这是一个新的话题,在此暂且不论。

第三,是数据项和文档的组成原则不同。从定义 31 可以看出,数据项是把性质相近、从属于某一个过程的数据元组合在一起,因此可以认为,数据项是在软件研制流程的定义中被用来作为过程的输出或输入的。而从定义 32 可以看出,文档是把内容相关的数据元组织在一起,常常用于软件研制实践的管理活动。这两者之间还是有差异的。在软件研制实践中,有些时候一个数据项被编写成多个文档(如例 32);有些时候多个数据项被写成一个文档(如例 33);有些时候一个数据项恰好是一个文档;也有些时候,多个数据项被拆分重新组合成多个文档,如同活动和任务的关系一样。

【例 32】 软件需求数据是一个数据项(参见 DO‒178B/C 第 11.9 节);而在软件研制实践中,这个数据项可能被编写成多个文档,如:

《C919 主飞控计算机机载软件需求规格说明书(总册)》

《C919 主飞控计算机机载软件需求规格说明书(第一分册)》

《C919 主飞控计算机机载软件需求规格说明书(第二分册)》

《C919 主飞控计算机机载软件接口需求规格说明书》

这些文档组成一个整体,才是完整的软件需求数据这个数据项。

【例33】 对于某些小规模的项目(如无线电高度表)来说,软件需求数据(参见 DO－178C 第11.9 节)以及相关的追踪数据(参见 DO－178C 第11.21 节)就可能只出现在一个文件里面,甚至都有可能把软件设计说明(参见 DO－178C 第11.10 节)以及相关的追踪数据也组织在同一个文档里。

相对于数据这个抽象的概念来说,文档是一个具体的概念。从面向对象的意义来说,如果把数据比喻成一个类,那文档就可以比喻成一个对象,它是数据的实例化。换句话说,文档是数据的一种可见的、可触摸的具体表现。

DO－178B/C 在第十一章明确地给出对数据的指南要求,但它们都没有对文档提出要求。因此,除了一些特殊的行业要求以外(如 GJB 438B),把数据组织成文档的方式可以由软件研制单位根据自己的软件研制经验、现有研制体系、项目规模、项目特点等实际情况来决定。通常来说,数据组织成文档要本着高独立、高内聚、松耦合、分层级、高重用的原则。当然,这是题外话,在此不展开详细论述了。

在软件研制实践中,我们需要在实例化的时候确定把数据有效组织成文档的方式。正是因为这样,我们应该在软件计划,尤其是软件合格审定计划(Plan for Software Aspects of Certification)中清楚定义针本项目中数据的组织方式,以便在实际项目工程的实施过程中,按照要求组织成文档。

需要指出的是,上面所述的有关数据和文档两个概念之间差异和相互关系的描述,是对国际民用航空的概括。中国的国军标以及长期依据国军标从事软件研制的中国航空工业的实际情况与此并不完全相同。这一现象或多或少地混淆了中国航空工业对数据和文档这两个概念的准确理解。GJB 438B《军用软件开发文档通用要求》[48]是一个标准类型的指导材料,但它其实给出的是有关文档的要求,而不是数据的要求,它和 DO－178B 是有明显差异的。

2.2.5.5 配置项

在软件研制实践中,诸如配置标识、建立基线等配置管理活动,如果全部以数据元为粒度进行配置管理的话,显然工作极其繁重并且没有必要。因此我们需要以一个更粗的、合适的粒度来统一进行配置管理。这就引出了与数据元、数据项、文档等概念密切相关并且经常相提并论的另外一个术语,即配置项。

【定义33】 在软件研制实践中,为了实现有效的软件配置管理活动,常常把需要集中和统一管理的数据元按照一定的粒度进行组合,称之为配置项(Configuration Item)。

由定义33可以看出,配置管理活动不是以数据元为单位进行管理的,而是把多个需要进行统一配置管理的数据元组合在一起,形成配置项,并以配置项为粒度进行配置标识和基线建立的。

数据有组成关系，而配置项也是数据，所以配置项也有组成关系。根据供应商的不同级别以及不同的配置管理需要，一个配置项也可能会由多个更小的其他配置项组成。

【例 34】　在中国军用航空的相关标准中提到的配置项测试。这里所说的"配置项"，对于主机单位来说，是把各子系统集成成为整机系统或设备前需要独立进行配置管理的粒度，集成之后得到更大的配置项；相反地，对于该主机单位的下级供应商来说，这个配置项是产品基线的粒度，是本单位研发过程中集成之后的最大配置项，在集成之前常常会被分解为更细的配置项进行配置管理。

在整个 2.2.5 节，我们介绍了多个不同的概念：数据、数据元、数据项、文档、配置项等等。据笔者对中国航空工业实际情况的了解，认为大家多数对这些概念或多或少地含糊不清。但是，在整个软件工程化的进步中、在软件研制流程的建设、定义和执行中，清晰地了解这些概念，分析它们的内在关系并区分它们的实际用途，其实是非常必要的。

2.2.6　活动的输入输出关系

在定义 1 中我们讲到，活动是软件研制中一个相对独立的步骤，根据一定的输入进行相关的处理后得到相应的输出。这里的输入和输出其实就是数据。

【定义 34】　如果活动 a 的处理过程中使用了数据 d_1，产生或修改了数据 d_2，那么我们称 d_1 是 a 的输入，记作 $R_{IN}(d_1, a)$；d_2 是 a 的输出，记作 $R_{OUT}(a, d_2)$。其中 $d_1 \in D$，$d_2 \in D$，$a \in A$，D 是数据的集合，A 是活动的集合。

数据作为活动的输入，它可能有两个方面的用途：

（1）数据用来规划或指导活动的执行。如软件开发计划（Software Development Plan）、软件验证计划（Software Verification Plan）、软件编码标准（Software Coding Standard）等；

（2）数据是活动待处理的原材料，这些原材料经过活动的进一步处理以后产生新的数据或者修改老的数据。如软件需求数据（Software Requirement Data）经过软件设计过程的进一步处理变成软件设计说明（Design Description）。

【例 35】　令：

a 是软件设计过程；

d_1 为软件设计标准；

d_2 为软件需求数据；

d_3 为软件开发计划；

d_4 为软件设计说明（包括软件低层需求和软件架构，参见例 25）；

d_5 为软件低层需求和软件高层需求的追踪数据。

则有：$R_{IN}(d_1, a)$，$R_{IN}(d_2, a)$，$R_{IN}(d_3, a)$，$R_{OUT}(a, d_4)$，$R_{OUT}(a, d_5)$（见图 2.12）。

图 2.12　软件设计过程的输入和输出

【例 36】　结合例 5 和例 28，我们可以给出 DO‐178B/ DO‐178C 中比较全面的各个过程的输入和输出关系（见表 2.6）。

表 2.6　过程与数据项之间的输入输出关系

输入数据	过　程	输出数据
系统需求 软件安全等级	软件计划过程	软件开发计划 软件验证计划 软件配置管理计划 软件质量保证计划 软件合格审定计划 软件需求标准 软件设计标准 软件编码标准
系统需求 软件开发计划 软件需求标准	软件需求过程	软件需求数据 追踪数据
软件需求数据 软件开发计划 软件设计标准	软件设计过程	设计说明 追踪数据
设计说明 软件开发计划 软件编码标准	软件编码过程	源代码 追踪数据
软件开发计划 源代码	软件集成过程	可执行代码
软件验证计划 待验证的过程/活动的输入数据 待验证的过程/活动的输出数据	软件验证过程	验证用例及验证规程 验证结果 追踪数据
软件配置管理计划 待配置管理的所有数据	软件配置管理过程	配置管理记录 软件配置索引 软件生命周期环境配置索引 问题报告、变更报告
软件质量保证计划 待审计的软件生命周期数据	软件质量保证过程	软件质量保证记录
软件合格审定计划 所有软件生命周期数据	审定联络过程	软件完成综述

仔细观察例 36,我们还可以发现,某些活动(过程)的输出数据可以是另一些活动(过程)的输入数据。例如软件需求数据是软件需求过程的输出,同时又是软件设计过程的输入。这样,如果我们把软件生命周期的数据和活动的输入和输出关系用图示的方式来描述,就会形成一个数据流图。

【例37】 考虑例 36 中的软件计划过程、软件需求过程、软件设计过程、软件编码过程、集成过程以及它们相应输入和输出,可以组成数据流图(图 2.13)。

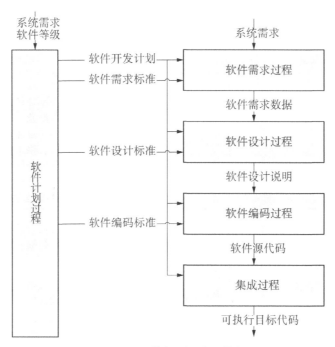

图 2.13　过程和数据项组成的数据流图

我们在第 2.2.3 节中根据活动的组成关系定义了"过程"、"阶段"、"任务"等不同层次的概念;又在第 2.2.5 节根据数据的组成关系定义了"数据元"、"数据项"、"配置项"等不同层次的概念。通常来说,在定义一个软件研制流程的时候,我们具有足够的自由来定义活动和数据的组成关系,但对于一个好的流程来说,活动和数据的组成关系应该是密切相关、互相对应的。由于数据是活动的输入和输出,不同层次的数据和不同层次的活动应该有着良好的对应关系。在比较理想的情况下,细粒度的活动(如任务)的输入和输出刚好是细粒度的数据(如数据元),而粗粒度的活动(如过程)的输入和输出刚好是粗粒度的数据(如数据项)。这一思想在过程(第 2.2.3.2节)、任务(第2.2.3.4节)、数据元(第 2.2.5.2节)、数据项(第2.2.5.3节)等章节的叙述和例题中已经得到了充分的体现,表2.7 也系统地总结了不同层次数据和活动的输入输出的对应关系。

【例38】 继承例 35,软件需求数据是软件设计过程的一个输入,软件设计说明是软件设计过程的一个输出。而软件需求数据、软件设计说明、软件设计过程在实例化的时候都会进一步细化成为数据元或任务的级别,令:

软件需求数据＝{HLR－X0001，HLR－X0002，HLR－X0003，……，HLR－X00XX，HLR－Y0001，HLR－Y0002，HLR－Y0003，……，HLR－Y00YY，HLR－Z0001，HLR－Z0002，HLR－Z0003，……，HLR－Z00ZZ，……}

软件设计说明＝{LLR－X0001，LLR－X0002，LLR－X0003，……，LLR－X0XXX，LLR－Y0001，LLR－Y0002，LLR－Y0003，……，LLR－Y0YYY，LLR－Z0001，LLR－Z0002，LLR－Z0003，……，LLR－Z0ZZZ，……}

软件设计过程＝{软件设计任务 X,软件设计任务 Y,软件设计任务 Z}则细粒度的数据元与任务的输入和输出关系如图 2.14 所示。

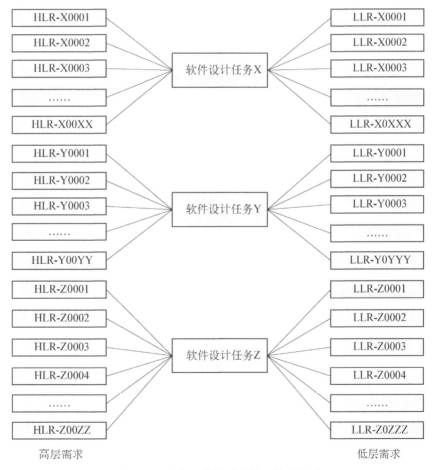

图 2.14　任务和数据元的输入输出关系

【例39】　在第 2.2.3.2 节例 5 中我们已经讲到,软件需求过程、软件设计过程、软件编码过程和集成过程合称为软件开发过程。如果我们把例 37 中的软件需求过程、软件设计过程、软件编码过程和集成过程替换成软件开发过程,则图 2.13 可以画成图 2.15。

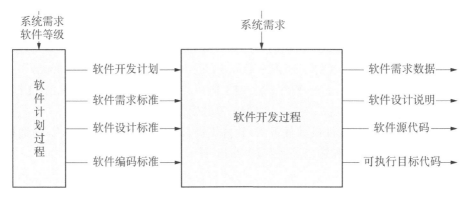

图 2.15　软件开发过程的输入输出图

通过例 38、例 39 所展示的不同层次的活动和数据,以及不同层次输入输出关系的图 2.13 和图 2.15 的比较分析,我们可以发现不同层次的活动和数据的输入输出的数据流图的平衡与匹配问题。

【定义 35】　假设活动 a 的输入为 d,输出为 d',也即 $R_{IN}(d, a)$,$R_{OUT}(a, d')$。令:

$$a = \{a_1, a_2, \cdots, a_n\}, R_{IN}(d_i, a_i), R_{OUT}(a_i, d'_i), i = 1, 2, \cdots, n$$

如果满足如下条件,那么称活动 a 的输入输出数据流图和它的子活动 a_1,a_2,$\cdots$,a_n 的输入输出数据流图是平衡和匹配的:

$$d' = \{d'_1, d'_2, \cdots, d'_n\}, d = \{d_1, d_2, \cdots, d_n\} \backslash d'$$

【流程质量要求 13】　软件研制流程任何活动和它的子活动的输入输出数据流图应该是平衡和匹配的。

流程质量要求 13 表明,无论是对数据图进行细化或是粗化,都必须遵循数据流的平衡与匹配原则。它其实是一条非常严格的质量要求,可以有许多推论。在本书中我们不再赘述过分数学化的论述,此处从略。

【例40】　在本例中,我们将根据定义 35 来计算和验证图 2.13 和图 2.15 这两个不同层次的数据流图是否平衡和匹配。

根据图 2.15,引用流程质量要求 13 中的记号,令:

$a=$软件开发过程

$d=\{$软件开发计划,软件需求标准,

　　软件设计标准,软件编码标准,系统需求$\}$

d'＝{软件需求数据,软件设计说明,软件源代码,可执行目标代码}

则有 $R_{IN}(d, a)$，$R_{OUT}(a, d')$ 成立。又令

a_1＝软件需求过程

a_2＝软件设计过程

a_3＝软件编码过程

a_4＝集成过程

那么有 $a = \{a_1, a_2, a_3, a_4\}$。根据图 2.13,继续引用流程质量要求 13 中的记号,有:

$R_{OUT}(a_1, d'_1)$，d'_1＝软件需求数据

$R_{OUT}(a_2, d'_2)$，d'_2＝软件设计说明

$R_{OUT}(a_3, d'_3)$，d'_3＝软件源代码

$R_{OUT}(a_4, d'_4)$，d'_4＝可执行目标代码

于是显然有: $d' = \{d'_1, d'_2, d'_3, d'_4\}$

$R_{IN}(d_1, a_1)$，d_1＝{软件开发计划,系统需求,软件需求标准}

$R_{IN}(d_2, a_2)$，d_2＝{软件开发计划,软件需求数据,软件设计标准}

$R_{IN}(d_3, a_3)$，d_3＝{软件开发计划,软件设计说明,软件编码标准}

$R_{IN}(d_4, a_4)$，d_4＝{软件开发计划,软件源代码}

于是有:

$\{d_1, d_2, d_3, d_4\} \backslash d'$＝{软件开发计划,系统需求,软件需求标准,软件需求数据,软件设计标准,软件设计说明,软件编码标准,软件源代码}\{软件需求数据,软件设计说明,软件源代码,可执行目标代码}＝{软件开发计划,系统需求,软件需求标准,软件设计标准,软件编码标准}＝d

通过上面的计算说明,图 2.13 和图 2.15 的数据流是平衡和匹配的,满足流程质量要求 13。

从流程质量要求 13 的定义以及例 40 的计算可以发现,a 的子活动 a_2 可能会用到另一个子活动 a_1 的输出作为其输入,所以 $\{d_1, d_2, \cdots, d_n\}$ 可能大于 d,但 $\{d_1, d_2, \cdots, d_n\} \backslash d'$ 必须等于 d。这样才能保证 a 的任何子活动没有用到 a 的输入数据或输出数据以外的数据作为其输入。

【流程质量要求 14】 若有 $R_{IN}(d, a)$，$R_C(d_1, d)$,则应该有 $R_{IN}(d_1, a)$。

【流程质量要求 15】 若有 $R_{OUT}(a, d)$，$R_C(d_1, d)$,则应该有 $R_{OUT}(a, d_1)$。

【流程质量要求 16】 若有 $R_{IN}(d, a)$，$R_C(d_1, d)$,其中 d_1 是数据元,那么应该 $\exists a_1 \in A$，$R_C(a_1, a)$ 且 $R_{IN}(d_1, a_1)$。如果用自然语言表述,它的意义是:输入数据的任何一个子数据都应该要被使用。

【流程质量要求 17】 若有 $R_{OUT}(a, d)$，$R_C(d_1, d)$,其中 d_1 是数据元,那么应该 $\exists a_1 \in A$，$R_C(a_1, a)$ 且 $R_{OUT}(a_1, d_1)$。如果用自然语言表述,它的意义是:输出数据的任何一个子数据都应该要被产出。

【流程质量要求 18】　若有 $R_{\text{OUT}}(a_1, d)$，$R_C(a_1, a)$，则应该有 $R_{\text{OUT}}(a, d)$。

【流程质量要求 19】　若有 $R_{\text{OUT}}(a_1, d_1)$，$R_C(a_1, a)$，则应该 $\exists d \in D$，$R_C(d_1, d)$ 且 $R_{\text{OUT}}(a, d)$。

值得指出的是，当涉及软件研制实践，深入到较细粒度的输入输出关系的时候，可能会出现对于某个活动（或者任务）来说，某个数据（或者数据元）既是它的输入，又是它的输出，也就是说，这个活动不是从零开始创造一个输出，而且修改一个数据，从而这个数据既是输入也是输出。参见例 41。

【例 41】　考虑对一个变更请求的评审活动。评审活动的输入是变更请求以及与变更相关的一些数据。变更评审活动完成后，并没有产生新的数据，而是使得变更请求的状态发生了改变（例如改变为"打开"状态或者"拒绝"状态），所以，变更请求既是变更评审活动的输入，也是变更评审活动的输出。

虽然在例 41 给出的例子中，一个活动的输出和输入可能是同一个（或同一些）数据元，但这个活动通常应该是对输入进行了一定的处理，得到的输出虽然没有创造新的数据元，但为输入的数据元提供了增值服务，输入数据和输出数据的内容差异体现了活动产生的附加价值。

【流程质量要求 20】　任何一个活动都应该有增值。

从上面大篇幅的叙述很显然可以发现，活动、数据以及两者之间的输入输出关系，是软件研制流程中浓墨重彩的一笔。DO – 178B/C 对机载软件研制和审定给出的指南主要涉及软件生命周期（Software Life Cycle）的三大基本要素，即过程（Process）、数据（Data）和目标（Objective）。其中数据作为软件生命周期的信息流，是过程的输入和输出。可以认为，数据是软件生命周期中流淌的血液。

从管理的角度来说，过程（Process）和活动（Activity）体现的是把大规模的复杂工作分而治之，把软件生命周期分割成一个个粒度足够细而且可控的颗粒。数据作为过程或活动的输出，是对各个可控的工作产品和工作成果的固化，为下一步的活动提供服务。同时也用于记录该过程的执行情况。另外，数据还是配置管理的对象，并为适航审定提供证据。

2.2.7　软件研制流程的层次总结

我们在第 2.2.3 节中根据活动的组成关系定义了"过程"、"阶段"、"任务"等不同层次的概念；又在第 2.2.5 节根据数据的组成关系定义了"数据元"、"数据项"、"配置项"等不同层次的概念；还在 2.2.6 节中谈到了数据和活动的输入、输出关系也出现了相应的层次关系，并且要求这些层次关系之间要有良好的对应：细粒度的活动（如任务）的输入和输出刚好是细粒度的数据（如数据元），而粗粒度的活动（如过程）的输入和输出刚好是粗粒度的数据（如数据项）。

在本节中，我们拟系统地总结和概括软件研制流程各个要素不同层次之间的内在呼应和统一特性。

在所有这些概念中，数据和活动是最基础、也是最根本的概念。它们是软件研制流程的基本要素(请参见 2.1.1)。笼统地说,数据是活动的输入或输出。在这两个概念的基础之上,我们通过分析它们的组成关系,分别定义了过程、阶段、任务以及数据元、数据项、文档、配置项等其他概念。因此说,这些概念都是在活动和数据这两个基本概念的基础上定义和衍生出来的。

对数据和活动做细化,我们得到了数据元和任务的概念。数据元是任务输入和输出,由某个行动者来执行一个任务。这个层级更多地涉及了软件研制流程的实例化,也即软件研制实践。

对数据和活动做粗化,我们得到了数据项和过程的概念。数据项是过程输入和输出,由某个角色来实施一个过程。这个层级更多地涉及了软件研制流程的定义,适航要求的提出,标准的叙述等等。

阶段也是对活动进行粗化以后的概念,但它主要涉及的是在软件研制实践中进行成果固化和里程碑设定以实现进度管理、风险控制等目的。

配置项则是从配置管理的角度来定义的数据类概念,它主要涉及的是配置管理人员在实施配置管理活动时要把哪些数据进行统一的配置管理(如标识、基线等等)。

综上所述,表 2.7 系统地总结了软件研制流程在不同层次上概念的对应关系和内涵分析。

表 2.7　流程要素的抽象层次及对应关系

数据类的概念	活动类的概念	其他类的概念	概念的解读
数据	活动		(1) 数据和活动是软件研制流程的基本要素 (2) 数据是活动的输入输出
数据元	任务	行动者	(1) 数据元是数据组成关系中的极小值,是具有独立语义的最小数据单位 (2) 任务是经过细化、分解或组合后可以由单个行动者独立完成的活动 (3) 数据元是任务的输入输出 (4) 行动者执行任务,对数据元进行处理,产生或修改(新的)数据元 (5) 通常用于流程的实例化,体现在软件研制实践和具体项目实施中
数据项	过程	角色	(1) 数据项是内容相近、性质相仿的数据元的组合 (2) 过程是内容相近、性质相仿、并共同实现某(些)目标的活动的组合 (3) 数据项是过程的输入输出(注:DO - 178B/C 很好地体现了这一思想) (4) 某个角色实现某个过程,对数据项进行处理,得到新的数据项 (5) 通常用于流程的定义、标准的叙述、适航要求的提出

数据类的概念	活动类的概念	其他类的概念	概念的解读
配置项	配置管理活动	配置管理人员	(1) 配置项是需要统一进行配置管理的数据对象 (2) 配置管理人员以配置项为粒度进行配置管理活动(标识、冻结等等)
	阶段		(1) 在某个阶段，多个行动者分别扮演各自的角色，实现了阶段内的所有活动，达到一个里程碑，实现成果固化，进行进度和风险的控制 (2) 通常用于流程的管理，项目的监控

2.2.8　迁移准则

【定义 36】　实施一项活动所必须具备的条件，称为迁移准则。

在软件研制流程的定义中，软件生命周期中所有活动都要定义其迁移准则；在软件研制实践中，QA 人员和项目管理人员根据迁移准则来确定是否可以进入或重新进入某项活动。

迁移准则与所选择的软件生命周期模型密切相关，取决于软件开发过程和软件综合过程中各项活动的执行顺序，且受软件等级的影响。通常来说，应该在软件计划过程中，根据所选择的软件生命周期模型和设定的软件等级来确定各项活动的迁移准则。

迁移准则的定义没有认可的通行标准，通常希望迁移准则是可以量化的，能以书面形式记录，并且能减少错误的引入和传播。迁移准则既不能太严格也不能太灵活。过于严格的迁移准则难以遵循，会导致人员闲置、拖延进度、增加成本，而过于灵活的迁移准则则有可能不符合相关标准的目标和要求。

于是有人可能会认为，最合适的迁移准则就是能够符合相关标准目标的最低要求。其实并非如此。因为过分宽松的迁移准则即使符合了相关标准目标的最低要求，也从管理上达到了最灵活的效果，但过分的灵活性可能导致软件研制中的问题没有及时发现而导致后期返工，这同样会导致进度的推迟和成本的增加。因此，最佳的迁移准则是管理成本和流程控制的严密性之间的一个折衷和权衡。

迁移准则是进行一项活动所必须具备的条件。这个条件通常体现为两个方面：进行一项活动以前必须完成的其他活动；进行一项活动以前必须具备的数据。我们将在 2.2.8.1 和 2.2.8.2 中分别叙述这两个方面。

2.2.8.1　迁移准则的前置活动关系

软件研制流程中某些活动的执行会依赖于另一些活动的执行，例如，配置管理过程中的建立基线、发布软件、报告状态等都需要有某种驱动事件。因此需要定义进入某个活动的迁移准则，明确在进入该活动之前必须完成的其他活动，即迁移准则的前置活动条件。

【定义 37】 如果活动 a_2 的执行必须以完成活动 a_1 为前提,那么我们称 a_1 是 a_2 的前置活动,a_1 与 a_2 具有前置活动关系,记作 $R_S(a_1, a_2)$。其中 $a_1 \in A$,$a_2 \in A$,A 是活动的集合。

【例 42】 令:

a 为软件设计活动,

a_1 为建立通过评审归零后的软件需求数据基线的活动,

a_2 为建立通过评审归零后的软件开发计划基线的活动,

a_3 为建立通过评审归零后的软件设计标准基线的活动,

a_4 为软件需求阶段中的软件质量保证活动,

则有 $R_S(a_1, a)$、$R_S(a_2, a)$、$R_S(a_3, a)$、$R_S(a_4, a)$

有些时候,前置活动关系不是永恒成立的,而是在一定的条件下才成立的。所以我们要引进在特定条件下前置活动的概念。

【定义 38】 如果在某个特定条件 condition 之下,活动 a_2 的执行必须以完成活动 a_1 为前提,那么我们称 a_1 是 a_2 在条件 condition 之下的前置活动,记作 $[\text{condition}]R_S(a_1, a_2)$。其中 $a_1 \in A$,$a_2 \in A$,A 是活动的集合。

【例 43】 令 e 为软件配置管理计划的评审活动,f 为软件配置管理计划的变更活动,当评审活动 e 发现软件配置管理计划有严重问题、需要新建并打开一个变更请求 CR 时,f 以 e 为前置活动。所以有:$[\text{CR}]R_S(e, f)$。这种现象可以用图 2.16 来表示。

图 2.16 特定条件下的前置活动关系

【例 44】 假设我们在定义软件研制流程时,给出了如下的活动:

a 为(系统生命周期中)确定软件安全等级的活动,

b 为编制软件质量保证计划的活动,

c 为编制软件配置管理计划的活动,

d 为编制软件开发计划的活动,

e 为计划的评审活动,

f 为计划的变更活动。

对于这些活动,我们可以定义如下合理的前置活动关系:$R_S(a, b)$,$R_S(a, c)$,$R_S(a, d)$,$R_S(b, e)$,$R_S(c, e)$,$R_S(d, e)$,$[\text{CR}]R_S(e, f)$,$R_S(f, e)$。

这些前置活动关系如图 2.17 所示。

在例 44 中,我们有 $[\text{CR}]R_S(e, f)$ 和 $R_S(f, e)$,也就是说,软件研制流程中的前置活动关系是可以构成环的。这显然不是拟序关系。

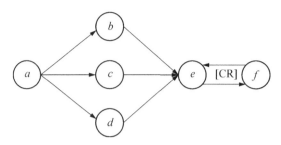

图 2.17　软件研制流程的前置活动关系

前面我们提到过,从软件研制流程到软件研制实践,所有的活动全部被实例化成任务,所有角色全部被实例化成行动者,所谓的"角色实施某个活动",在软件研制实践中全部被实例化成"行动者执行某个任务"。

【例 45】　继承例 44,把这个软件研制流程实例化成为软件研制实践之后,这些活动全部被实例化成为任务。设这些活动被实例化以后的任务分别记作 T_a, T_b, T_c, T_d, T_e, T_f 等类似记号,那么实例化以后的前置任务关系可以示意性地描述为图 2.18,图中箭头表示前置任务关系,也即任务的执行顺序。

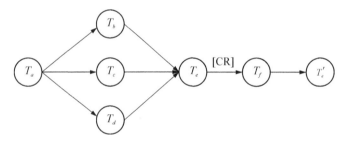

图 2.18　软件研制实践的前置任务关系(1)

可以发现,在图 2.18 中,活动 e 被实例化了两次成为两个任务分别成为 T_e 和 T_e',即对计划进行了前后两次评审。很显然,这样实例化后的前置任务关系是一个拟序关系。

从例 44 和例 45 可以看出,在实例化以前,软件研制流程的前置活动关系不一定是拟序关系,但在实例化以后,软件研制实践的前置任务关系则一定是拟序关系。

【流程质量要求 21】　实例化以后,前置任务关系应该是一个拟序关系。

【流程质量要求 22】　前置活动关系应该是传递关系。

根据流程质量要求 1 和流程质量要求 22,如果软件研制流程中的前置活动关系不是拟序关系,那么意味着肯定存在一系列的活动 a_1, a_2, a_3, $\cdots$, a_n 的前置关系构成一个环:$R_S(a_1, a_2)$, $R_S(a_2, a_3)$, $\cdots$, $R_S(a_{n-1}, a_n)$, $R_S(a_n, a_1)$。

【流程质量要求 23】　如果有构成环的一系列前置活动关系 $R_S(a_1, a_2)$,

$R_S(a_2, a_3)$，…，$R_S(a_{n-1}, a_n)$，$R_S(a_n, a_1)$，那么应该至少存在其中之一，它是特定条件下的前置活动关系。

仔细分析例 44 和例 45 以及图 2.17 和图 2.18 的差异，我们可以得到如下的结论：

【流程质量要求 24】 软件研制流程中构成环的前置活动关系，在实例化成任务的时候，每次（重新）进行一个活动时都会把该活动实例化成一个新的任务。而某个前置活动实例化以后的特定条件在实践中不再成立，从而前置活动的环被打开，任务间的前置关系转变成一个无环的拟序关系。

根据上面的例题和流程质量要求，有人可能会有这样的误解：特定条件下的前置条件只是用来在实例化中"解套"的。其实不然。例如，在软件研制流程的定义中我们常常会用特定条件下的前置条件来描述在诸如使用了多版本非相似软件、非激活代码、用户可修改代码等情况下应该遵循的研发流程。当实际软件项目中没有这些情况发生时，相应的活动不必实例化成任务来执行。

相对于前置活动关系，我们可以定义活动的并行关系。

【定义 39】 如果活动 a_1 和 a_2 之间没有任何前置活动关系，即 $R_S(a_1, a_2)$ 和 $R_S(a_2, a_1)$ 都不成立，那么称 a_1 和 a_2 是并行关系。其中 $a_1 \in A$，$a_2 \in A$，A 是活动的集合。

【例 46】 例 44 中 b、c、d 中的任何两个活动都是并行关系；例 45 中 T_b、T_c 和 T_d 中的任何两个任务也是并行关系。

【流程质量要求 25】 软件研制流程中并行关系的活动在实例化成任务以后也应该是并行关系。

【流程质量要求 26】 假设在软件研制实践中 a_1 和 a_2 分别被实例化成任务 T_{a1} 和 T_{a2}，且有 $R_S(T_{a1}, T_{a2})$，则软件研制流程中应该有前置活动关系 $R_S(a_1, a_2)$。

流程质量要求 25 和流程质量要求 26 说明了把活动实例化成为任务时必须具备的特性，它要求前置活动关系在实例化的时候不能被加强，只能被减弱；相反地，活动或任务并行关系则在实例化的时候不能被减弱，只能被加强。例 47 给出了一个前置活动关系被减弱的例子。

【例 47】 继承例 44 和例 45，图 2.18 给出了图 2.17 的一种可能的实例化结果，但这显然不是唯一的实例化结果。图 2.19 给出了另外一种可能的实例化结果，它表示的意义是把软件质量保证计划和软件配置管理计划放在一起进行一次评审，并且评审之后还对计划进行修改和重新评审，但对软件开发计划来说，它单独进行一次评审，并且一次性评审通过，没有进行变更。

在图 2.17 中，存在前置活动关系 $R_S(b, e)$、$R_S(c, e)$、$R_S(d, e)$；而在图 2.19 中给出的实例化中，活动 e 被实例化了三次，分别为 T_e，T_e'，T_e''。实例化以后 $R_S(T_b, T_e)$ 和 $R_S(T_c, T_e)$ 依然成立，但 $R_S(T_d, T_e)$ 不再成立。

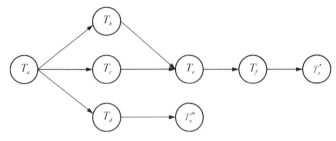

图 2.19　软件研制实践的前置任务关系(2)

虽然在表面上看,例 47 中 $R_S(T_d, T_e)$ 不再成立,但取而代之的是 Td 与活动 e 的另一个实例 T_e'' 存在了前置任务关系 $R_S(T_d, T_e'')$。因此,这种前置活动关系的减弱仅仅是在实例化的时候用多个任务实例化一个活动,从而达到尽可能并行的一种做法。所以说,这种前置活动关系的减弱必须具备一定的条件。

【流程质量要求 27】　假设在软件研制流程中有前置活动关系 $R_S(a_1, a_2)$,那么在其软件研制实践中,对 a_1 任何一个实例 T_{a1},应该存在 a_2 的某个实例 T_{a2},使得 T_{a1} 和 T_{a2} 具有前置任务关系 $R_S(T_{a1}, T_{a2})$。

活动的前置关系很好地解释了活动或任务的几种不同的执行情况:

(1) 条件执行:如果 $[\mathrm{Condition}]R_S(a_1, a_2)$ 成立,那么 a_1 是 a_2 在条件 Condition 下的前置条件,当 a_1 完成并且 Condition 满足时,应该执行 a_2。

(2) 顺序执行:如果 $R_S(a, b)$ 成立,也即 a 是 b 的前置活动,那么必须 a 先执行, b 后执行。有前置关系的活动在实例化以后的任务也应具有相应的前置关系。

(3) 并行执行:如果活动 a_1 和 a_2 之间没有任何前置关系,也即 $R_S(a_1, a_2)$ 和 $R_S(a_2, a_1)$ 都不成立,那么 a_1 和 a_2 可以并行执行。并行关系的活动 a_1 和 a_2 可以实例化成两个并行的任务,分别分配给两个不同行动者,并行地执行。

(4) 重复执行:一个活动可以被多次实例化,也即一个活动可以被重复执行。

2.2.8.2　迁移准则的前置数据关系

除了上节所述的前置活动关系以外,软件研制流程中活动的执行还会依赖于某些数据。因此我们还需要定义进入(或重入)某个活动之前必须准备好的数据,也即迁移准则的前置数据关系。

【定义 40】　如果活动 a 的执行必须以准备好数据 d 为前提,那么我们称 d 是 a 的前置数据,记作 $R_T(d, a)$。其中 $a \in A$, $d \in D$, A 是活动的集合,D 是数据的集合。

前置数据的定义对于活动的有效执行和流程的高效运行都非常重要。当进入某个活动时,如果其前置数据不够详细或完备,则可能引入错误,或者将前置活动产生的错误进行放大或传播。例如,如果软件需求数据还没有进行有效的验证和配置管理(冻结)时就开始了软件设计活动或软件编码活动,就会存在引入或传播错误的风险,可能导致返工增加工作量。迁移准则的前置数据条件要求进入活动之前具备完备受控的前置数据,以减低这种风险。

需要注意的是,这里所述的前置数据和 2.2.6 中所述的输入数据是两个不同的概念,虽然这两者有比较密切的关系。在 DO‑178B/DO‑178C 的第 3.3 节也指出,有一些输入数据不一定是迁移准则。只要迁移准则得到了满足,那么即使输入数据还没有完全准备就绪,也可以开始执行一项活动。当然,如果一个活动在只获得部分输入数据时就开始执行,那么要求经过足够的分析以保证后续的输入不会影响这个活动的前期处理结果的有效性。

对 DO‑178B/DO‑178C 第 3.3 节的这段文字,我们可以通过深入分析活动和数据的组成关系以及它们的粒度问题来得到更有深度的论述。

【例 48】 继承例 39、例 40 以及图 2.15 的论述,我们知道软件开发过程 a 的输入数据为:

$$d = \{\text{软件开发计划},\text{软件需求标准},$$
$$\text{软件设计标准},\text{软件编码标准},\text{系统需求}\}$$

我们可以把 a 的前置数据定义成为 d。但是这可能会导致软件需求人员一定程度的闲置而耽误工期。如果我们把前置数据定义成为{软件开发计划,软件需求标准,系统需求},那么,即使软件设计标准和软件编码标准还没有完成编写或评审,只要迁移准则得到满足,软件需求人员就已经可以进行软件需求过程的工作了,也就是说软件开发过程已经启动了。当然,我们需要分析和确认后续的输入{软件设计标准,软件编码标准}不会影响软件需求过程工作成果的有效性。

从例 48 可以看出,前置数据不等于输入数据的现象,往往是由于活动的粒度太粗造成的。事实上,如果我们在软件研制实践中把活动和数据都进行足够的实例化和细化,可以认为,前置数据应该等于输入数据。而这个"足够细化"的准确描述,应该就是"原子活动"或者"任务"的粒度。因此,我们可以得到关于软件研制流程的如下质量要求:

【流程质量要求 28】 对于原子活动或者实例化以后的任务,其输入数据关系应该等于前置数据关系。

【流程质量要求 29】 假设活动 a 由任务 a_1, a_2, $\cdots$, a_n 组成,也即对所有 $i = 1, 2, \cdots, n$,有组成关系 $R_C(a_i, a)$;又假设 a_i 的前置数据等于输入数据,为 d_{ai},a 的输入数据为 d_a,a 的前置数据为 d'_a,那么应该有:

$$d'_a \subseteq d_a \subseteq \bigcup_{i=1}^{n} d_{ai}$$

并且,$d_a - d'_a$ 是后续(可能是多次)重入活动 a 的前置条件。

2.3 软件研制流程的质量评价

2.3.1 数学意义上的流程要求

经过本章第 2.2 节的论述,我们认识到从纯粹的数学意义上的任意 4 个集合以及这 4 个集合间的任意 8 个二元关系所给出的流程,可能并不是一个有意义的、可以进行有效地实例化并形成软件研制实践的流程。因此,我们还必须对这 4 个集合以及这 8 个二元关系进行一定的约束和限制,从数学模型的角度来定义出一系列的流程质量要求,使得满足这些质量要求的软件研制流程能够有效地实例化并得到可以执行的、具有实际意义的软件研制实践。

本节集中地总结了第 2.2 节在不同上下文中给出过的数学模型意义上的各项流程质量要求,并作了一定的补充。满足所有这些质量要求的软件研制流程可以被称为是"可实例化的"或"可执行的"或"合理的"的流程。

【流程质量要求 1】 软件研制流程的活动集合 A、行动者集合 $Actor$、角色集合 R、数据集合 D 都应该是有限元集合。

【流程质量要求 2】 R_I 应该是一个对称关系

【流程质量要求 3】 活动的组成关系应该是一个偏序关系。

【流程质量要求 4】 角色的组成关系应该是偏序关系。

【流程质量要求 5】 若有 $R_{EXE}(r, a_2)$、$R_C(a_1, a_2)$,那么应有 $R_{EXE}(r, a_1)$。

【流程质量要求 6】 若有 $R_{EXE}(r_1, a)$、$R_C(r_1, r_2)$,那么应有 $R_{EXE}(r_2, a)$。

【流程质量要求 7】 若有 $R_I(a_1, a_2)$,那么不应该存在 $r \in R$,使得 $R_{EXE}(r, a_1)$ 和 $R_{EXE}(r, a_2)$ 同时成立。即同一个角色不能同时执行两个独立的活动。

【流程质量要求 8】 若有 $R_I(a_1, a_2)$、$R_{EXE}(r_1, a_1)$、$R_{EXE}(r_2, a_2)$,那么不应该存在 $r \in R$,$R_C(r_1, r)$ 和 $R_C(r_2, r)$ 同时成立。即两个互斥的角色不应该存在共同的父角色。

【流程质量要求 9】 若有 $R_I(a_1, a_2)$、$R_C(a_1, a)$、$R_C(a_2, a)$,那么不应该存在 $r \in R$,使 $R_{EXE}(r, a)$ 成立。也即一旦某个活动包含了两个或两个以上独立的子活动,那么这个活动不应该由同一个角色来实施,而只应该有两个或两个以上的角色来分别实现这些独立的子活动。

【流程质量要求 10】 如果 r_1 和 r_2 是互斥的角色,那么不应该存在 $actor \in Actor$,实例化时使得 $R_{PLAY}(actor, r_1)$ 和 $R_{PLAY}(actor, r_2)$ 同时成立。

【流程质量要求 11】 若有 $R_{PLAY}(actor, r_2)$ 和 $R_C(r_1, r_2)$,那么应有 $R_{PLAY}(actor, r_1)$

【流程质量要求 12】 数据的组成关系应该是偏序关系。

【流程质量要求 13】 软件研制流程任何活动和它的子活动的输入输出数据流图应该是平衡和匹配的。

【流程质量要求 14】 若有 $R_{IN}(d, a)$,$R_C(d_1, d)$,则应该有 $R_{IN}(d_1, a)$。

【流程质量要求 15】 若有 $R_{OUT}(a, d)$,$R_C(d_1, d)$,则应该有 $R_{OUT}(a, d_1)$。

【流程质量要求 16】 若有 $R_{IN}(d, a)$,$R_C(d_1, d)$,其中 d_1 是数据元,那么应该 $\exists a_1 \in A$,$R_C(a_1, a)$ 且 $R_{IN}(d_1, a_1)$。如果用自然语言表述,它的意义是:输入数据的任何一个子数据都应该要被使用。

【流程质量要求 17】 若有 $R_{OUT}(a, d)$,$R_C(d_1, d)$,其中 d_1 是数据元,那么应

该 $\exists a_1 \in A$，$R_C(a_1, a)$ 且 $R_{OUT}(a_1, d_1)$。如果用自然语言表述，它的意义是：输出数据的任何一个子数据都应该要被产出。

【流程质量要求 18】　若有 $R_{OUT}(a_1, d)$，$R_C(a_1, a)$，则应该有 $R_{OUT}(a, d)$。

【流程质量要求 19】　若有 $R_{OUT}(a_1, d_1)$，$R_C(a_1, a)$，则应该 $\exists d \in D$，$R_C(d_1, d)$ 且 $R_{OUT}(a, d)$。

【流程质量要求 20】　任何一个活动都应该有增值。

【流程质量要求 21】　实例化以后，前置任务关系应该是一个拟序关系。

【流程质量要求 22】　前置活动关系应该是传递关系。

【流程质量要求 23】　如果有一系列前置活动关系构成环 $R_S(a_1, a_2)$，$R_S(a_2, a_3)$，…，$R_S(a_{n-1}, a_n)$，$R_S(a_n, a_1)$，那么应该至少存在其中之一，它是特定条件下的前置活动关系。

【流程质量要求 24】　软件研制流程中构成环的前置活动关系，在实例化成任务的时候，每次（重新）进行一个活动时都会把该活动实例化成一个新的任务。而某个前置活动实例化以后的特定条件在实践中不再成立，从而前置活动的环被打开，任务间的前置关系转变成一个无环的拟序关系。

【流程质量要求 25】　软件研制流程中并行关系的活动在实例化成任务以后也应该是并行关系。

【流程质量要求 26】　假设在软件研制实践中 a_1 和 a_2 分别被实例化成任务 T_{a1} 和 T_{a2}，且有 $R_S(T_{a1}, T_{a2})$，则软件研制流程中应该有前置活动关系 $R_S(a_1, a_2)$

【流程质量要求 27】　假设在软件研制流程中有前置活动关系 $R_S(a_1, a_2)$，那么在其软件研制实践中，对 a_1 任何一个实例 T_{a1}，应该存在 a_2 的某个实例 T_{a2}，T_{a1} 和 T_{a2} 具有前置任务关系 $R_S(T_{a1}, T_{a2})$。

【流程质量要求 28】　对于原子活动或者实例化以后的任务，其输入数据关系应该等于前置数据关系。

【流程质量要求 29】　假设活动 a 由任务 a_1，a_2，…，a_n 组成，即对所有 $i=1$，2，…，n，有组成关系 $R_C(a_i, a)$；又设 a_i 的前置数据等于输入数据，为 d_{ai}，a 的输入数据为 d_a，a 的前置数据为 d'_a，那么，应该有：

$$d'_a \subseteq d_a \subseteq \bigcup_{i=1}^{n} d_{ai}$$

并且，$d_a - d'_a$ 是后续（可能是多次）重入活动 a 的前置条件。

【流程质量要求 30】　如果 $R_I(a_1, a_2)$，$R_C(a_3, a_1)$，那么应该有 $R_I(a_3, a_2)$。

【流程质量要求 31】　如果 $a = \{a_1, a_2, \cdots, a_n\}$，$\forall i = 1, 2, \cdots, n$，$R_I(a_i, a')$，那么应该有 $R_I(a, a')$。

【流程质量要求 32】　如果 $a = \{a_1, a_2, \cdots, a_n\}$，$\forall i = 1, 2, \cdots, n$，$R_{EXE}(r, a_i)$，那么应该有 $R_{EXE}(r, a)$。

【流程质量要求 33】　如果 $R_S(a_1, a_2)$，$R_C(a_3, a_1)$，那么应该有 $R_S(a_3, a_2)$。

【流程质量要求34】   如果 $R_S(a_1, a_2)$，$R_C(a_3, a_2)$，那么应该有 $R_S(a_1, a_3)$。

2.3.2 工程意义上的流程要求

很显然，一个软件研制流程仅仅可实例化或者可执行，那还是远远不够的。在实际软件项目中，我们还会要求软件研制流程具有一定的工程意义，这主要包括两个方面的要求：

（1）软件研制流程及其实例化可以映射成为现实世界中真实的软件研制实践；

（2）该软件研制实践符合本单位的研发体系、本项目的实际特性、本单位的人事架构以及本单位的软件研制技术等等。

综合上面两点工程意义的要求，说明了软件研制流程是符合现实世界的，确实可以用于指导和规范软件研制实践的。因此，满足工程意义的要求软件研制流程被称为是"合理的"流程。

要判断一个软件研制流程是不是符合现实世界，有时候并不是想象中的那么简单。为了便于理解，例49给出了一个简单易懂的例子。

【例49】   每个单位都有请假、审批和休假的制度。某单位为了规范其流程，定义了图2.20的关于休假与工作的简易流程。为了简单起见，本例中我们暂时不关心流程中应该定义的有关角色、行动者、输入、输出等方面的内容，而只关心活动之间的前置关系。而这样的"流程图"也往往是很多流程管理工具的核心功能（但从严格意义上来说并不是完备的功能）。

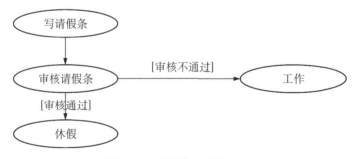

图 2.20 休假与工作的流程

如果仅考虑活动之间的前置关系，图2.20中给出的流程图是完全满足第2.3.1节中给出的所有流程质量要求的，因此，它也是一个合格的流程图。并且，大多数读者可能乍一看图2.20，都会认为虽然很简单，却也是一个符合现实世界的"合理的"流程图。不幸的是，如果我们严格地根据第2.1节和2.2节给出的数学模型以及这个数学模型的语义，仔细分析该流程图所描述的意义，则可以用自然语言描述成：

（1）一个人如果要休假，那么他必须先写请假条，待请假条审核通过后才可以休假。这在现实世界中是合理的。

（2）根据上一条同样的道理，一个人如果要工作，那么他也必须先写请假条，只有请假条审核不通过的时候才可以工作。这在现实世界中显然是极其荒谬的。

为了改正上述问题。我们可以删除"工作"的前置条件,得到如图 2.21 所示的流程图。这个流程图虽然乍一眼看起来似乎不容易理解,但仔细分析起来可以用自然语言描述成:

(1) 一个人如果要休假,那么他必须先写请假条,待请假条审核通过后才可以休假。这一点与图 2.20 相同。

(2) 从图 2.21 可以看出,"工作"没有任何前置活动,也即在任何时候都可以工作。另外,"工作"这个活动与"写请假条"、"审核请假条"、"休假"这三个活动是并行关系,在现实世界中只要资源允许它们也是可以并行的,譬如说,一个人在休假期间,如果他愿意也是可以工作的。

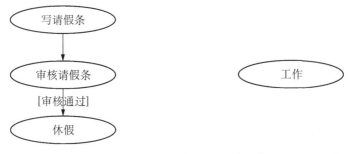

图 2.21　休假与工作的流程(改进版)

【例 49】　这个简单的例子告诫我们,判断一个软件研制流程是否满足工程意义上要求,其实并不简单,切忌想当然。我们必须严格地根据第 2.1 节和 2.2 节给出的数学模型以及这个数学模型的语义,仔细分析软件研制流程所描述的实际意义,并且判断它是否符合现实世界以及本单位的研发体系、本项目的实际特性、本单位的人事架构以及本单位的软件研制技术等等。

第 2.1 节和 2.2 节给出的数学模型以及这个数学模型的语义,帮助我们用一个很严格的方法来定义软件研制流程。用了这样的方法来定义软件研制流程,尚且不容易判断它与现实世界的符合性,就更不用说完全用自然语言来描述的软件研制流程了。这其实是很多中国航空工业在流程建设初期所遇到的最大困难:一方面不知道软件研制流程应该怎样定义,另一方面也无法判断定义的软件研制流程是否符合本单位的现实世界的要求。

2.3.3　行业标准符合性意义上的流程要求

数学模型的要求是软件研制流程的最低要求,它使得软件研制流程实例化以后可以执行;工程意义上的流程要求保证软件研制流程具有一定的实际意义,并且符合本单位、本项目的实际情况。但是,只有数学模型方面以及工程意义上的流程质量要求还是远远不够的。许多安全关键的软件行业,对软件研制流程都会提出相应的要求,以保证软件的质量与安全。如民用航空的机载软件有 DO－178B/C[2][4]标准,中国的军工与国防领域有 GJB 5000A[49]、GJB－438B[48]、GJB 2786A[50]等标准,轨道交通领域有 EN 50128[36] 标准,核电领域有 IEC 60880[37] 标准,汽车电子领域有 ISO 26262[40] 标准,医疗领域有 IEC 62304[39] 标准等等。这些标准或多或少地都从不同关注角度给出了本行业相应的软件研制流程的要求。

行业标准对软件研制流程所提出的要求是流程的门槛要求。在某个行业里从事软件研制工作,其软件研制流程就必须要遵循相应的行业标准。因此,我们可以把满足行业标准要求的软件研制流程称为是"合格的"流程。

虽然不同的行业有不同标准,但这些标准对软件研制流程和软件研制实践的要求在思想、原理和本质上是相通的,都是为了提高软件的质量和安全。为了不失一般性,我们以民用航空领域为例来进行剖析。任何一架民用飞机必须强制性地取得适航证以后才具备投入市场和运营最基本的资格。而对于飞机中的机载软件,为了达到其适航的要求,DO-178B/C 给出软件研制和审定的指南,这是一套最为公认的符合性方法。它给出的适航要求,一方面是软件研制单位在软件研制实践中所必须达到的适航要求;另一方面也是审定机构在软件审定过程必须要审查的适航要求。

因此,适航取证是一项由审定单位主导的、由软件研制单位和审定单位共同完成的、对软件研制流程、软件研制实践和软件产品是否符合适航要求进行判定的活动。一方面,软件研制单位应该提供足够的软件生命周期数据作为证据,以证明机载软件研制流程、软件研制实践和软件产品是否满足了 DO-178B/C 提出的所有适航要求和目标;另一方面,审定机构通过审阅数据、加以相关的访谈和确认、并对软件研制单位的举证进行符合性评价和裁定。

通常来说,软件研制单位对符合性的举证是通过一个符合性矩阵来进行的。该矩阵至少要包含如下两个方面的内容:

(1)以穷举的方式列出所有的软件适航要求。这通常包括适航目标、该目标的出处(如规章或标准的参考章节)以及实现这个目标的独立性要求等等;

(2)对每一项适航要求进行分析和举证,并阐明通过何种方式、何种手段、何种技术、何种工具来达到该项适航要求。

其中第一条,以穷举的方式列出所有的软件适航要求,这需要较长时间的经验积累以及多次适航审定或被审定的经历才能做到完好的穷举。对于第一次进行适航举证的软件研制单位来说,最原始的、也是最好的参考资料就是 DO-178B/C 附件 A 列出的各个过程(或各类活动)的目标要求。DO-178B 附件 A 共列出 10 个表格、66 个目标,并对不同软件级别需要达到的目标进行了标识。但是,需要指出的是,这些目标并不是适航要求的穷举,因为除了这 66 个目标以外,还有一些所谓的"隐性的目标",例如对于 A 级软件需要进行的源代码与目标代码的追踪分析,以保证编译器在目标代码中引入的额外的、不能直接追踪到源代码的目标代码不会带来安全隐患。在 DO-178C 中,有一些"隐性的目标"已经被显性地加入到 DO-178C 附件 A 的表格中了,例如,上述的"对于 A 级软件需要进行的源代码与目标代码的追踪分析"的隐性目标已经成为 DO-178C 附件 A 表 A-7 中的第 9 个目标。即使这样,我们也不能把 DO-178C 附件 A 的表格给出的目标认为是一个穷举的列表。在 DO-178C 的第 1.4 节中也提到,它相对于 DO-178B 来说更加强调标准的完整性和一体性,它认为除了附件 A 的表格给出的目标以外还有许多适航要求需要参考 DO-178C 的正文。

值得指出的是,DO-178B/C 附件 A 所列出的表格中,不仅仅给出一系列的目标,还对不同软件级别需要达到的目标进行了标识。我们可以根据具体项目的软件级别,参考该表格来做出符合性矩阵。除此之外,对于每一个目标,DO-178B/C 附件 A 还对不同软件级别下达成该目标的独立要求也给出了明示。我们在制作符合性矩阵的时候,也必须要举证独立性的符合性。

虽然说参考 DO-178B/C 附件 A 所列出的目标已经可以帮助我们很好地制定符合性矩阵,但我们还是需要通读和理解 DO-178B/C 全文以整体地了解适航要求,方能给出更完整的符合性矩阵,以更好地得到审定单位的采信。此外,DO-178B/C 也不是唯一的参考资料。美国 FAA(美国联邦航空管理局)在进行机载软件的适航审定时会参照执行 Order8110.49 的相关指南,同时会使用 Job Aid 作为审查的辅助工具和审查检查单。Job Aid 对于软件研制单位制作符合性矩阵也具有良好的参考意义。

作为更一般性的指导建议,制作这个符合性矩阵,主要可以参考如下几个方面的材料:

(1) 适航规章(如 CCAR、TSO);

(2) 适航标准(如 DO-178B/C);

(3) 问题纪要(issue paper)、立场文件(position paper)、审定程序;

(4) 型号研制要求;

(5) 甚至本单位的体系文件要求。

具体地,对于 A 级机载软件项目,参考 DO-178B/C 附件 A 的表 A-4,我们可以给出表 2.8 作为示例性的符合性矩阵。

表 2.8　A 级软件设计过程的符合性举证表(示例)

DO-178B/C 参考章节	适航要求/适航目标	独立性要求	适航要求/适航目标的举证	独立性的举证
6.3.2a	低层需求符合高层需求	有		
6.3.2b	低层需求是准确的和一致的	有		
6.3.2c	低层需求与目标机兼容	无		
6.3.2d	低层需求是可验证的	无		
6.3.2e	低层需求符合标准	无		
6.3.2f	低层需求追踪至高层需求	无		
6.3.2g	算法是准确的	有		
6.3.3a	软件架构与高层需求兼容	有		

（续表）

DO - 178B/C 参考章节	适航要求/适航目标	独立性要求	适航要求/适航目标的举证	独立性的举证
6.3.3b	软件架构是一致的	有		
6.3.3c	软件架构与目标机兼容	无		
6.3.3d	软件架构是可验证的	无		
6.3.3e	软件架构符合标准	无		
6.3.3f	软件分区是完整的	有		

表 2.8 示范性地给出了符合性举证中的第一部分内容，也即适航要求的列表。它一方面给出了机载软件研制要符合的适航要求的纲要，另一方面也给出了流程中做每件事情的原因、目的和意义所在。

对于符合性举证的第二部分内容，即对每一项适航要求进行分析和举证，以阐明软件研制实践和软件产品达到了该项适航要求。通常来说，软件研制单位在接受审定单位的适航审定以前，需要自己组织内部评审。评审会必须有软件研制单位的质量保证负责人参加，评审软件研制流程及各个阶段相应的符合性矩阵，确定哪些目标已得到满足，哪些目标没有满足以及没满足的原因。内部评审的结果记录也将作为软件生命周期数据存档。在接受审定机构的审查工作时，申请人应当根据要求提供所有软件生命周期数据及相关的符合性矩阵，并就审定机构在审查中提出的问题做出合理的回答和解释。

通常来说，根据软件项目的实际情况以及需要举证的适航目标，符合性举证有很多种不同的方法。但这些方法的原理无非是三个要素：给出足够的证据（即论据），说明合理的逻辑（即论证），以证明达到适航要求（即论点）就可以了。即便如此，由于适航举证的特殊性，其举证模式通常可以概括为如下几种：

（1）从软件研制流程定义的角度，给出符合性的原理。例如，我们可以展示流程质量要求 7、流程质量要求 8 以及流程质量要求 10 来充分说明软件研制流程满足相应的独立性要求。这一举证方法通常用于 SOI♯1 的审查。

（2）从软件研制流程实例化的角度，说明软件研制实践符合适航要求的事实。例如，我们可以展示流程质量要求 26、流程质量要求 24 以及流程质量要求 25 来充分说明前置活动关系的迁移准则条件的满足。这一举证方法通常用于 SOI♯2、SOI♯3、SOI♯4 的审查。

（3）通过展示软件研制实践中产生的过程数据和管理数据，如任务的分配、接受、执行、完成等记录，以证明实现了某些活动或达到了某些目标。

（4）通过展示软件研制实践中产生的产品数据，如软件需求数据、软件设计说明、高层需求与低层需求的追踪矩阵等等，来证明实现了某些活动或达到了某些目标。

（5）通过展示工具的使用，例如 ASIDE（参见第 4 章）对软件研制流程的定义、实例化、驱动等等；必要时加以工具的鉴定，例如 KCG 代码生成器[56]的工具鉴定，来说明达到了某些适航目标。

2.3.4　管理意义上的流程要求

从 2.3.1 节给出的数学上"合理的"流程要求,到 2.3.2 节给出的工程上"合适的"流程要求,以及 2.3.3 节给出的行业标准上"合格的"流程要求,我们认为流程已经可以确实地指导软件研制实践、规范软件研制活动、并达到相应行业标准的门槛了。

通常来说,行业标准的指导思想是,对软件研制流程的规范作出一定的要求并以此来保证关键软件的安全,进而保证人民大众生命财产的安全。但这些要求并不总是和软件研制单位的利益完全一致的。譬如说,纵观 DO‑178B/C 标准,它们只强调软件研制流程的数据、活动(过程)、目标的适航要求以保证软件的安全,但对于软件研制的成本是否超出预算、进度是否落后于计划、人力是否超出估算等方面则一概不论。

但是从软件研制单位的管理角度来说,我们期望软件研制流程不仅仅能够达到行业标准的门槛要求,还能够实现项目级和组织级的价值最大化、效率最大化、成本最小化、风险最小化;还能够形成组织资产库以实现软件研制成功经验的固化、复制、重用和传播;并能够通过量化的测量、统计、分析以实现软件研制流程的持续改进。

在本节中,我们拟从项目级和组织级管理的更高要求,来提出"优秀的"软件研制流程的特性。

2.3.4.1　流程价值最大化的要求

除了软件研制流程的"合理的"、"合适的"、"合格的"要求以外,对一个组织(或者企业)来说,其生存的要求及获利的要求势必让我们考虑另外一个方面的问题,即为组织带来最大化的价值。可以说,"合理的"、"合适的"、"合格的"的软件研制流程非常多,前面三节提出的流程要求还是给我们留了无比巨大的自由度和空间来定义软件研制流程,因此,我们需要挑选和建设一个对组织价值最大化的"优秀的"流程。

对组织价值最大化主要体现在以下几个方面:

(1) 前提条件:

定义对组织价值最大化的软件研制流程有一个前提条件,就是不能妥协 2.3.1、2.3.2、2.3.3 给出的"合理的"、"合适的"、"合格的"的流程要求,否则就本末倒置了。只有"合理的"、"合适的"、"合格的"的流程才能谈得上"优秀的"流程。在本节下面给出的所有论述,都是基于这个前提条件的。

(2) 工作量最少:

在"合理的"、"合适的"、"合格的"的前提条件之下,我们在定义流程的时候,可以根据实际项目的特点,尽可能地使工作量最少化。通常来说,工作量更少主要体现在定义更少的活动。例如,对于 C 级软件的流程,在 DO‑178B/C 的行业标准要求下,我们完全可以不配置"分析源代码与目标代码的追踪关系"、"实现 100% 的 MC/DC 结构覆盖分析"等活动。

以更少的活动来实现更少的工作量并不总是奏效的。我们还必须要考虑减少了一些活动后所带来的影响。有时候,为了现在少做一项活动(例如需求的早期验证和确认），可能会导致将来做更多的工作来弥补。在这种情况下，显然保留这项活动会带来很大的价值。

（3）效率最高：

流程的好坏会直接影响软件研制的效率。过分死板的流程，或者过分严格的迁移准则，都可能导致工作量分布不均、人员闲置、效率降低。因此，一个优秀的软件研制流程应该在"合理的"、"合适的"、"合格的"的前提条件之下，最大程度地支持并行工作。这又包含两个方面的内容，一是软件研制流程中活动的最大并行化，二是在实例化的时候合理地实现任务的最大并行化（如例 47 所示）。

除了最大程度的并行化来提高效率以外，在流程中吸纳先进的软件研制技术，使用优秀的软件生命周期环境，或采用适宜的自动化方法，都可以提高流程的效率。

（4）时间最短、成本最低：

工作量最少、效率最高这两方面的综合，自然就是软件研制投入的人力成本最低，时间最短。

（5）项目级管理的支持（进度管理、风险管理等）：

除了行业标准所给出的有关软件研制流程的规范性要求以外，我们会很自然地从项目级管理的角度对流程提出更多的要求，例如进度管理、风险管理、项目管理、测量与分析、项目监督与控制等等[47]。项目级管理的要求可以分为以下两个方面来叙述。

a. 根据 2.1 节和 2.2 节来定义软件研制流程的时候，要让流程具有良好的阶段特性，也即把流程分成若干个合理的阶段，在阶段内部实现工作成果的冻结，并把风险尽可能地控制在本阶段内消除，以形成阶段里程碑。这样有助于很好地按阶段进行进度管理、风险管理、项目管理、测量与分析、项目监督与控制等。

b. 在第 2.1 节和 2.2 节的叙述中，我们给出了大量的定义和实例。这些实例如同大多数的行业标准一样，着眼在流程规范和项目工程方面，而很少涉及项目管理的成分。但是，其实 2.1 节和 2.2 节中所述四个要素及八个关系对于项目管理相关的活动、数据、角色和行动者都是适用的。因此，我们完全可以在软件研制流程中定义相关的进度管理、风险管理、项目管理、测量与分析、项目监督与控制等活动，使得项目管理活动包含在软件研制流程内部，成为其不可分割的一部分。

2.3.4.2　流程成果固化的要求

一个能够在项目中实现价值最大化的优秀流程，本身就是一笔资产和财富。我们期望能够形成有效的组织资产库，把这样的软件研制流程进行固化，应用于其他更多的软件研制项目，以实现成功的复制和传播。为此，我们给流程提出了新的要求：

（1）没有歧义：

流程的定义要清晰、完整、严谨，不能有歧义。只有这样的流程才能具备固化、复制和传播的条件。显然，使用第 2.1 节和 2.2 节的数学模型来定义的软件研制流程是严谨而没有歧义的。

（2）易于理解：

a. 如果纯粹使用2.1节和2.2节的数学模型来定义的软件研制流程，可能不太容易理解。因此，我们需要用一个工具环境（参见第4章）把2.1节和2.2节的数学模型转化成为图形或表格等更形象的方式呈现出来，以便于理解。

b. 使用该工具环境来定义软件研制流程，以减少出错。

c. 使用该工具环境来阅读和学习软件研制流程，以易于理解。

（3）便于实施：

流程实施，其实就是软件研制流程经过实例化变成软件研制实践的行为。便于实施，其实就是易于实例化。使用第4章所述的工具环境，可以自动地、或者通过一定的启发式方式由人工干预进行软件研制流程的实例化，把实例化的成本降到最低。

（4）易于推广：

对于清晰、严谨、没有歧义、易于理解、易于实施的流程，自然是易于推广的。而只有易于推广的流程才能更好地实现固化、复制和传播。

2.3.4.3　流程持续改进的要求

一个能够在项目中实现价值最大化、并且能够在组织中进行固化、复制和重用的优秀流程，还不是流程的最高境界。随着组织业务或人员的变更、项目特性的变更、软件研制新技术新方法新工具的应用，我们需要对流程进行持续的改进、优化和完善。为此，我们还需要对流程提出以下新的要求：

（1）量化的统计和分析：

当一个软件研制流程被反复地应用于组织中的多个项目，我们应该对流程实施中的各个环节进行量化的统计，分析流程的关键路径、活动瓶颈和其他存在的问题，以便对症下药地实现持续的流程改进。

显然，对于使用2.1节和2.2节的数学模型定义的软件研制流程，加上第4章介绍的工具环境的支持，我们可以很容易实现各类测量和分析。

（2）可更改性：

通过量化的统计和分析需要对流程进行改进的时候，或者是由于组织业务或人员的变更、项目特性的变更、软件研制新技术新方法新工具的应用需要对流程进行改进的时候，我们要求有工具环境可以对流程很方便地进行修改。

使用工具环境对流程进行修改的时候，应该是以流程配置的方式进行而不应该是定制的方式，以避免代码修改。第4章所介绍的工具环境就是采用配置的方式定义和修改流程，不需要修改任何代码。

（3）可验证性：

经修改以后的流程在正式上线以前，需要进行验证和模拟运行，这通常也需要工具环境的支持。

由于流程的定义基于一个严格的数据模型，第4章所介绍的工具环境能够自动地实现流程的错误检查（例如，2.3.1中的流程要求都可以通过该工具环境自动检查）。

（4）可对比性：

对于不同的软件项目以及不同的研制要求（例如不同的软件安全等级），我们常常会在组织资产库内设置多个流程。另外，经过多次修改以后不同版本的流程也可能同时存放在组织资产库内。这就要求能够对组织资产库内的不同流程进行对比，分析它们的差异，有助于流程的选择使用和持续改进。通常来说，这也只能通过工具环境来实现。

软件流程的改进不是一蹴而就的，需要持续地、长期地进行，逐步提升软件研制流程的成熟度。对于刚开始涉足流程建设的单位，由于经验缺乏以及软件研制技术、研制方法、研制工具的不稳定性，尤其有必要频繁地对软件研制流程进行持续的评估和改进。

2.3.5　流程要求的总结

我们把 2.3.1、2.3.2、2.3.3、2.3.4 这四节从不同的角度提出的软件研制流程要求进行总结，形成表 2.9。

表 2.9　四个不同角度的流程质量要求

流程要求类别	流程称谓	参考章节	流程特点
数学意义上的流程要求	合理的可实例化的	2.3.1	（1）流程在数学逻辑上是合理的 （2）流程可以有效地实例化成软件研制实践 （3）任何流程都应该达到该要求
工程意义上的流程要求	合适的	2.3.2	（1）流程实例化以后符合现实世界的真实情况 （2）流程实例化以后符合项目及组织的实际情况 （3）流程可以切实地指导和规范软件研制实践 （4）任何软件行业的流程都应该达到该要求
行业标准上的流程要求	合格的	2.3.3	（1）流程实例化以后符合行业标准的要求 （2）任何安全关键软件行业的流程都应该达到该要求
管理意义上的流程要求	优秀的	2.3.4	（1）流程实例化以后的软件研制实践能够得到有效的风险控制、进度控制、成本节约、质量保证、效率提升 （2）可以对流程进行有效的管理，形成组织级资产库 （3）可以对流程的使用情况进行量化的统计和分析，实现流程的持续改进和优化 （4）可以实现组织价值最大化，效率最高化

2.4　软件生命周期环境

我们在第 2.1.1.2 节提到过，行动者分为两类，一是人类行动者，二是系统行动者。系统行动者是指用来实现某个（些）软件研制活动（或任务）的计算机软件工具或硬件设备。所谓软件生命周期环境,其实是指所有系统行动者的总和。

我们可以把软件生命周期环境分成两大类:流程支持环境和单点功能工具,这两类我们将在第2.4.1节和第2.4.2节分别阐述。

2.4.1 流程支持环境

从例49这两个似是而非,似非而是的流程图中,我们可以得到几个方面的启发:

(1)定义软件研制流程的时候,我们必须要严格地根据第2.1节和2.2节中给出的数学模型以及这个数学模型的数学语义来分析它是不是符合现实世界,切忌想当然。特别是初次定义一个软件研制流程的时候,更是应该认真、细致地进行分析,必要时还可以对它进行模拟的实例化以形成假想的软件研制实践,以更加形象地帮助我们准确地定义和理解软件研制流程。

(2)虽然使用第2.1节和2.2节中给出的数学模型以及这个数学模型的数学语义来定义流程会需要流程定义者具备一定的数学基础和相应的技能训练,但通过这种方式定义出来的流程是切实没有歧义的、可执行的、可实施的。任何用自然语言定义或者描述的软件研制流程或者体系文件,都会有很多的歧义,不同的人对流程或者体系文件会有不同的理解和执行方式。另外,用自然语言描述的流程往往难以实施,不易落地。

当然,我们从第2.3.4节提出的管理意义上的流程要求中还可以发现,根据该数学模型定义和使用软件研制流程,应该有一个基于该数学模型的流程支持环境,把纯粹数学模型的流程转化成为图形或者表格的方式,以方便我们能够更加形象、更加直观地定义流程、阅读流程、修改流程,同时也可以通过该流程支持环境来实现软件研制流程的实例化以形成软件研制实践,以便在实际工程中获得效率和价值。可以说,一个出色的流程支持环境和一个优秀的软件研制流程同样重要。

通常来说,一个出色的软件研制流程支持环境应当至少具备以下功能:

(1)能方便地定义软件研制流程。在该流程支持环境中可以很方便、很形象、很直观地定义软件研制流程的各个要素及这些要素之间的关联关系。这些关系应该采用适当的图示、表格等方式来方便地建立,以减少出错的概率。该流程支持环境还应该能够充分利用活动、数据、角色的组成关系,从多个不同的关注角度和抽象层次来定义和展示流程。

(2)能有效地检查软件研制流程的合理性、合适性和合格性。该流程支持环境可以利用其严格的数学模型基础,完全自动化地检查流程是否满足第2.3.1节给出的"合理性的"流程质量要求,并能自动化或者半自动化地检查流程是否满足第2.3.2、2.3.3节给出的"合适性"和"合格性"流程质量要求。对于没有满足质量要求的流程,可以给出其问题所在,以便于我们改正流程。这样的功能对于白手起家初次建设软件研制流程的单位来说是非常实用的。

(3)能切实地支持软件研制流程的实例化。定义了一个流程、并且通过了流程检查确认这是一个好的流程以后,我们期望该流程支持环境能够切实地根据定义好的软件研制流程进行实例化,自动地(或者在一定的人工参与的情况下半自动地)根据流程中定义的迁移准则(前置活动关系和前置数据关系)实现活动到任务的转化、任务的分配、任务的接受、任务的执行、任务的提交、任务的复核等等。也就是说,该流程支持环境能够切实地根据定义好的软件研制流程进行流程驱动、工作布置和项目控制。

(4) 能完全地支持所有的软件研制活动。实现了流程驱动和任务分配以后,该流程支持环境还应该能够直接支持各项任务的执行,包括为任务的执行提供输入数据和执行平台,并接纳和管理任务执行后产生或修改的输出数据。这个任务的输出数据被管理了以后(可能)将成为后续任务的输入。因此,在理想情况下,所有的软件研制活动实例化成任务以后都应该直接在平台里执行完成。

(5) 能自动地实现部分的软件研制活动。定义好一个优秀的软件研制流程并被实例化以后,我们还希望该流程支持环境能够自动地实现部分的软件研制活动。在所有的软件研制活动中,有一些活动是人类的智力活动,也就是说,只能通过人类的智力才能完成的,例如定义软件需求、设计软件架构等创造性的活动;还有一些是不需要人类智力,通过工具(系统行动者)就可以完成的,例如工作量的自动统计、工作日志自动生成、文档的自动生成、追踪关系的自动建立、测试规程的自动执行等等。当基于严格数学模型的软件研制流程被定义到一个优秀的流程支持环境中,我们当然希望它能够尽可能多地实现软件研制活动的自动化。显然,我们前面已经提到的对流程自动进行质量要求的检查以及对流程自动进行实例化以及任务分配和流程驱动,也算是利用该流程支持环境来自动实现软件研制活动的情况。

(6) 能真实地记录和管理软件研制实践的整个历史。通过上面的叙述我们可以发现,理想中的流程支持环境不仅仅能够实现流程的定义、检查、实例化,还能支持软件研制活动的执行和软件生命周期数据的管理。于是我们会很自然地提出一个要求,期望流程支持环境能够真实地(无法篡改地)记录并还原整个软件生命周期的完整历史。这个历史的记录主要分成两部分内容:一是(传统意义上的)软件生命周期数据的记录,如软件计划、高层需求、低层需求、测试用例、问题报告、变更请求等数据通过版本、冻结、基线的方式记录下来;二是软件生命周期的活动,如任务的分配、任务的接受、任务的执行、任务的提交、任务的确认、任务的起止时间等信息通过日志的方式记录下来。当然,“活动”的记录结果也是“数据”。

(7) 能切实地帮助审定机构实施有效的审查。当流程支持环境能够真实地、无法篡改地记录软件研制实践的整个历史,并全面地管理软件生命周期中的所有数据和所有活动的时候,审定机构可以对软件生命周期的所有数据进行审查,并还原软件生命周期的所有活动,以此来有效地判断软件研制流程和软件产品与目标的符合性。通过这样的流程支持环境来进行审查,可以带来多个方面的好处,一是所有要审阅的数据和活动唾手可得,使得审查效率明显提高;二是所有要审查的数据和活动被真实地记录在流程支持环境中,彻底杜绝了文实不符、“做假账”和“两张皮”的现象。

2.4.2　单点功能工具

第 2.4.1 节所述的流程支持环境实现了流程的定义、流程的检查、流程的实例化、流程的驱动,并全面地支持软件研制活动、实现数据和活动的管理、支持机载软件的审查。我们可以很形象地把流程支持环境喻为计算机的底板,其中流程的实例化功能喻为计算机的中央处理器(CPU);这样,单点功能工具就可以喻为显卡、声卡、网卡,它们实现的是某个软件研制活动的功能,例如:需求建模工具用以实现需求定义活动,测试工具实现测试活动、配置管理工具实现配置管理活动、代码生成器实现编码活动等等。根据单点功能工具实现的活动的性质不同,它又被分为软件开发工具、软件验证工具等等。

2.5　小结

本章第 2.1、2.2、2.3 节给出了一个严格且完备的软件研制流程的数学模型。首先在第 2.1 节阐明了软件研制流程是活动、角色、行动者和数据这四个要素以及它们之间错综复杂的关联关系的综合体;然后在第 2.2 节深入地分析了四个要素之间各个关系的内涵和意义,并结合目前国际和国内航空工业的概念、思想和标准,对该数学模型进行了良好的匹配和阐述;接着在第 2.3 节从四个不同的角度递进地给出了软件研制流程的各项要求。综合 2.1、2.2、2.3 节的内容,我们可以用一句话来概括:所谓软件研制流程,就是要明确地定义什么行动者、扮演了什么角色、具备了什么权限、在什么时候、在什么条件下、用什么方式、实现了哪些活动、在活动中使用了哪些数据、产生了哪些数据、达到了什么目标和要求?

在第 2.4 节,我们还描述了软件生命周期环境,用来支持流程的定义、流程的检查、流程的实例化,并支持软件研制实践的开展。

综合第 2.1、2.2、2.3、2.4 节的相关内容,我们可以概括和总结成表 2.10。

表 2.10　软件研制流程要素及其内容小结

流程定义	记　　号	参考章节	流程定义的自然语言解读	类别
活动	A	2.1.1.1	做什么事	What
行动者	$Actor$	2.1.1.2	谁来做这件事(软件研制实践中)	Who
角色	R	2.1.1.3	谁来做这件事(软件研制流程中)	Who
数据	D	2.1.1.4	做事情的输入和输出 做事情的起点和终点 做事情的依据和结果	What How
活动的独立性关系	$R_1(a_1, a_2)$	2.2.2	哪些事情不能由同一个人做	How
角色实施活动的关系	$R_{EXE}(r, a)$	2.2.4.2	什么人可以做什么事(流程中) 做事情应该具备的权限	Who

（续表）

流程定义	记　号	参考章节	流程定义的自然语言解读	类别
行动者扮演角色的关系	$R_{PLAY}(actor, r)$	2.2.4.3	什么人可以做什么事(实践中)做事情应该具备的能力	Who
活动与数据的输入关系	$R_{IN}(d, a)$	2.2.6	做事情的依据、指导、原材料	How
活动与数据的输出关系	$R_{OUT}(a, d)$	2.2.6	做事情的结果、产出	How
迁移准则的前置活动关系	$R_S(a_1, a_2)$	2.2.8.1	做事情的前提条件(活动)	When
迁移准则的前置数据关系	$R_T(d, a)$	2.2.8.2	做事情的前提条件(数据)	When
符合性矩阵		2.3.3	做每件事情的原因、目的和意义	Why
组成关系	$R_C(a_1, a_2)$ $R_C(r_1, r_2)$ $R_C(d_1, d_2)$	2.2.3 2.2.4.1 2.2.5 2.2.7	流程的层次分解 使流程便于理解、实施和管理	
流程的质量评价		2.3	好流程应该具备的特性和要求	
软件生命周期环境		2.4	支持流程定义、流程检查 支持流程实例化、软件研制实践	

　　软件研制流程是一个复杂的、多方位、多层次的综合体。第 2.2 节所阐述的活动、数据、角色的组成关系很好地体现软件研制流程的多层次特性。面向不同的目的,人们对软件研制流程的视角会不同,所关注的对象也会不同。例如,当我们面向管理的时候,通常会关注较高层次的对象,如阶段、过程、数据项、角色等等;而当我们面向实施的时候,通常会关注更低层次的或者实例化以后的对象,如任务、数据元、行动者等等。因此,我们必须要充分领会软件研制流程的各项要求(第 2.3 节),从不同的视角、不同的层次进行思考和讨论,分析和吸收国内外其他单位的软件研制流程的思想,并结合本单位的人事架构、项目特点等各方面的综合因素,才能定义出一个完整的、优秀的流程。最先进的不一定是最好的,最合适的才是最好的。

　　第 2.1、2.2 节给出软件研制流程数学模型的时候,附带了大量的案例。但是这些案例多数只是流程的片断,仅仅为了阐述流程中某个特殊的话题,而并没有给出一个完整的流程。作为第 2 章的小结,我们在例 50 给出了一个流程的完整定义以作示范,以期给大家一个完整流程定义的总体认识。为了便于理解,流程是简化的,定义是完整的,并且该流程并不是完全针对软件研制的。针对纯粹的软件研制流程,我们会在第 3 章给出一个完整、通用、并具有良好代表性的最佳实践案例。

　　【例 50】　假设某单位的工程师有"写需求"、"写设计"等开发业务,而部门经理和总经理对开发项目进行管理。该单位的所有员工可以提出休假申请,按照一定的请假制度进行审批后可以休假。对此,我们可以定义如表 2.11 所示的流程。

表 2.11 完整的流程实例

标识	标识说明	流程定义	流程说明
A	活动集合	{写请假条, 初审请假条, 复审请假条, 休假, 写需求, 写设计, 做开发, 做管理}	列举所有可能的活动
D	数据集合	{请假条,需求,设计}	列举所有可能的数据
R	角色集合	{工程师,部门经理,总经理}	列举所有可能的角色
$Actor$	行动者集合	{赵,钱,孙,李}	列举所有可能的行动者
$R_I(a_1, a_2)$	活动的独立性关系	R_I(写需求,做管理) R_I(写设计,做管理) R_I(做开发,做管理)	做管理的人不能写需求 做管理的人不能写设计 做管理的人不能做开发
$R_C(a_1, a_2)$	活动的组成关系	R_C(写需求,做开发) R_C(写设计,做开发)	做开发,包括写需求和写设计
$R_C(r_1, r_2)$	角色的组成关系	R_C(部门经理,总经理)	总经理具有部门经理的所有技能和权力 注:总经理和部门经理可能不具有工程师的技能,具体由 $R_{EXE}(r, a)$ 定义
$R_{EXE}(r, a)$	角色实施活动的关系	R_{EXE}(工程师,写请假条) R_{EXE}(部门经理,写请假条) R_{EXE}(总经理,写请假条) R_{EXE}(部门经理,初审请假条) R_{EXE}(总经理,初审请假条) R_{EXE}(总经理,复审请假条) R_{EXE}(工程师,休假) R_{EXE}(部门经理,休假) R_{FXF}(总经理,休假) R_{EXE}(工程师,写需求) R_{EXE}(工程师,写设计) R_{EXE}(工程师,做开发) R_{EXE}(部门经理,做管理) R_{EXE}(总经理,做管理)	任何人都可以请假 部门经理和总经理有权力初审请假条 总经理有权力复审请假条 任何人都可以休假 工程师可以写需求,写设计,做开发 部门经理和总经理有能力做管理

（续表）

标识	标识说明	流程定义	流程说明
R_{PLAY} $(actor, r)$	行动者扮演角色的关系	R_{PLAY}（赵,工程师） R_{PLAY}（钱,工程师） R_{PLAY}（孙,部门经理） R_{PLAY}（李,总经理） R_{PLAY}（李,部门经理）	由流程质量要求 11 导出
$R_{\text{C}}(d_1, d_2)$	数据的组成关系	空集	
$R_{\text{OUT}}(a, d)$	活动与数据的输出关系	R_{OUT}（写请假条,请假条） R_{OUT}（初审请假条,请假条） R_{OUT}（复审请假条,请假条） R_{OUT}（写需求,需求） R_{OUT}（写设计,设计） R_{OUT}（做开发,需求） R_{OUT}（做开发,设计）	初审和复审请假条,给请假条进行了增值的处理(批准或者拒绝) 由于做开发包含了写需求和写设计,所以它的输出是需求和设计
$R_{\text{IN}}(d, a)$	活动与数据的输入关系	R_{IN}（请假条,初审请假条） R_{IN}（请假条,复审请假条） R_{IN}（请假条,休假） R_{IN}（需求,写设计）	有(批准后的)请假条才可以休假
$R_{\text{S}}(a_1, a_2)$	迁移准则的前置活动关系	R_{S}（写请假条,初审请假条） ［初审通过且请假超过 3 天］ R_{S}（初审请假条,复审请假条） ［初审通过且请假不超过 3天］R_{S}（初审请假条,休假） ［复审通过］R_{S}（复审请假条,休假） R_{S}（写需求,写设计） R_{S}（写请假条,复审请假条） R_{S}（写请假条,休假）	没有人写请假条,就没有必要去初审 超过 3 天的请假,初审以后还需要进行复审 不超过 3 天的请假,初审通过就可以休假了 复审通过,可以休假 先写需求,再写设计 传递得到的前置条件 传递得到的前置条件
$R_{\text{T}}(d, a)$	迁移准则的前置数据关系	R_{T}（请假条,初审请假条） R_{T}（请假条,复审请假条） R_{T}（请假条,休假） R_{T}（需求,写设计）	有(批准后的)请假条才可以休假

　　根据流程的数学模型,表 2.11 已经给出了一个完整的流程定义。建议有兴趣的读者自行判定一下该流程是不是一个"合理的"流程,即对照 2.3.1 节给出的软件研制流程的"合理"性要求,逐条检查是否在该流程中得到满足。这样的检查工作虽然有些枯燥,但却非常有助于读者更加深刻地理解软件研制流程的数学模型,并对严格定义自己的软件研制流程带来巨大的帮助。

为了能够更加形象地理解表 2.11 给出的流程,我们可以把它的前置活动关系和输入输出关系分别画成图 2.22 和图 2.23。值得注意的是,我们在图 2.22 中省略了传递的前置关系。

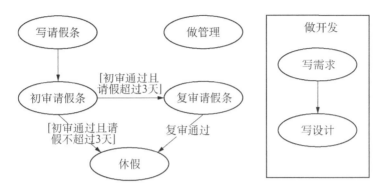

图 2.22　前置活动关系图(省略了传递的前置关系)

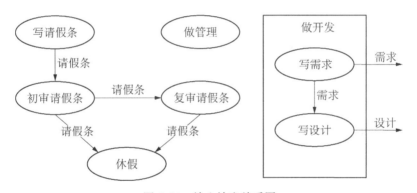

图 2.23　输入输出关系图

3 软件研制流程的最佳实践

3.1 概述

3.1.1 本章的内容概要

在第 2 章中,我们提出了软件研制流程的数学模型,让我们对"什么是软件研制流程"有了一个严格的、全面的认识。在本章中,我们要解决的问题是:如何使用这个数学模型来定义一个优秀的软件研制流程。

虽然说 DO-178B 标准在第 4 章到第 9 章逐一定义和分析了软件生命周期的过程和活动,但它明确地表示并没有建议或要求使用某个统一的软件研制流程。因此,软件研制单位可以根据自己的组织架构、项目特点、软件级别等各方面的实际情况,定义最适合自己的软件研制流程。但是,对于中国航空工业初次接触软件适航的研制单位来说,如何定义一个合理的、合适的、优秀的软件研制流程以满足 DO-178B 的适航要求,却成了一件困难的事情。

为了从一个更广泛的范围和更普及的程度来解决这个问题,我们觉得有必要研究软件研制流程的最佳实践。一套典型的软件研制流程最佳实践有如下几个方面的重要意义:

(1) 经典的软件研制流程包含了很多软件工程实践经验的积累,需要加以研究和总结,吸收其思想,为我所用。

(2) 经研究和分析,实际工程中有很大一部分软件研制流程具有相同的内涵,从中可以提炼出软件研制流程的模式,如同软件设计模式一样。

(3) 对起点较低的研制单位,可以通过学习最佳实践,较快掌握软件研制流程的要领。

(4) 以最佳实践为基础,研制单位可以做适当的修改和定制得到最适合自己的软件研制流程。

本章综合分析了国外著名航空单位机载软件研制流程的大量案例,提炼了案例中经典和共性的成分,剔除了案例中过于个性化的内容,并结合中国航空工业的实际特点,依据 DO-178B 标准以及其他行业标准的要求,按照第 2 章给出的数学模型提出了一套完整的、严格的、规范的、易操作的机载软件研制流程的最佳实践。因此,我们认为该最佳实践具有足够的典型性和良好的代表性,对初次建设流程的单位来说具有很好的参考意义和实用价值。

为了能够让大家对本章提出的软件研制流程最佳实践有一个正确的、客观的认识，我们认为有必要向大家提醒以下几点：

（1）本章提出的最佳实践是以尽可能普遍适用的方式按照 A 级软件的适航要求来配置的。针对不同的用户、不同的项目、不同的软件级别，我们可以方便地在这个最佳实践的基础上做一定的调整或裁剪，得到更适合自己的流程。

（2）本章提出的最佳实践其实是一个流程的框架，除了可以做流程的调整和裁剪，还可以对某些环节进行细化。

（3）本章提出的最佳实践不仅仅是按照 DO - 178B/C 的适航要求来配置的，它还结合了其他一些关键行业标准的安全工程要求（如项目管理、风险管理、测试与分析等）。因此，它是一个完备的、实用的流程。详见第 3.6 节。

根据第 2 章第 2.3 节给出的软件研制流程在四个不同层次上的质量要求，我们还在本章第 3.6.7 节对这里提出的最佳实践进行了质量评价，认为这确实是一个优秀的流程。

为了更容易理解本节提出的最佳实践，我们认为有必要先从概念上介绍一下有关"Review"、基线、问题及变更等方面的内容。

3.1.2 核查、评审与审查

在 DO - 178B/C[2][4]、Order 8110. 49[57]、Job Aid[58] 等许多适航相关的资料中，"Review"一词被广泛使用。但是，同一个英文单词在不同的语境下却有着完全不同的语义，这多少给中国读者造成了一定的混乱。试图用一个通用的中文单词来准确地翻译"Review"似乎是不可能的事情。因此，在不同语境下把"Review"翻译成不同的中文术语应该是准确翻译的一个可行之道。我们觉得非常有必要分析"Review"一词在不同语境的真实语义，并给出不同语境下一个贴切的中文翻译，这对于我们理解适航信用的产生、适航的三道关卡以及了解本章中推荐的软件研制流程最佳实践有着重要的意义[59]。

如图 3.1 所示，软件开发人员是软件产品的生产者。它生产的软件产品需要通过三道关卡才能达到一定的适航信用。而这三道关卡恰好就是"Review"一词的三个不同使用场景：

（1）软件产品的验证：根据软件验证计划，软件验证人员对各个层级的软件产品（软件需求数据、设计说明、源代码、可执行目标代码等等）进行 Review 验证，以保证软件产品的一致性、符合性、兼容性、功能性、健壮性等等。软件验证人员对软件产品的验证必须是穷举的。在这一场合下，我们建议把"Review"一词翻译为"核查"或"走查"。

（2）软件数据和过程的评审：根据本阶段的输入、型号项目顶层文件、行业惯例、评审专家的工程经验和专业技能等，由评审团对软件数据和软件过程进行Review，以保证软件产品的质量和软件过程的符合性。通常来说，评审团可以由研发单位内部成员(如软件开发人员、软件验证人员、软件质量保证人员、项目经理等等)以及外部成员(如外聘的同行专家、技术专家等等)组成。对软件数据和软件过程的 Review 可以是抽样的,但对预定的 Review 目标必须是穷举的。在这一场合下,我们建议把"Review"一词翻译为"评审"。

(3) 机载软件的适航审查:局方审查员根据审定计划以及 Order 8110.49 和 Job Aid 对机载软件进行综合的 Review,以最终确认机载软件是否满足适航要求。局方审查员对机载软件数据和过程的 Review 可以是抽样的,对要求 Review 的目标必须是穷举的。在这一场合下,我们建议把"Review"一词翻译为"审查"。

图 3.1　适航的三道关卡,Review 的三个场景

从图 3.1 还可以看出一个基本的原则,对于需要按照 CC1 进行配置管理的数据,通常来说只要处理人的角色发生了改变(例如从开发人员转换为验证人员、从验证人员转换为评审团、从研发单位转换为局方审查员等等),就应该建立一条基线,以明确角色转换以后的工作基准。我们分别把这三类基线称为"核查基线"、"评审基线"和"审查基线"。

关于 Review 一词在不同语境下,根据 Review 的对象、主体、依据、方法、结论等各个方面的不同被翻译为"核查"、"评审"和"审查"的详细论述,请参见[59]。准确理解软件产品适航信用产生的三道关卡,区分"核查"、"评审"和"审查"的概念,了解"核查基线"、"评审基线"和"审查基线"与它们的对应关系,对于理解下面要讲解的软件研制流程最佳实践是很有帮助的。

3.1.3　阶段基线与工作产品基线

上文描述了核查基线、评审基线和审查基线,根据流程最佳实践建议,还应有如下基线:

(1) 阶段基线:在阶段关闭时建立,作为后续阶段的工作基准。根据流程最佳实践,通常每个阶段关闭前都将进行评审,在评审活动之初创建评审基线作为评审的基准,评审过程中可能会发现问题并提交问题报告,继而通过问题报告活动和变更控制与变更评审活动对出现问题的数据进行修改。问题全部修改完成并验证通过后,执行建立阶段基线活动创建阶段基线。

a. 阶段基线与评审基线的差异主要是根据评审发现的问题报告所做的数据

修改；

b. 阶段基线可能会与审查基线"重复"。以流程最佳实践为例，在软件计划阶段关闭前建立阶段基线，随后进入 SOI♯1 阶段，在审查之处建立 SOI♯1 审查基线。此时的项目计划阶段基线与 SOI♯1 审查基线可以认为是同时建立的，其内容完全相同。

（2）工作产品基线：上述核查、评审、审查、阶段基线都根据一定的准则，在流程的某个时点"被动"创建（所谓被动，是指这些基线的创建活动本身就是已定义流程的一部分，是根据流程驱动的）。除此之外，项目研制团队也可能需要根据项目研发具体需要，在适当的时点"主动"创建基线（所谓主动，是指这些基线的创建活动并不是已定义项目研制流程的一部分，是由项目研制团队根据具体情况主动发起的），我们把这类基线称为工作产品基线。

3.1.4 问题与变更

问题报告分为过程问题报告和数据问题报告。过程问题报告是指过程存在问题，通常是指在软件研制项目中未遵循已定义的流程及过程规范。数据问题报告是指数据存在问题，通常是过程输出存在错误。

变更通常是对数据而言的，因此过程问题的修正通常不需要进行变更，只要"改变之前错误的做法"即可。

而数据问题的修正，如同 DO-178B 7.2.3 章节指出"如果问题报告要求对软件产品或软件生存周期过程输出采取纠正措施，那么应触发变更控制活动"，通俗的理解，即是"问题报告只负责提出问题，要修正问题，需要通过变更控制活动"。因此，数据问题的修正应触发变更控制活动，通过变更控制活动完成修正。

同时，变更也未必必须由问题引发。不通过问题报告，应同样允许发起变更活动。

3.1.5 本章内容的组织结构

本章给出的软件研制流程最佳实践是按照第 2 章的数学模型来定义的。但是，为了叙述方便，本章中内容的组织方式上与第 2 章略有不同。为方便读者查阅，表3.1 给出了本章内容与第 2 章内容的章节映射关系。

表 3.1　第 2 章与第 3 章内容的映射

第 2 章	软件研制流程的内容	第 3 章	说　　明
2.1.1.1	A 活动集合	3.2.1 3.2.2 3.2.3 3.2.4	3.2.1 节给出了最佳实践的阶段及前置关系 3.2.2 节给出了最佳实践的活动及前置关系 3.2.3 节给出了最佳实践的子活动及前置关系 3.2.4 节给出了最佳实践的任务样例

（续表）

第 2 章	软件研制流程的内容	第 3 章	说　　　明
2.1.1.2	$Actor$ 行动者集合	略	行动者在软件研制实践中才有意义，本章介绍软件研制流程，所以略去
2.1.1.3	R 角色集合	3.3.1	3.3.1 节给出了最佳实践的角色及组成关系
2.1.1.4	D 数据集合	3.4.1 3.4.2 3.4.3	3.4.1 节给出了最佳实践的数据元示例 3.4.2 节给出了最佳实践的数据项 3.4.3 节给出了最佳实践的配置项
2.2.2	$R_I(a_1, a_2)$ 活动的独立性关系	3.2.5	3.2.5 节给出了最佳实践的活动独立性
2.2.4.2	$R_{EXE}(r, a)$ 角色实施活动的关系	3.3.2	3.3.2 节给出了最佳实践各角色的权限
2.2.4.3	$R_{PLAY}(actor, r)$ 行动者扮演角色的关系	略	行动者扮演角色是实例化的内容，所以略去
2.2.6	$R_{IN}(d, a)$ 活动与数据的输入关系	3.5	3.5 节给出了最佳实践的活动的输入/输出
2.2.6	$R_{OUT}(a, d)$ 活动与数据的输出关系	3.5	3.5 节给出了最佳实践的活动的输入/输出
2.2.8.1	$R_S(a_1, a_2)$ 迁移准则的前置活动关系	3.2.1 3.2.2 3.2.3	3.2.1 节给出了最佳实践的阶段及前置关系 3.2.2 节给出了最佳实践的活动及前置关系 3.2.3 节给出了最佳实践的子活动及前置关系
2.2.8.2	$R_T(d, a)$ 迁移准则的前置数据关系	3.5	参照第 2 章流程质量要求 28，活动迁移准则的前置数据等于活动的输入数据关系
2.2.3 2.2.7	$R_C(a_1, a_2)$ 活动的组成关系	3.2.1 3.2.2 3.2.3	3.2.1 节给出了最佳实践的阶段及前置关系 3.2.2 节给出了最佳实践的活动及前置关系 3.2.3 节给出了最佳实践的子活动及前置关系 这三节很好地体现了阶段、活动、子活动的组成关系
2.2.4.1 2.2.7	$R_C(r_1, r_2)$ 角色的组成关系	3.3.1	3.3.1 节给出了最佳实践的角色及组成关系
2.2.5 2.2.7	$R_C(d_1, d_2)$ 数据的组成关系	3.4.1 3.4.2 3.4.3	3.4.1 节给出了最佳实践的数据元示例 3.4.2 节给出了最佳实践的数据项 3.4.3 节给出了最佳实践的配置项 这三节很好地体现了数据元、数据项、配置项的组成关系
2.3	流程的质量评价	3.7	3.7 节给出了最佳实践的质量评价
2.4	软件生命周期环境	4	第 4 章给出了最佳实践配套的流程支持环境

（续表）

第2章	软件研制流程的内容	第3章	说　　明
2.3.3	符合性矩阵	附录A	附录A展示了最佳实践与DO-178B的符合性
		附录B	附录B展示了最佳实践与GJB 5000A的符合性
		附录C	附录C展示了最佳实践与EN 50128的符合性
		附录D	附录D展示了最佳实践与IEC 60880的符合性

3.2　活动

3.2.1　软件研制阶段

软件研制流程最佳实践共包含13个阶段，如表3.2所示。用数学方式表示为：

A＝PH-01 ∪PH-02 ∪PH-03 ∪PH-04 ∪PH-05 ∪PH-06 ∪PH-07 ∪PH-08 ∪PH-09 ∪PH-10 ∪PH-11 ∪PH-12 ∪PH-13

表3.2　软件研制阶段

编号、名称	说　　明
PH-01　项目立项阶段	创建和启动项目，为项目的开展建立基础
PH-02　软件计划阶段	定义机载软件的研制方法，该方法应使所研制软件满足系统需求并提供与适航要求相一致的置信度
PH-03　SOI♯1阶段	准备、配合审定机构的SOI♯1审查（软件计划审查）
PH-04　软件需求阶段	开发软件高层需求，它包括功能需求、性能需求、接口需求和安全相关的需求
PH-05　软件设计阶段	开发软件架构和软件低层需求
PH-06　软件编码阶段	开发源代码和生成目标码
PH-07　SOI♯2阶段	准备、配合审定机构的SOI♯2审查（软件开发审查）
PH-08　高层需求测试用例设计阶段	开发基于软件高层需求的测试用例和测试规程
PH-09　低层需求测试用例设计阶段	开发基于软件低层需求的测试用例和测试规程
PH-10　集成与测试阶段	编译、链接生成可执行目标代码 加载可执行目标代码到测试环境和/或目标机 在测试环境和/或目标机测试可执行代码
PH-11　SOI♯3阶段	准备、配合审定机构的SOI♯3审查（软件验证审查）
PH-12　软件总结阶段	回顾软件研制流程的实施情况，分析和记录实施过程与DO-178B和软件合格审定计划的符合性和差异
PH-13　SOI♯4阶段	准备、配合审定机构的SOI♯4审查（软件最终审查）

图 3.2 表述了这 13 个阶段的前置关系。

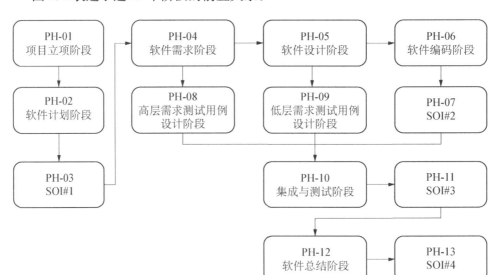

图 3.2   软件研制阶段及前置关系

图 3.2 给出的阶段的前置关系比较好地体现阶段的时间特性。每个阶段的完成都会形成一个新的里程碑,给下阶段提供一个稳定的工作基础。在此,我们觉得有必要解释以下几个方面的内容:

(1) 从这些前置关系可以看出,整个流程主要体现了线性的瀑布式特征。但也并不排除两个独立的阶段互相并行的情况发生,以提高工作效率,缩短软件研制周期。例如,图 3.2 中 PH-08   高层需求测试用例设计阶段和 PH-05   软件设计阶段、PH-06   软件编码阶段、PH-07   SOI♯2 阶段、PH-09   低层需求测试用例设计阶段都是并行的。

(2) 这些阶段之间的线性前置关系并不影响、也不限制阶段内部的迭代,例如,在 PH-04   软件需求阶段中,完全有可能出现高层需求开发完成以后,经过核查发现了若干问题,并启动了变更对高层需求进行修改和迭代的过程。这些细节内容可以参见 3.2.2.3 节。

(3) 有人可能会认为,上述的线性前置关系可能过分严格了。但是,众多的实践经验表明,这样的线性前置关系不仅从管理角度来说是最简洁的,从工程角度来说也是最高效的;从适航角度来说还是最容易举证、最容易被审定局方接受的。企图突破这样的线性前置关系以实现更大的并行往往到最后得不偿失,匆匆忙忙往前赶,到头来欠的债都是要翻倍还的。

(4) 虽然图 3.2 的线性前置关系显得很严格,但其实它是最基本和最典型的。很多不同情况下的软件研制流程都可以灵活变通,转化为这个模型,以方便管理和适航取证。例如,对于某些需求非常不稳定需要反复改变而希望采用快速原型法进行需求定义和确认的情况,我们可以把所有这些快速原型反复迭代并最终达到稳定需求确认的过程,全部归类为 PH‐04 软件需求阶段。这样,本书提出的最佳实践照样完全可用。

(5) 在上述的四个 SOI 阶段,审查局方将对软件研制单位进行审查,软件研制单位将进行举证并配合审查。在通常情况下,审查通过后将迁入到后续阶段;在极端情况下,如果审查不通过并且不符合的现象非常严重,审查局方有权力要求软件研制单位"回退"至审查以前的某个阶段,具体回到哪个阶段根据 SOI 审查结果而定。为清晰起见,我们未在图 3.2 中标出审查不通过的"回退路线"。

(6) 为了清晰起见,图 3.2 只给出了直接的前置关系,而没有给出传递的前置关系。

3.2.2 软件研制活动

3.2.2.1 项目立项阶段的活动

项目立项阶段的目的是创建和启动项目,为项目的开展建立基础。

项目立项阶段的活动见表 3.3,活动前置关系见图 3.3,即:

$$PH‐01 = \{PI‐01, PI‐02, PI‐03\}$$

表 3.3 项目立项阶段的活动

编号、名称	说 明
PI‐01 规划项目立项进度	规划项目立项阶段和项目计划阶段的进度、资源安排
PI‐02 获取分配到软件的系统需求	从系统层获取分配到软件的系统需求及相关研制约束
PI‐03 建立项目立项阶段基线	建立项目立项阶段基线

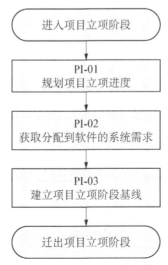

图 3.3 项目立项阶段的活动及前置关系

3.2.2.2 软件计划阶段的活动

软件计划阶段的目的是定义机载软件的研制方法,该方法应使所研制软件满足系统需求并提供与适航要求相一致的置信度。

软件计划阶段的活动见表 3.4,活动前置关系见图 3.4,即:

PH - 02＝{SP - 01, SP - 02, SP - 03, SP - 04, SP - 05, SP - 06, SP - 07, SP - 08, SP - 09, SP - 10, SP - 11, SP - 12, SP - 13, SP - 14, SP - 15, SP - 16, SP - 17, SP - 18, SP - 19, SP - 20, SP - 21, SP - 22, SP - 23, SP - 24, SP - 25, SP - 26, SP - 27, SP - 28, SP - 29, SP - 30, SP - 31, SP - 32, SP - 33, SP - 34, SP - 35, SP - 36, SP - 37, SP - 38, SP - 39, SP - 40, SP - 41}

表 3.4　软件计划阶段的活动

编号、名称	说　明
SP - 01　估算项目规模	根据系统需求和软件等级估算项目工作规模
SP - 02　估算项目工作量	根据项目规模、软件等级估算项目工作量
SP - 03　确定项目的软件生命周期	需要确定的内容包括第 2 章所述的软件研制流程的所有内容,以及文档模板、检查单、度量项等软件生命周期所涉及的其他所有内容。如果已有组织级定义的标准软件生命周期库,则可以从中选择最适合本项目软件生命周期
SP - 04　制定项目进度计划	进度计划不仅包括项目内部的工作节点,还要包括与审定机构交互的工作节点、与供应商/分包商协作的工作节点
SP - 05　编制项目管理计划	编写相关数据元
SP - 06　编制软件合格审定计划	编写相关数据元
SP - 07　编制软件开发计划	编写相关数据元
SP - 08　编制软件验证计划	编写相关数据元
SP - 09　编制软件配置管理计划	编写相关数据元
SP - 10　编制软件质量保证计划	编写相关数据元
SP - 11　编制软件需求标准	编写相关数据元
SP - 12　编制软件设计标准	编写相关数据元
SP - 13　编制软件编码标准	编写相关数据元
SP - 14　协调各软件计划	在各计划编制过程中协调相互关联的内容,如组织职责、迁移准则、进度等
SP - 15　核查项目管理计划	核查相关数据元
SP - 16　核查软件合格审定计划	核查相关数据元
SP - 17　核查软件开发计划	核查相关数据元
SP - 18　核查软件验证计划	核查相关数据元
SP - 19　核查软件配置管理计划	核查相关数据元

编号、名称	说　　　明
SP-20　核查软件质量保证计划	核查相关数据元
SP-21　核查软件需求标准	核查相关数据元
SP-22　核查软件设计标准	核查相关数据元
SP-23　核查软件编码标准	核查相关数据元
SP-24　评审项目管理计划	评审相关数据项
SP-25　评审软件合格审定计划	评审相关数据项
SP-26　评审软件开发计划	评审相关数据项
SP-27　评审软件验证计划	评审相关数据项
SP-28　评审软件配置管理计划	评审相关数据项
SP-29　评审软件质量保证计划	评审相关数据项
SP-30　评审软件需求标准	评审相关数据项
SP-31　评审软件设计标准	评审相关数据项
SP-32　评审软件编码标准	评审相关数据项
SP-33　建立软件计划阶段基线	为软件计划阶段建立阶段基线
SP-34　软件计划阶段的配置项标识	为每个配置项分配无歧义的标识
SP-35　建立软件计划阶段工作产品基线	为软件计划阶段建立工作产品基线
SP-36　软件计划阶段的问题报告	对于软件计划阶段中发现的过程和数据问题进行报告、追踪和纠正
SP-37　软件计划阶段的变更控制及变更评审	对于软件计划阶段中涉及的变更进行记录、评审、解决和批准
SP-38　软件计划阶段的配置状态纪实	为软件计划阶段的配置管理提供状态纪实
SP-39　软件计划阶段的归档、检索和发布	对软件计划阶段的软件生命周期数据进行归档、检索和发布
SP-40　软件计划阶段的软件生命周期环境控制	对软件生命周期环境进行标识、控制、检索
SP-41　软件计划阶段的软件质量保证	审核软件计划阶段是否符合 DO-178B 和/或其他相关规范，5 项计划和 3 项标准是否符合 DO-178B 和/或其他相关规范，软件计划阶段与其他阶段的转换是否符合相应的迁移准则

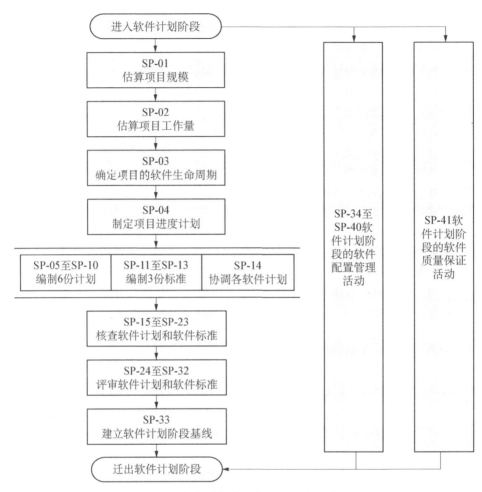

图 3.4　软件计划阶段的活动及前置关系

3.2.2.3　软件需求阶段的活动

软件需求阶段的目的是开发软件高层需求,它包括功能需求、性能需求、接口需求和安全相关的需求。

软件需求阶段的活动见表 3.5,活动前置关系见图 3.5,即:

PH-04={SR-01,SR-02,SR-03,SR-04,SR-05,SR-06,SR-07,SR-08,SR-09,SR-10,SR-11,SR-12,SR-13,SR-14,SR-15,SR-16}

表 3.5　软件需求阶段的活动

编号、名称	说　明
SR-01　确定高层需求的层次结构	即把高层需求按约定准则划分为模块
SR-02　开发高层需求(条目化数据元)	针对系统需求的数据元来开发高层需求,用软件需求标准中规定的表达方式来描述每一个高层需求;根据软件需求分析的结果,开发不能追踪到系统需求的派生需求
SR-03　开发其他软件需求数据(非条目化数据元)	包括环境需求、资源需求、质量因素、设计约束等非条目化的需求内容
SR-04　建立高层需求与系统需求的追踪关系	一般需借助工具来建立追踪关系。本书第4章将介绍的 ASIDE 将自动建立从系统需求到高层需求的追踪关系
SR-05　向系统生命周期提交派生的高层需求	向系统生命周期提交派生的高层需求(可参考 DO-248B 的 FAQ#37)
SR-06　核查软件需求数据	核查相关数据元 包括条目化的高层需求、非条目化的其他软件需求数据
SR-07　评审软件需求数据	评审相关数据项
SR-08　建立软件需求阶段基线	为软件需求阶段建立阶段基线
SR-09　软件需求阶段的配置项标识	为每个配置项分配无歧义的标识
SR-10　建立软件需求阶段工作产品基线	为软件需求阶段建立工作产品基线
SR-11　软件需求阶段的问题报告	对于软件需求阶段中发现的过程和数据问题进行报告、追踪和纠正
SR-12　软件需求阶段的变更控制及变更评审	对于软件需求阶段中涉及的变更进行记录、评审、解决和批准
SR-13　软件需求阶段的配置状态纪实	为软件需求阶段的配置管理提供状态纪实
SR-14　软件需求阶段的归档、检索和发布	对软件需求阶段的软件生命周期数据进行归档、检索和发布
SR-15　软件需求阶段的软件生命周期环境控制	对软件生命周期环境进行控制
SR-16　软件需求阶段的软件质量保证	审核软件需求阶段是否符合 DO-178B 和/或其他相关规范和软件开发计划,软件需求数据是否符合 DO-178B 和/或其他相关规范和软件需求标准,软件需求阶段与其他阶段的转换是否符合相应的迁移准则

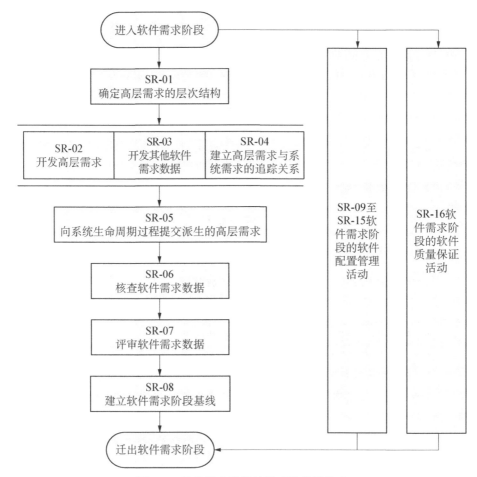

图 3.5　软件需求阶段的活动及前置关系

3.2.2.4　软件设计阶段的活动

软件设计阶段的目的是进行软件架构和低层需求的开发。在软件架构层面,重点是划分软件系统的软件部件,定义这些软件部件的外部接口、实时调度规程、分区等等。在低层需求层面,重点是定义软件模块的数据结构、算法、数据流、控制流等内容。

软件架构的开发和低层需求的开发一般是顺序进行的,因为软件低层需求极大地依赖于软件架构。

软件设计阶段的活动见表 3.6,活动前置关系见图 3.6,即:

$$PH-05=\{SD-01,\ SD-02,\ SD-03,\ SD-04,\ SD-05,\ SD-06,\ SD-07,$$
$$SD-08,\ SD-09,\ SD-10,\ SD-11,\ SD-12,\ SD-13,\ SD-14,\ SD-15,\ SD-16,$$
$$SD-17\}$$

表 3.6 软件设计阶段的活动

编号、名称	说　明
SD-01　开发软件架构(非条目化数据元)	根据软件需求和系统架构来设计软件架构,确定软件部件的组成和关系
SD-02　确定低层需求的层次结构	即把低层需求按某种准则进行划分
SD-03　开发低层需求(条目化数据元)	对于每一条高层需求的数据元开发对应的低层需求;根据软件设计的需要,开发不能追踪到高层需求的派生的低层需求
SD-04　开发其他软件设计说明(非条目化数据元)	进行设计考虑,如软件数据加载、用户可修改软件或多版本非相似软件的设计和实现细节,非激活代码的处置等非条目化设计内容
SD-05　建立低层需求与高层需求的追踪关系	一般需借助工具来建立追踪关系。本书第4章将介绍的 ASIDE 将自动建立从高层需求到低层需求的追踪关系
SD-06　向系统生命周期提交派生的低层需求	向系统生命周期提交派生的低层需求
SD-07　核查软件设计说明	核查相关数据元 包括非条目化的软件架构、条目化的低层需求、非条目化的其他软件设计说明
SD-08　评审软件设计说明	评审相关数据项
SD-09　建立软件设计阶段基线	为软件设计阶段建立阶段基线
SD-10　软件设计阶段的配置项标识	为每个配置项分配无歧义的标识
SD-11　建立软件设计阶段工作产品基线	为软件设计阶段建立工作产品基线
SD-12　软件设计阶段的问题报告	对于软件设计阶段中发现的过程和数据问题进行报告、追踪和纠正
SD-13　软件设计阶段的变更控制及变更评审	对于软件设计阶段中涉及的变更进行记录、评审、解决和批准
SD-14　软件设计阶段的配置状态纪实	为软件设计阶段的配置管理提供状态纪实
SD-15　软件设计阶段的归档、检索和发布	对软件设计阶段的软件生命周期数据进行归档、检索和发布
SD-16　软件设计阶段的软件生命周期环境控制	对软件生命周期环境进行控制
SD-17　软件设计阶段的软件质量保证	审核软件设计阶段是否符合 DO-178B 和/或其他相关规范和软件开发计划,软件设计数据是否符合 DO-178B 和/或其他相关规范和软件设计标准,软件设计阶段与其他阶段的转换是否符合相应的迁移准则

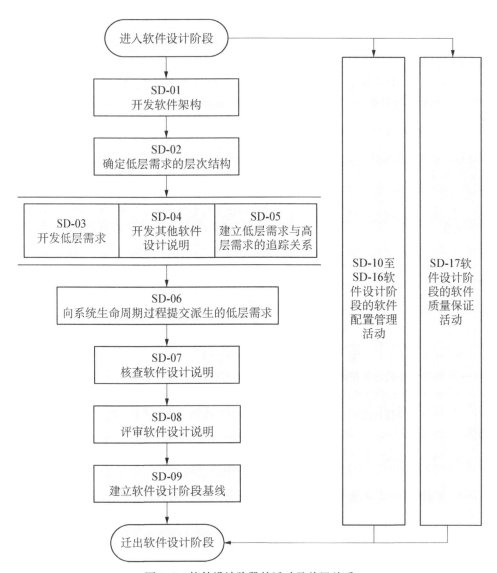

图 3.6　软件设计阶段的活动及前置关系

3.2.2.5　软件编码阶段的活动

软件编码阶段的目的是开发源代码。

软件编码阶段的活动见表 3.7,活动前置关系见图 3.7,即:

PH－06＝{SC－01,SC－02,SC－03,SC－04,SC－05,SC－06,SC－07,SC－08,SC－09,SC－10,SC－11,SC－12}

表 3.7 软件编码阶段的活动

编号、名称	说　明
SC-01　开发源代码	通过分析深入理解软件设计说明，根据软件设计说明和编码标准开发源代码
SC-02　建立源代码与低层需求的追踪关系	一般需借助工具来建立追踪关系。本书第 4 章将介绍的 ASIDE 将辅助建立源代码与低层需求数据元的追踪关系
SC-03　核查源代码	核查源代码
SC-04　建立软件编码阶段基线	为软件编码阶段建立阶段基线
SC-05　软件编码阶段的配置项标识	为每个配置项分配无歧义的标识
SC-06　建立软件编码阶段工作产品基线	为软件编码阶段建立工作产品基线
SC-07　软件编码阶段的问题报告	对于软件编码阶段中发现的过程和数据问题进行报告、追踪和纠正
SC-08　软件编码阶段的变更控制及变更评审	对于软件编码阶段中涉及的变更进行记录、评审、解决和批准
SC-09　软件编码阶段的配置状态纪实	为软件编码阶段的配置管理提供状态纪实
SC-10　软件编码阶段的归档、检索和发布	对软件编码阶段的软件生命周期数据进行归档、检索和发布
SC-11　软件编码阶段的软件生命周期环境控制	对软件生命周期环境进行控制
SC-12　软件编码阶段的软件质量保证	审核软件编码阶段是否符合 DO-178B 和/或其他相关规范和软件开发计划，源代码是否符合 DO-178B 和/或其他相关规范和软件编码标准，软件编码阶段与其他阶段的转换是否符合相应的迁移准则

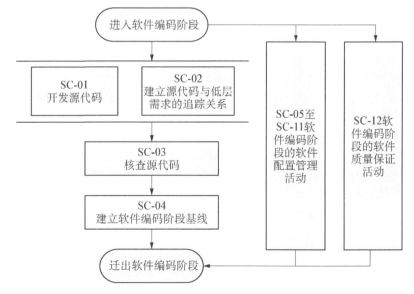

图 3.7 软件编码阶段的活动及前置关系

3.2.2.6　高层需求测试用例设计阶段的活动

高层需求测试用例设计阶段的目的是开发基于软件高层需求的测试用例和测试规程。

高层需求测试用例设计阶段的活动见表3.8,活动前置关系见图3.8,即:

PH-08={STCPH-01,STCPH-02,STCPH-03,STCPH-04,STCPH-05,STCPH-06,STCPH-07,STCPH-08,STCPH-09,STCPH-10,STCPH-11,STCPH-12,STCPH-13,STCPH-14,STCPH-15,STCPH-16,STCPH-17}

表 3.8　高层需求测试用例设计阶段的活动

编号、名称	说　明
STCPH-01　开发测试用例	分析深入理解高层需求,根据软件高层需求开发正常范围和健壮性测试用例
STCPH-02　建立测试用例与高层需求的追踪关系	一般需借助工具来建立追踪关系。本书第4章介绍的ASIDE将自动建立测试用例与高层需求数据元的追踪关系
STCPH-03　核查测试用例	核查测试用例相关数据元
STCPH-04　分析基于高层需求的测试覆盖	基于高层需求进行测试用例的覆盖分析
STCPH-05　开发测试规程	根据测试用例开发测试规程
STCPH-06　建立测试规程与测试用例的追踪关系	一般需借助工具来建立追踪关系。本书第4章介绍的ASIDE将自动建立测试规程与测试用例的追踪关系
STCPH-07　核查测试规程	核查测试规程相关数据元
STCPH-08　评审测试用例和测试规程	评审测试用例和测试规程相关数据项
STCPH-09　建立高层需求测试用例设计阶段基线	为高层需求测试用例设计阶段建立阶段基线
STCPH-10　高层需求测试用例设计阶段的配置项标识	为每个配置项分配无歧义的标识
STCPH-11　建立高层需求测试用例设计阶段工作产品基线	为高层需求测试用例设计阶段建立工作产品基线
STCPH-12　高层需求测试用例设计阶段的问题报告	对于高层需求测试用例设计阶段中发现的过程和数据问题进行报告、追踪和纠正
STCPH-13　高层需求测试用例设计阶段的变更控制及变更评审	对于高层需求测试用例设计阶段中涉及的变更进行记录、评审、解决和批准
STCPH-14　高层需求测试用例设计阶段的配置状态纪实	为高层需求测试用例设计阶段的配置管理提供状态纪实
STCPH-15　高层需求测试用例设计阶段的归档、检索和发布	对高层需求测试用例设计阶段的软件生命周期数据进行归档、检索和发布

（续表）

编号、名称	说　明
STCPH-16　高层需求测试用例设计阶段的软件生命周期环境控制	对软件生命周期环境进行控制
STCPH-17　高层需求测试用例设计阶段的软件质量保证	审核高层需求测试用例设计阶段是否符合 DO-178B 和/或其他相关规范和软件验证计划,高层需求测试用例设计阶段与其他阶段的转换是否符合相应的迁移准则

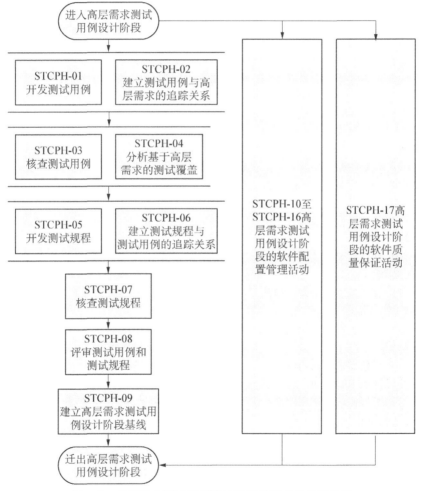

图 3.8　高层需求测试用例设计阶段的活动及前置关系

3.2.2.7　低层需求测试用例设计阶段的活动

低层需求测试用例设计阶段的目的是开发基于软件低层需求的测试用例和测试规程。

低层需求测试用例设计阶段的活动见表 3.9,活动前置关系见图 3.9,即:

PH-09＝{STCPL-01, STCPL-02, STCPL-03, STCPL-04, STCPL-05, STCPL-06, STCPL-07, STCPL-08, STCPL-09, STCPL-10, STCPL-11, STCPL-12, STCPL-13, STCPL-14, STCPL-15, STCPL-16, STCPL-17}

表 3.9　低层需求测试用例设计阶段的活动

编号、名称	说　　明
STCPL-01　开发测试用例	分析深入理解低层需求,根据软件低层需求开发正常范围和健壮性测试用例
STCPL-02　建立测试用例与低层需求的追踪关系	一般需借助工具来建立追踪关系。本书第 4 章介绍的 ASIDE 将自动建立测试用例与低层需求数据元的追踪关系
STCPL-03　核查测试用例	核查测试用例相关数据元
STCPL-04　分析基于低层需求的测试覆盖	基于低层需求进行测试用例的覆盖分析
STCPL-05　开发测试规程	根据测试用例开发测试规程
STCPL-06　建立测试规程与测试用例的追踪关系	一般需借助工具来建立追踪关系。本书第 4 章介绍的 ASIDE 将自动建立测试规程与测试用例的追踪关系
STCPL-07　核查测试规程	核查测试规程相关数据元
STCPL-08　评审测试用例和测试规程	评审测试用例和测试规程相关数据项
STCPL-09　建立低层需求测试用例设计阶段基线	为低层需求测试用例设计阶段建立阶段基线
STCPL-10　低层需求测试用例设计阶段的配置项标识	为每个配置项分配无歧义的标识
STCPL-11　建立低层需求测试用例设计阶段工作产品基线	为低层需求测试用例设计阶段建立工作产品基线
STCPL-12　低层需求测试用例设计阶段的问题报告	对于低层需求测试用例设计阶段中发现的过程和数据问题进行报告、追踪和纠正
STCPL-13　低层需求测试用例设计阶段的变更控制及变更评审	对于低层需求测试用例设计阶段中涉及的变更进行记录、评审、解决和批准
STCPL-14　低层需求测试用例设计阶段的配置状态纪实	为低层需求测试用例设计阶段的配置管理提供状态纪实
STCPL-15　低层需求测试用例设计阶段的归档、检索和发布	对低层需求测试用例设计阶段的软件生命周期数据进行归档、检索和发布
STCPL-16　低层需求测试用例设计阶段的软件生命周期环境控制	对软件生命周期环境进行控制
STCPL-17　低层需求测试用例设计阶段的软件质量保证	审核低层需求测试用例设计阶段是否符合 DO-178B 和/或其他相关规范和软件验证计划,低层需求测试用例设计阶段与其他阶段的转换是否符合相应的迁移准则

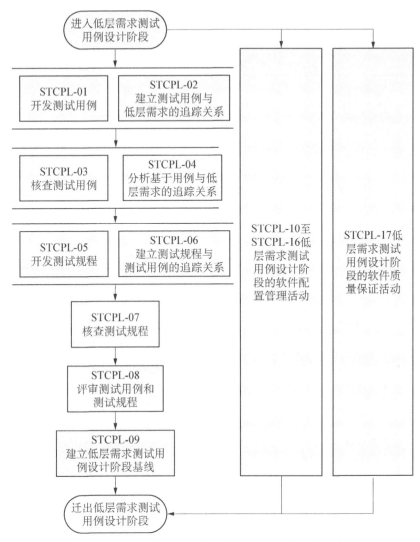

图 3.9　低层需求测试用例设计阶段的活动及前置关系

3.2.2.8　集成与测试阶段的活动

集成与测试阶段的目的是：编译、链接源代码以形成可执行文件；把可执行文件加载到宿主机测试环境、仿真机测试环境或目标机真实环境；在宿主机测试环境、仿真机测试环境或目标机真实环境中对可执行代码进行测试；对测试情况进行结构覆盖分析等等。

集成与测试阶段的输入是来自软件设计阶段的软件架构和来自软件编码阶段的源代码，输出是可执行目标代码、编译日志、链接数据、加载数据、测试结果、覆盖分析结果。

集成与测试阶段的活动见表 3.10，活动的前置关系见图 3.10，即：

PH - 10＝{SIT - 01，SIT - 02，SIT - 03，SIT - 04，SIT - 05，SIT - 06，SIT -

07，SIT－08，SIT－09，SIT－10，SIT－11，SIT－12，SIT－13，SIT－14，SIT－15，SIT－16，SIT－17，SIT－18，SIT－19，SIT－20，SIT－21，SIT－22}

表 3.10　集成与测试阶段的活动

编号、名称	说　　明
SIT－01　编译源代码	编译源代码，得到目标代码
SIT－02　进行软件集成	链接目标代码，生成可执行代码
SIT－03　进行硬件/软件集成	加载可执行目标代码到测试环境（宿主机环境、仿真测试环境、真实目标机环境）
SIT－04　核查集成过程输出	核查集成过程输出
SIT－05　测试执行	在宿主机环境、仿真机环境或目标机环境中运行测试规程
SIT－06　建立测试结果与测试规程的追踪	一般需借助工具来建立追踪关系。本书第 4 章介绍的ASIDE 将辅助建立测试结果与测试规程的追踪关系
SIT－07　分析结构覆盖	依据 DO－178B 和/或其他相关规范进行源代码结构覆盖分析
SIT－08　分析数据耦合和控制耦合	依据 DO－178B 和/或其他相关规范分析数据耦合和控制耦合
SIT－09　分析源代码与目标代码的追踪	分析源代码和目标代码的追踪，找出不能直接追踪到源代码的目标代码结构，分析其潜在的安全危害
SIT－10　核查测试结果	核查测试结果
SIT－11　测试见证执行	在软件质量保证人员见证下在目标机环境中运行测试规程并记录测试结果
SIT－12　评审测试结果	评审测试结果、覆盖分析报告、源代码与目标代码分析报告等数据项
SIT－13　建立集成与测试阶段基线	为集成与测试阶段建立阶段基线
SIT－14　集成与测试阶段的配置项标识	为每个配置项分配无歧义的标识
SIT－15　建立集成与测试阶段工作产品基线	为集成与测试阶段建立工作产品基线
SIT－16　集成与测试阶段的问题报告	对于集成与测试阶段中发现的过程和数据问题进行报告、追踪和纠正
SIT－17　集成与测试阶段的变更控制及变更评审	对于集成与测试阶段中涉及的变更进行记录、评审、解决和批准
SIT－18　集成与测试阶段的配置状态纪实	为集成与测试阶段的配置管理提供状态纪实
SIT－19　集成与测试阶段的归档、检索和发布	对集成与测试阶段的软件生命周期数据进行归档、检索和发布
SIT－20　集成与测试阶段的加载控制	依据 DO－178B 和/或其他相关规范和软件配置管理计划进行加载控制

（续表）

编号、名称	说　明
SIT - 21　集成与测试阶段的软件生命周期环境控制	对软件生命周期环境进行控制
SIT - 22　集成与测试阶段的软件质量保证	审核集成与测试阶段是否符合 DO - 178B、其他相关规范、软件开发计划、软件验证计划，集成与测试阶段与其他阶段的转换是否符合相应的迁移准则

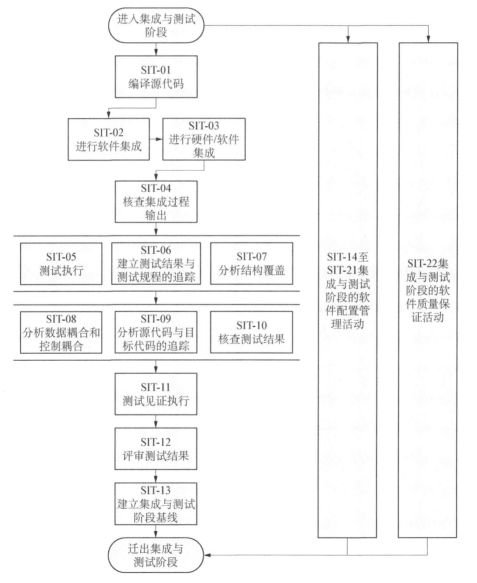

图 3.10　集成与测试阶段的活动及前置关系

3.2.2.9　软件总结阶段的活动

软件总结阶段的目的是回顾软件研制流程的实施情况,分析和记录实施情况与DO-178B和软件合格审定计划的符合性或偏离。

在软件总结阶段中要完成软件生命周期环境配置索引、软件配置索引、软件完成综述。

软件总结阶段的活动见表3.11,活动的前置关系见图3.11,即:

PH-12={SIS-01, SIS-02, SIS-03, SIS-04, SIS-05, SIS-06, SIS-07, SIS-08, SIS-09, SIS-10, SIS-11, SIS-12, SIS-13, SIS-14, SIS-15, SIS-16, SIS-17, SIS-18}

表 3.11　软件总结阶段的活动

编号、名称	说　　明
SIS-01　完成软件生命周期环境配置索引	编写相关数据元
SIS-02　完成软件配置索引	编写相关数据元
SIS-03　编制软件完成综述	编写相关数据元
SIS-04　核查软件生命周期环境配置索引	核查相关数据元
SIS-05　核查软件配置索引	核查相关数据元
SIS-06　核查软件完成综述	核查相关数据元
SIS-07　评审软件生命周期环境配置索引	评审相关数据项
SIS-08　评审软件配置索引	评审相关数据项
SIS-09　评审软件完成综述	评审相关数据项
SIS-10　建立软件总结阶段基线	为软件总结阶段建立阶段基线
SIS-11　软件总结阶段的配置项标识	为每个配置项分配无歧义的标识
SIS-12　建立软件总结阶段工作产品基线	为软件总结阶段建立工作产品基线
SIS-13　软件总结阶段的问题报告	对于软件总结阶段中发现的过程和数据问题进行报告、追踪和纠正
SIS-14　软件总结阶段的变更控制及变更评审	对于软件总结阶段中涉及的变更进行记录、评审、解决和批准
SIS-15　软件总结阶段的配置状态纪实	为软件总结阶段的配置管理提供状态纪实
SIS-16　软件总结阶段的归档、检索和发布	对软件总结阶段的软件生命周期数据进行归档、检索和发布
SIS-17　进行软件符合性评审	由软件质量保证人员组织进行软件符合性评审
SIS-18　软件总结阶段的软件质量保证	审核软件总结阶段是否符合DO-178B和/或其他相关规范,软件总结阶段与其他阶段的转换是否符合相应的迁移准则

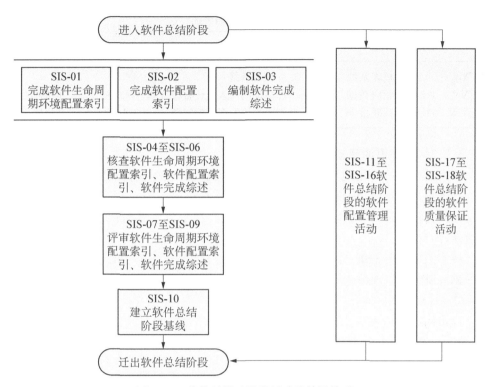

图 3.11 软件总结阶段的活动及前置关系

3.2.3 软件研制子活动

3.2.3.1 核查的活动

核查是由软件验证人员根据某个活动的输入对活动的输出进行验证,判断其是否符合相应目标的行为。核查通常是由人类行动者执行的案头工作,可能持续数天、数周甚至数月。

在本章中各阶段的活动中,都有核查活动:

核查 $REVW = \{SP-15, SP-16, SP-17, SP-18, SP-19, SP-20, SP-21, SP-22, SP-23, SR-06, SD-07, SC-03, STCPH-03, STCPH-07, STCPL-03, STCPL-07, SIT-04, SIT-10, SIS-04, SIS-05, SIS-06\}$

核查的活动见表 3.12,活动的前置关系见图 3.12,即:

$\forall x \in REVW$, $x = \{REVW-01, REVW-02, REVW-03\}$

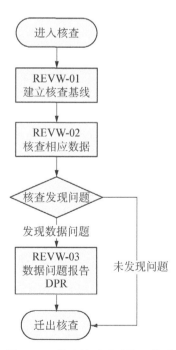

图 3.12 核查的活动及前置关系

表 3.12　核查的活动

编号、名称	说　　明
REVW‑01　建立核查基线 REVW‑02　核查相应数据 REVW‑03　数据问题报告 DPR	建立核查基线 参照活动的输入及核查检查单,核查"核查基线"内的数据元 核查中如果发现数据问题,则发起 DPR 数据问题报告活动

3.2.3.2　评审的活动

评审是由项目评审组成员根据某个阶段的输入、顶层文件、惯例、经验等,对阶段的产出物进行审核,识别阶段产出物的问题,并给出评审是否通过的结论。评审通常采用会议的形式,可能持续数小时或数天。在本章中各阶段的活动中,都有评审活动,即有:

评审 REVA＝{SP‑24, SP‑25, SP‑26, SP‑27, SP‑28, SP‑29, SP‑30, SP‑31, SP‑32, SR‑07, SD‑08, STCPH‑08, STCPL‑08, SIT‑12, SIS‑07, SIS‑08, SIS‑09}

评审的活动见表 3.13,活动的前置关系见图 3.13,即:

$\forall x \in$ REVA, x＝{REVA‑01, REVA‑02, REVA‑03, REVA‑04}

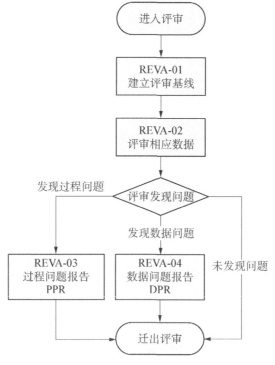

图 3.13　评审的活动及前置关系

表 3.13 评审的活动

编号、名称	说　明
REVA-01　建立评审基线	建立评审基线
REVA-02　评审相应数据或过程	参照阶段的输入、顶层文件、惯例、经验及评审检查单，评审"评审基线"内的数据项
REVA-03　过程问题报告 PPR	评审中如发现过程问题，则发起 PPR 过程问题报告活动
REVA-04　数据问题报告 DPR	评审中如发现数据问题，则发起 DPR 数据问题报告活动

3.2.3.3 审查的活动

审定局方在软件研制流程中通常会有 4 次介入审查活动：

(1) SOI♯1：软件计划审查；

(2) SOI♯2：软件开发审查；

(3) SOI♯3：软件验证审查；

(4) SOI♯4：最终审查。

申请方在各次软件审查中的活动见表 3.14，活动的前置关系见图 3.14，即：

审查活动 SOI＝{PH-03，PH-07，PH-11，PH-13}

$\forall x \in$ SOI，x＝{SOI-01，SOI-02，SOI-03，SOI-04，SOI-05，SOI-06，SOI-07}

表 3.14 软件审查的活动

编号、名称	说　明
SOI-01　建立审查基线	建立审查基线
SOI-02　内部准备	检查上次审查后的纠正情况；准备审查的数据项；准备介绍材料；审查预习
SOI-03　与审定机构协调	与审定机构协调审查的时间表
SOI-04　提交数据	向审定机构提交本次审查所要求的数据
SOI-05　参与审查，并进行适航举证	参与审定机构主导的审查活动
SOI-06　过程问题报告 PPR	审查中如发现过程问题，则发起 PPR 过程问题报告活动
SOI-07　数据问题报告 DPR	审查中如发现数据问题，则发起 DPR 数据问题报告活动

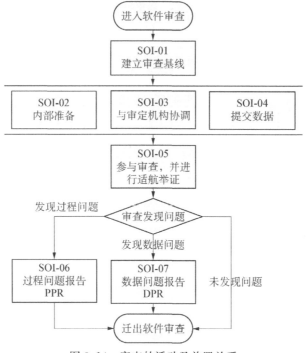

图 3.14 审查的活动及前置关系

3.2.3.4 基线建立的活动

DO - 178B 的 7.2.2 节指出必须要为用于合格审定的配置项和发布的软件产品建立基线,它还指出要为 CC1 控制的数据建立基线,也可以建立中间基线以协助控制软件生命周期过程的活动。

在本书给出的最佳实践中,我们将根据 3.1.2 节的叙述建立核查基线、评审基线和审查基线,也将根据 3.1.3 节的叙述建立阶段基线和工作产品基线。

基线建立是软件研制各个阶段都要执行的通用活动,在本章中各阶段的活动中,都有基线建立活动,即有:

基线建立活动 BE＝{PI - 03, SP - 33, SP - 35, SR - 08, SR - 10, SD - 09, SD - 11, SC - 04, SC - 06, STCPH - 09, STCPH - 11, STCPL - 09, STCPL - 11, SIT - 13, SIT - 15, SIS - 10, SIS - 12, REVW - 01, REVA - 01, SOI - 01}

基线建立的活动见表 3.15,活动的前置关系见图 3.15,即:

$$\forall x \in BE, x = \{BE - 01, BE - 02, BE - 03\}$$

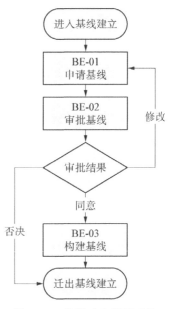

图 3.15 基线建立的活动及前置关系

表 3.15　基线建立的活动

编号、名称	说　明
BE-01　申请基线	提出基线建立的申请,定义基线的内容
BE-02　审批基线	审批基线建立的申请 审批的结论可能是:①同意;②修改;③否决 否决的理由通常是基线建立的条件不成立,内容不完整等
BE-03　构建基线	执行基线构建的技术操作

3.2.3.5　过程问题报告的活动

问题报告是贯穿软件研制流程的重要活动。其中过程问题报告是指对软件研制实践中不符合相关标准、规范和计划的活动提出的问题报告。过程问题通常由评审团、软件质量保证人员或者局方审查员提出,经过讨论和确认以后由过程的执行者来纠正,软件质量保证人员要跟踪问题处理的全过程,直到问题关闭,以确保这些过程问题得到有效解决。

在本章各阶段的活动中,都有过程问题报告,即有:

过程问题报告 PPR＝{SP-36,SR-11,SD-12,SC-07,STCPH-12,STCPL-12,SIT-16,SIS-13,REVA-03,SOI-06}

过程问题报告的活动见表 3.16,活动的前置关系见图 3.16,即:

$\forall x \in$ PPR, $x =$ {PPR-01,PPR-02,PPR-03,PPR-04}

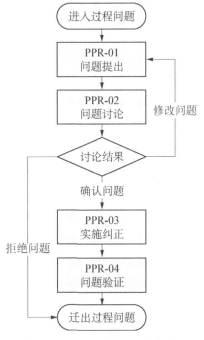

图 3.16　过程问题的活动及前置关系

表 3.16　过程问题的活动

编号、名称	说　明
PPR-01　提出过程问题 PPR-02　讨论过程问题	软件质量保证人员编制问题报告(或软件质量保证审核单) 软件质量保证人员与相关责任人讨论问题是否存在,结论可能是:①确认问题存在并提出纠正措施;②拒绝问题;③需对问题表述进行修改

（续表）

编号、名称	说　　明
PPR-03　实施纠正过程问题	如果相关责任人确认问题存在，并且软件质量保证人员同意纠正措施，则实施纠正
PPR-04　验证过程问题	软件质量保证人员验证问题得到解决并关闭问题

3.2.3.6　数据问题报告的活动

数据问题报告是对软件生命周期数据提出的问题报告。软件项目组的任何成员都有可能提出数据问题。但通常情况下，数据问题由软件验证人员、评审团、软件质量保证人员或者局方审查员提出，经过讨论后确定解决措施，如果需要修改受控的软件生命周期数据，则启动变更控制和变更评审活动。

在本章中各阶段的活动中，都有数据问题报告活动，即有：

数据问题报告 DPR＝{SP-36，SR-11，SD-12，SC-07，STCPH-12，STCPL-12，SIT-16，SIS-13，REVW-03，REVA-04，SOI-07}

数据问题的活动见表 3.17，活动的前置关系见图 3.17，即：

$\forall x \in \text{DPR}, x = \{\text{DPR-01}, \text{DPR-02}, \text{DPR-03}\}$

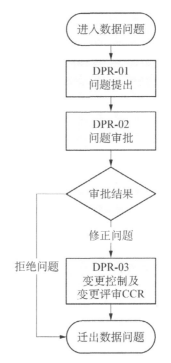

图 3.17　数据问题的活动及前置关系

表 3.17　数据问题的活动

编号、名称	说　　明
DPR-01　提出数据问题	问题发现者编制问题报告
DPR-02　讨论并审批数据问题	讨论并审批数据问题报告，结论可能是：①确认问题存在并要求变更；②拒绝问题；③需对问题表述进行修改
DPR-03　变更控制与变更评审 CCR	如果确认问题存在并要求变更，则启动变更评审与变更控制活动，问题修正完毕后迁出数据问题活动

3.2.3.7　变更控制与变更评审的活动

变更控制与变更评审也是贯穿软件研制流程的重要活动，变更控制的目标是在软件生命周期内实现数据变更的记录、评价、解决和批准；变更评审的目标是确保问题及变更得以评估、批准或被拒绝,经批准的变更得以实施,并按软件计划过程定义的问题报告和变更控制方法向受影响的过程提供反馈。在本章中各阶段的活动中,都有变更控制与变更评审活动,即有:

变更控制与变更评审 CCR＝{SP－37,SR－12,SD－13,SC－08,STCPH－13,STCPL－13,SIT－17,SIS－14,DPR－03}

变更控制与变更评审的活动见表 3.18,活动的前置关系见图 3.18,即:

$\forall x \in$ CCR,x＝{CCR－01,CCR－02,CCR－03,CCR－04,CCR－05,CCR－06}

表 3.18　变更控制与变更评审的活动

编号、名称		说　明
CCR－01	变更申请	填写变更申请单
CCR－02	变更评审	配置控制管理委员会(CCB)评审变更申请结论可能是:①同意;②修改;③拒绝
CCR－03	安全性评估反馈	把变更评审中认为影响安全的信息反馈到系统生命周期
CCR－04	变更的开发实施	迭代的数据变更以及实时的影响分析
CCR－05	变更的配置实施	对变更后的配置项进行相应的配置管理活动
CCR－06	变更后的验证	对受变更的所有数据进行验证和评审活动

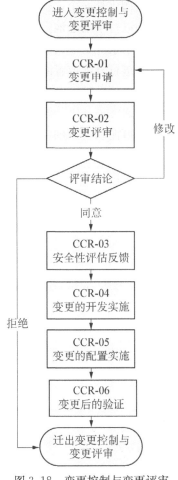

图 3.18　变更控制与变更评审的活动及前置关系

3.2.4　软件研制任务

在上面第 3.2.1、3.2.2、3.2.3 节我们分别从三个不同的层次给出了最佳实践的阶段、活动、子活动以及它们之间的包含关系和前置关系。接下来,我们再讨论一下有关任务的内容。

在第 2.2.3.4 节我们已经讲到,任务是活动的实例化。它是把活动进行分解(在必要的时候还可以进行适当组合)而形成的相对独立、粒度适宜、能够由单一行动者来执行的单元。通常来说,我们在软件研制流程中要定义一个活动由哪个角色执行,而软件研制实践中则要通过实例化指明一个任务由哪个行动者执行。因此,任务比活动具有更多的属性,例如时间进度、完成状态等等。

实例化是一个比较复杂的过程,它并不是一次性完成的,而可能是在软件研制实践的进行中动态地发生的。因此,把活动进行分解或组合产生任务也可能是在一定的触发条件下才发生的事情。在第 2.2.3.4 节我们已经给出了许多例子,说明了把活动进行分解或者组合产生任务的各种可能性。但从总体上来说,过程、阶段的粒度会比任务的粒度更粗一些。对于一个规模较大的复杂系统来说,活动实例化成为任务通常还是以分解为主。我们可以采用工作分解结构(WBS)的方法,在实例化的时候遵循以下原则:

(1) 任务分层:把活动分解为有层次结构的任务。例如可以按高层需求的模块或层次结构来定义开发任务。

(2) 工期限制:限定最小级别的任务的工期,如 10~15 个工作日,也即两到三周。通过这一手段可把软件研制实践中的问题暴露在较短的时间内。

(3) 风险分解:对于风险较大的活动要分解为尽可能小的任务,以利于化解风险。

(4) 逐步求精:项目前期定义的任务可能需要随项目的进展而再次细化分解。

表 3.19 给出了一个任务的示例。

表 3.19　软件低层需求编制任务示例

任务 ID	TASK-0111
任务名称	软件低层需求编制任务 003
任务说明	编写四余度表决与监控模块的软件低层需求
执行者	赵云
输入	HLR-X0001,HLR-X0002,…,HLR-X00XX
输出	LLR-X0001,LLR-X0002,LLR-X0003,…,LLR-X0XXX
计划开始日期	2011 年 8 月 1 日
计划完成日期	2011 年 8 月 5 日
实际开始日期	2011 年 8 月 3 日
实际完成日期	2011 年 8 月 7 日
任务状态	已完成
任务其他属性	(略)

3.2.5　活动的独立性要求

按照 DO-178B 的适航要求,只有两类活动有独立性的要求,也即软件验证活动和软件质量保证活动。软件级别越高,独立性要求也就越高。在本节中,我们将按照 DO-178B 标准对 A 级软件的独立性要求,分别在 3.2.5.1 节和 3.2.5.2 节给出软件验证活动和软件质量保证活动的独立性关系。

3.2.5.1 软件验证活动的独立性(见表3.20)

表3.20 软件验证活动的独立性

阶段	活动	独立于
PH-04 软件需求阶段	SR-06 核查软件需求数据	SR-01 确定高层需求的层次结构 SR-02 开发高层需求(条目化数据元) SR-03 开发其他软件需求数据(非条目化数据元) SR-04 建立高层需求与系统需求的追踪关系
PH-05 软件设计阶段	SD-07 核查软件设计说明	SD-01 开发软件架构(非条目化数据元) SD-02 确定低层需求的层次结构 SD-03 开发低层需求(条目化数据元) SD-04 开发其他软件设计说明(非条目化数据元) SD-05 建立低层需求与高层需求的追踪关系
PH-06 软件编码阶段	SC-03 核查源代码	SC-01 开发源代码 SC-02 建立源代码与低层需求的追踪关系
PH-08 高层需求测试用例设计阶段	STCPH-01 开发测试用例 STCPH-02 建立测试用例与高层需求的追踪关系 STCPH-05 开发测试规程 STCPH-06 建立测试规程与测试用例的追踪关系	SR-01 确定高层需求的层次结构 SR-02 开发高层需求(条目化数据元) SR-03 开发其他软件需求数据(非条目化数据元) SR-04 建立高层需求与系统需求的追踪关系
	STCPH-03 核查测试用例 STCPH-04 分析基于高层需求的测试覆盖 STCPH-07 核查测试规程	STCPH-01 开发测试用例 STCPH-02 建立测试用例与高层需求的追踪关系 STCPH-05 开发测试规程 STCPH-06 建立测试规程与测试用例的追踪关系
PH-09 低层需求测试用例设计阶段	STCPL-01 开发测试用例 STCPL-02 建立测试用例与低层需求的追踪关系 STCPL-05 开发测试规程 STCPL-06 建立测试规程与测试用例的追踪关系	SD-01 开发软件架构 SD-02 确定低层需求的层次结构 SD-03 开发低层需求(条目化数据元) SD-04 开发其他软件设计说明(非条目化数据元) SD-05 建立低层需求与高层需求的追踪关系
	STCPL-03 核查测试用例 STCPL-04 分析基于低层需求的测试覆盖 STCPL-07 核查测试规程	STCPL-01 开发测试用例 STCPL-02 建立测试用例与低层需求的追踪关系 STCPL-05 开发测试规程 STCPL-06 建立测试规程与测试用例的追踪关系

（续表）

阶段	活动	独立于
PH-10 集成与测试阶段	SIT-04 核查集成过程输出	SIT-01 编译源代码 SIT-02 进行软件集成 SIT-03 进行硬件/软件集成
	SIT-05 测试执行 SIT-11 测试见证执行 SIT-07 分析结构覆盖 SIT-08 分析数据耦合和控制耦合 SIT-09 分析源代码与目标代码的追踪 SIT-10 核查测试结果	SR-01 确定高层需求的层次结构 SR-02 开发高层需求（条目化数据元） SR-03 开发其他软件需求数据（非条目化数据元） SR-04 建立高层需求与系统需求的追踪关系 SD-01 开发软件架构 SD 02 确定低层需求的层次结构 SD-03 开发低层需求（条目化数据元） SD-04 开发其他软件设计说明（非条目化数据元） SD-05 建立低层需求与高层需求的追踪关系 SC-01 开发源代码 SC-02 建立源代码与低层需求的追踪关系
PH-12 软件总结阶段	SIS-04 核查软件生命周期环境配置索引 SIS-05 核查软件配置索引	SIS-01 完成软件生命周期环境配置索引 SIS-02 完成软件配置索引
	SIS-06 核查软件完成综述	SIS-03 编制软件完成综述
CCR 变更控制与变更评审	CCR-06 变更后的验证	CCR-04 变更的开发实施

3.2.5.2 软件质量保证活动的独立性（见表3.21）

表3.21 活动的独立性要求

阶段	活动	独立于
PH-02 软件计划阶段	SP-10 编制软件质量保证计划	其他所有的非软件质量保证类活动
PH-12 软件总结阶段	SIS-17 进行软件符合性评审	
各阶段	SP-41 软件计划阶段的软件质量保证 SR-16 软件需求阶段的软件质量保证 SD-17 软件设计阶段的软件质量保证 SC-12 软件编码阶段的软件质量保证 STCPH-17 高层需求测试用例设计阶段的软件质量保证 SIT-22 集成与测试阶段的软件质量保证 SIS-18 软件总结阶段的软件质量保证	
PPR 过程问题报告	PPR-01 提出过程问题 PPR-04 验证过程问题	

3.3 角色

3.3.1 角色

与其他领域的软件研制相比,机载软件研制中的角色设置既有普遍性,也有特殊性。机载软件研制需要设置承担项目管理、软件开发、软件验证、质量保证、配置管理等职责的角色,这些角色具有普遍性,即各个领域的软件项目都需要这些角色。机载软件由于适航的强制性,还需要配备审定联络人员,这是民用航空机载软件的特殊性。

表 3.22 是机载软件研制流程最佳实践建议的角色列表。图 3.19 给出了这些角色的组织架构。

表 3.22 角色列表

角色编号、名称	角色编号、名称
R-01 项目软件负责人	R-09 软件配置管理负责人
R-02 软件审定联络负责人	R-10 软件配置管理人员
R-03 软件开发负责人	R-11 软件质量保证负责人
R-04 软件需求人员	R-12 软件质量保证人员
R-05 软件设计人员	R-13 项目管理团队
R-06 软件编码人员	R-14 软件配置管理委员会(SCCB)
R-07 软件验证负责人	R-15 项目成员
R-08 软件验证人员	

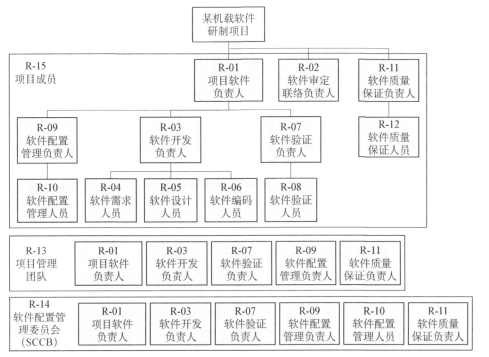

图 3.19 角色及其层次关系和包含关系

我们在第 2.2.4.1 节已经讲到,角色组织结构中的上下级关系不同于角色的组成关系。在本最佳实践中,我们定义上述角色的组成关系如下:

(1) R-13 项目管理团队是 R-01 项目软件负责人、R-03 软件开发负责人、R-07 软件验证负责人,R-09 软件配置管理负责人,R-11 软件质量保证负责人的子角色,即:

    a. R_C(R-13 项目管理团队,R-01 项目软件负责人)

    b. R_C(R-13 项目管理团队,R-03 软件开发负责人)

    c. R_C(R-13 项目管理团队,R-07 软件验证负责人)

    d. R_C(R-13 项目管理团队,R-09 软件配置管理负责人)

    e. R_C(R-13 项目管理团队,R-11 软件质量保证负责人)

(2) R-14 软件配置管理委员会(SCCB)是 R-01 项目软件负责人、R-03 软件开发负责人、R-07 软件验证负责人、R-09 软件配置管理负责人,R-10 软件配置管理人员,R-11 软件质量保证负责人的子角色,即:

    a. R_C(R-14 软件配置管理委员会(SCCB),R-01 项目软件负责人)

    b. R_C(R-14 软件配置管理委员会(SCCB),R-03 软件开发负责人)

    c. R_C(R-14 软件配置管理委员会(SCCB),R-07 软件验证负责人)

    d. R_C(R-14 软件配置管理委员会(SCCB),R-09 软件配置管理负责人)

    e. R_C(R-14 软件配置管理委员会(SCCB),R-10 软件配置管理人员)

    f. R_C(R-14 软件配置管理委员会(SCCB),R-11 软件质量保证负责人)

(3) R-15 项目成员是其他所有角色的子角色

对于上述角色组成关系,需要注意的是,我们可能会认为"R-13 项目管理团队角色包括有 R-01 项目软件负责人、R-03 软件开发负责人、R-07 软件验证负责人,R-09 软件配置管理负责人,R-11 软件质量保证负责人等角色,所以 R-13 项目管理团队拥有这些角色的权限",这种理解是错误的。恰恰相反,父角色将拥有子角色的权限,即"R-01 项目软件负责人、R-03 软件开发负责人、R-07 软件验证负责人,R-09 软件配置管理负责人,R-11 软件质量保证负责人等角色,都将拥有 R-13 项目管理团队角色的权限"。

事实上,我们是对各位负责人角色拥有的共同权限进行了"提取",从而抽象出了"R-13 项目管理团队",将这些负责人角色应该共同拥有的权限分配给"R-13 项目管理团队"。

类似的,我们对所有角色都应该拥有的共同权限进行了"提取",分配给了"R-15 项目成员"角色。

3.3.2 权限

权限是角色对活动的实施关系。根据 3.2.2 章节中定义的活动,参照 3.3.1 章节中定义的角色及其职责,流程最佳实践建议的权限配置如表 3.23 所示。

表 3.23　角色实施活动的关系

角　　色	阶　　段	活　　动
R-01　项目软件 负责人	PH-01　项目立项阶段	PI-01　规划项目立项进度 PI-02　获取分配到软件的系统需求
	PH-02　软件计划阶段	SP-03　确定项目的软件生命周期 SP-04　制定项目进度计划 SP-05　编制项目管理计划 SP-14　协调各软件计划
	PH-04　软件需求阶段	SR-05　向系统生命周期提交派生的高层 需求
	PH-05　软件设计阶段	SD-06　向系统生命周期提交派生的低层 需求
	PH-12　软件总结阶段	SIS-03　编制软件完成综述
	DPR　数据问题报告	DPR-02　讨论并审批数据问题
	CCR　变更控制与变更评审	CCR-03　安全性评估反馈
R-02　软件审定 联络负责人	PH-02　软件计划阶段	SP-06　编制软件合格审定计划
	SOI　审查	SOI-03　与审定机构协调 SOI-04　提交数据
R-03　软件开发 负责人	PH-02　软件计划阶段	SP-07　编制软件开发计划 SP-11　编制软件需求标准 SP-12　编制软件设计标准 SP-13　编制软件编码标准
	PH-04　软件需求阶段	SR-01　确定高层需求的层次结构
	PH-05　软件设计阶段	SD-01　开发软件架构(非条目化数据元) SD-02　确定低层需求的层次结构
R-04　软件需求 人员	PH-02　软件计划阶段	SP-07　编制软件开发计划 SP-11　编制软件需求标准
	PH-04　软件需求阶段	SR-01　确定高层需求的层次结构 SR-02　开发高层需求(条目化数据元) SR-03　开发其他软件需求数据(非条目 化数据元) SR-04　建立高层需求与系统需求的追踪 关系

（续表）

角　色	阶　段	活　动
R-05　软件设计人员	PH-02　软件计划阶段	SP-07　编制软件开发计划 SP-12　编制软件设计标准
	PH-05　软件设计阶段	SD-01　开发软件架构(非条目化数据元) SD-02　确定低层需求的层次结构 SD-03　开发低层需求(条目化数据元) SD-04　开发其他软件设计说明(非条目化数据元) SD-05　建立低层需求与高层需求的追踪关系
R-06　软件编码人员	PH-02　软件计划阶段	SP-07　编制软件开发计划 SP-13　编制软件编码标准
	PH-06　软件编码阶段	SC-01　开发源代码 SC-02　建立源代码与低层需求的追踪关系
	PH-10　集成与测试阶段	SIT-01　编译源代码 SIT-02　进行软件集成 SIT-03　进行硬件/软件集成
R-07　软件验证负责人	PH-02　软件计划阶段	SP-08　编制软件验证计划
	PH-08　高层需求测试用例设计阶段	STCPH-03　核查测试用例 STCPH-04　分析基于高层需求的测试覆盖 STCPH-07　核查测试规程
	PH-09　低层需求测试用例设计阶段	STCPL-03　核查测试用例 STCPL-04　分析基于低层需求的测试覆盖 STCPL-07　核查测试规程
	PH-10　集成与测试阶段	SIT-07　分析结构覆盖 SIT-08　分析数据耦合和控制耦合 SIT-09　分析源代码与目标代码的追踪 SIT-10　核查测试结果
	PH-12　软件总结阶段	SIS-06　核查软件完成综述
R-08　软件验证人员	PH-02　软件计划阶段	SP-08　编制软件验证计划
	PH-04　软件需求阶段	SR-06　核查软件需求数据
	PH-05　软件设计阶段	SD-07　核查软件设计说明
	PH-06　软件编码阶段	SC-03　核查源代码

（续表）

角　色	阶　段	活　动
	PH-08　高层需求测试用例设计阶段	STCPH-01　开发测试用例 STCPH-02　建立测试用例与高层需求的追踪关系 STCPH-05　开发测试规程 STCPH-06　建立测试规程与测试用例的追踪关系
	PH-09　低层需求测试用例设计阶段	STCPL-01　开发测试用例 STCPL-02　建立测试用例与低层需求的追踪关系 STCPL-05　开发测试规程 STCPL-06　建立测试规程与测试用例的追踪关系
	PH-10　集成与测试阶段	SIT-04　核查集成过程输出 SIT-05　测试执行 SIT-06　建立测试结果与测试规程的追踪 SIT-07　分析结构覆盖 SIT-08　分析数据耦合和控制耦合 SIT-09　分析源代码与目标代码的追踪 SIT-10　核查测试结果 SIT-11　测试见证执行
	PH-12　软件总结阶段	SIS-04　核查软件生命周期环境配置索引 SIS-05　核查软件配置索引
	CCR　变更控制与变更评审	CCR-06　变更后的验证
R-09　软件配置管理负责人 R-10　软件配置管理人员	PH-02　软件计划阶段	SP-09　编制软件配置管理计划 SP-34　软件计划阶段的配置项标识 SP-38　软件计划阶段的配置状态纪实 SP-39　软件计划阶段的归档、检索和发布 SP-40　软件计划阶段的软件生命周期环境控制
	PH-04　软件需求阶段	SR-09　软件需求阶段的配置项标识 SR-13　软件需求阶段的配置状态纪实 SR-14　软件需求阶段的归档、检索和发布 SR-15　软件需求阶段的软件生命周期环境控制
	PH-05　软件设计阶段	SD-10　软件设计阶段的配置项标识 SD-14　软件设计阶段的配置状态纪实 SD-15　软件设计阶段的归档、检索和发布 SD-16　软件设计阶段的软件生命周期环境控制

(续表)

角　色	阶　段	活　动
	PH-06　软件编码阶段	SC-05　软件编码阶段的配置项标识 SC-09　软件编码阶段的配置状态纪实 SC-10　软件编码阶段的归档、检索和发布 SC-11　软件编码阶段的软件生命周期环境控制
	PH-08　高层需求测试用例设计阶段	STCPH-10　高层需求测试用例设计阶段的配置项标识 STCPH-14　高层需求测试用例设计阶段的配置状态纪实 STCPH-15　高层需求测试用例设计阶段的归档、检索和发布 STCPH-16　高层需求测试用例设计阶段的软件生命周期环境控制
	PH-09　低层需求测试用例设计阶段	STCPL-10　低层需求测试用例设计阶段的配置项标识 STCPL-14　低层需求测试用例设计阶段的配置状态纪实 STCPL-15　低层需求测试用例设计阶段的归档、检索和发布 STCPL-16　低层需求测试用例设计阶段的软件生命周期环境控制
	PH-10　集成与测试阶段	SIT-14　集成与测试阶段的配置项标识 SIT-18　集成与测试阶段的配置状态纪实 SIT-19　集成与测试阶段的归档、检索和发布 SIT-20　集成与测试阶段的加载控制 SIT-21　集成与测试阶段的软件生命周期环境控制
	PH-12　软件总结阶段	SIS-01　完成软件生命周期环境配置索引 SIS-02　完成软件配置索引 SIS-11　软件总结阶段的配置项标识 SIS-15　软件总结阶段的配置状态纪实 SIS-16　软件总结阶段的归档、检索和发布
	BE　基线建立	BE-03　构建基线
	CCR　变更控制与变更评审	CCR-05　变更的配置实施
R-11　软件质量保证负责人 R-12　软件质量保证人员	PH-02　软件计划阶段	SP-10　编制软件质量保证计划 SP-41　软件计划阶段的软件质量保证
	PH-04　软件需求阶段	SR-16　软件需求阶段的软件质量保证
	PH-05　软件设计阶段	SD-17　软件设计阶段的软件质量保证

（续表）

角　色	阶　段	活　动
	PH-06　软件编码阶段	SC-12　软件编码阶段的软件质量保证
	PH-08　高层需求测试用例设计阶段	STCPH-17　高层需求测试用例设计阶段的软件质量保证
	PH-09　低层需求测试用例设计阶段	STCPL-17　低层需求测试用例设计阶段的软件质量保证
	PH-10　集成与测试阶段	SIT-22　集成与测试阶段的软件质量保证
	PH-12　软件总结阶段	SIS-17　进行软件符合性评审 SIS-18　软件总结阶段的软件质量保证
	PPR　过程问题报告	PPR-01　提出过程问题 PPR-02　讨论过程问题 PPR-04　验证过程问题
R-13　项目管理团队	PH-02　软件计划阶段	SP-01　估算项目规模 SP-02　估算项目工作量 SP-15　核查项目管理计划 SP-16　核查软件合格审定计划 SP-17　核查软件开发计划 SP-18　核查软件验证计划 SP-19　核查软件配置管理计划 SP-20　核查软件质量保证计划 SP-21　核查软件需求标准 SP-22　核查软件设计标准 SP-23　核查软件编码标准
	BE　基线建立	BE-01　申请基线
R-14　软件配置管理委员会(SCCB)	CCR　变更控制与变更评审	CCR-02　变更评审
	BE　基线建立	BE-02　审批基线
R-15　项目成员	PH-02　软件计划阶段	SP-24　评审项目管理计划 SP-25　评审软件合格审定计划 SP-26　评审软件开发计划 SP-27　评审软件验证计划 SP-28　评审软件配置管理计划 SP-29　评审软件质量保证计划 SP-30　评审软件需求标准 SP-31　评审软件设计标准 SP-32　评审软件编码标准
	PH-04　软件需求阶段	SR-07　评审软件需求数据
	PH-05　软件设计阶段	SD-08　评审软件设计说明

(续表)

角　色	阶　段	活　动
	PH-08 高层需求测试用例设计阶段	STCPH-08 评审测试用例和测试规程
	PH-09 低层需求测试用例设计阶段	STCPL-08 评审测试用例和测试规程
	PH-10 集成与测试阶段	SIT-12 评审测试结果
	PH-12 软件总结阶段	SIS-07 评审软件生命周期环境配置索引 SIS-08 评审软件配置索引 SIS-09 评审软件完成综述
	PPR 过程问题报告	PPR-02 讨论过程问题
	DPR 数据问题报告	DPR-01 提出数据问题
	CCR 变更控制与变更评审	CCR-01 变更申请 CCR-04 变更的开发实施
	SOI 审查	SOI-02 内部准备 SOI-05 参与审查

如上述,父角色将拥有子角色的权限,而某些角色如 R-01 项目软件负责人有着多个子角色(R-13 项目管理团队、R-14 软件配置管理委员会(SCCB)、R-15 项目成员),因此,R-01 项目软件负责人除了可以实施下表中分配给其的活动外,还可以实施分配给 R-13 项目管理团队、R-14 软件配置管理委员会(SCCB)、R-15 项目成员角色的活动。

因此,为了表示简便起见,表 3.23 只给出了每个角色直接具有的权限,而略去了其所有子角色的权限。

3.3.3　角色互斥要求

根据表 3.21 定义的活动独立性要求,和表 3.23 定义的权限,可以推导出表 3.24 的角色互斥要求:

表 3.24　角色互斥要求

角　色	与以下角色互斥
R-11 软件质量保证负责人 R-12 软件质量保证人员	其他角色
R-07 软件验证负责人	R-08 软件验证人员 R-03 软件开发负责人 R-04 软件需求人员 R-05 软件设计人员 R-06 软件编码人员

（续表）

角　　色	与以下角色互斥
R－08　软件验证人员	R－07　软件验证负责人 R－03　软件开发负责人 R－04　软件需求人员 R－05　软件设计人员 R－06　软件编码人员

从图 3.19 各个角色的组织结构可以看出，表 3.24 的角色互斥关系是可以得到满足的。

3.4　数据

软件生命周期数据的内容非常庞大，数据的组成关系则更是复杂，我们在本书中不能全部穷举。因此，在本章中我们只抽取了比较重要且有代表性的部分内容。

3.4.1　数据元

数据元是具有独立语义的最小数据单位，在最佳实践流程中，数据元可分为条目化数据元与非条目化数据元。

（1）条目化数据元是指语义描述的条数超过一个以上的数据元。例如，在说明控制显示器的周边键功能需求时，我们可把周边键的功能需求定义为数据元，但同一个周边键在不同页面上的功能可能是不同的，必须分条说明。这样就形成了条目化数据元。

（2）非条目化数据元是指只有单条语义描述的数据元。

为了在研制过程中精细地管理条目化数据元，可对条目化数据元定义若干属性，以体现条目化数据元的状态、特性等。这样可以用表格来展示条目化数据元及其属性，如表 3.25 所示，其中"状态"、"优先级"是条目化数据元的属性。

表 3.25　条目化数据元及其属性示例

标识	名　　称	描　　述	状态	优先级
HLR－1	主页面左边键 1 功能	按压左边键 1 应进入系统配置数据加载页面	已批准	关键
HLR－2	主页面右边键 1 功能	按压右边键 1 应进入软件版本信息页面	已批准	一般

为了在研制过程中更有效地管理非条目化数据元，我们可以采用树形层次结构。图 3.20 给出了非条目化数据元的示例。

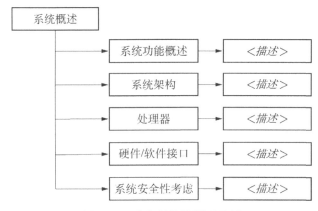

图 3.20　非条目化数据元示例

限于篇幅,恕不在本书中详细列举数据元的内容。

3.4.2　数据项

为了叙述上的方便,我们常常把性质相近、从属于某一个过程的输入或者输出的数据元组合在一起,形成一个更粗粒度的数据,称之为数据项。

DO-178B 列举了 20 种数据项,DO-178C 在此基础上增加了 2 个新的数据项。在本书的最佳实践流程中,我们参考了 DO-178B/C 的数据项,但根据活动的配置相应地做了调整,并识别了更多的数据项,见表 3.26:

表 3.26　数据项列表

数据项编号、名称	数据项编号、名称
D-01　项目进度计划	D-17　问题报告
D-02　分配到软件的系统需求	D-18　评审检查单
D-03　软件等级	D-19　评审报告
D-04　项目估算数据	D-20　软件配置索引
D-05　项目软件生命周期	D-21　基线
D-06　项目管理计划	D-22　变更请求
D-07　软件合格审定计划	D-23　软件配置状态报告
D-08　软件开发计划	D-24　软件配置管理记录
D-09　软件验证计划	D-25　软件生命周期环境配置索引
D-10　软件配置管理计划	D-26　软件质量保证记录
D-11　软件质量保证计划	D-27　高层需求层次结构
D-12　软件需求标准	D-28　高层需求(条目化)
D-13　软件设计标准	D-29　软件需求数据(非条目化)
D-14　软件编码标准	D-30　高层需求与系统需求的追踪数据
D-15　核查检查单	D-31　软件架构(非条目化)
D-16　核查记录	D-32　低层需求层次结构

（续表）

数据项编号、名称	数据项编号、名称
D-33 低层需求(条目化)	D-45 软件生命周期环境
D-34 软件设计说明(非条目化)	D-46 目标代码
D-35 低层需求与高层需求的追踪数据	D-47 可执行目标代码
D-36 源代码	D-48 编译、链接、加载日志
D-37 源代码与低层需求的追踪数据	D-49 测试结果
D-38 测试用例	D-50 测试结果与测试规程的追踪数据
D-39 测试用例与高层需求的追踪数据	D-51 测试结构覆盖数据
D-40 测试用例与低层需求的追踪数据	D-52 目标代码与源代码的追踪分析数据
D-41 高层需求测试覆盖数据	D-53 加载控制记录
D-42 低层需求测试覆盖数据	D-54 软件完成综述
D-43 测试规程	D-55 软件符合性评审报告
D-44 测试规程与测试用例的追踪数据	

3.4.3 配置项

在软件研制实践中，为了实现有效的软件配置管理，常常把需要集中和统一管理的数据元进行组合，称之为配置项。

在目前中国航空工业的绝大多数软件研制单位，都是基于文档的工作模式，活动的输入输出都以文档为主。因此，配置管理也通常是以文档为粒度进行的。但是，在本书中提出的最佳实践里，有如下明显的特点：

（1）软件研制流程的工作核心是数据元，任务分配是数据元为粒度进行的。这样可以大幅度地提高项目成员的开发工作程度；

（2）把数据元按照一定的准则进行组合成为数据项，活动的输入输出是以数据项为粒度来定义的。

基于数据元的工作方式有许多好处，我们将在4.7.2节详细阐述。简而言之，在本书提出的最佳实践中，数据元覆盖了软件生命周期数据的全集，文档则是数据元的一种合理的、便于评审或展示的组织方式和表现形式；使用数据元的概念有助于工作的高效开展，使用文档则更有助于检查数据元之间内在一致性；一个文档由多个数据元组成，一个数据元也可能重复出现在多个文档中。由于在实际软件实践中这两者都具有其存在的意义和价值，我们在本书建议的最佳实践要同时管理数据元和文档这两类配置项。

限于篇幅关系，我们在本节中略去了配置项的具体定义，但是这完全不影响本书的完整性，有兴趣的读者可以参考本书第5.4节的《软件配置管理计划（样本）》和第5.6节《软件合格审定计划（样本）》。

3.5 活动的输入输出关系

本节以下表格详细说明了软件研制活动的输入输出关系。

3.5.1　项目立项阶段活动的输入输出关系

项目立项阶段活动的输入输出关系如表 3.27 所示。

表 3.27　项目立项阶段活动的输入输出关系

活动编号、名称	输入数据	输出数据
PI-01　规划项目立项进度 PI-02　获取分配到软件的系统需求 PI-03　建立项目立项阶段基线	 进入该基线的配置项	D-01　项目进度计划 D-02　分配到软件的系统需求 D-03　软件等级 D-21　基线 D-24　软件配置管理记录 D-20　软件配置索引

3.5.2　软件计划阶段活动的输入输出关系

软件计划阶段活动的输入输出关系如表 3.28 所示。

表 3.28　软件计划阶段活动的输入输出关系

活动编号、名称	输入数据	输出数据
SP-01　估算项目规模	D-02　分配到软件的系统需求 D-03　软件等级	D-04　项目估算数据
SP-02　估算项目工作量	D-02　分配到软件的系统需求 D-03　软件等级	D-04　项目估算数据
SP-03　确定项目的软件生命周期	D-02　分配到软件的系统需求 D-03　软件等级 D-04　项目估算数据	D-05　项目软件生命周期
SP-04　制定项目进度计划	D-04　项目估算数据 D-05　项目软件生命周期	D-01　项目进度计划
SP-05　编制项目管理计划	D-01　项目进度计划 D-02　分配到软件的系统需求 D-03　软件等级 D-04　项目估算数据 D-05　项目软件生命周期	D-06　项目管理计划
SP-06　编制软件合格审定计划	D-01　项目进度计划 D-02　分配到软件的系统需求 D-03　软件等级	D-07　软件合格审定计划
SP-07　编制软件开发计划	D-01　项目进度计划 D-02　分配到软件的系统需求 D-03　软件等级	D-08　软件开发计划

（续表）

活动编号、名称	输入数据	输出数据
SP‐08 编制软件验证计划	D‐01 项目进度计划 D‐02 分配到软件的系统需求 D‐03 软件等级	D‐09 软件验证计划
SP‐09 编制软件配置管理计划	D‐01 项目进度计划 D‐02 分配到软件的系统需求 D‐03 软件等级	D‐10 软件配置管理计划
SP‐10 编制软件质量保证计划	D‐01 项目进度计划 D‐02 分配到软件的系统需求 D‐03 软件等级	D‐11 软件质量保证计划
SP‐11 编制软件需求标准	D‐02 分配到软件的系统需求 D‐03 软件等级	D‐12 软件需求标准
SP‐12 编制软件设计标准	D‐02 分配到软件的系统需求 D‐03 软件等级	D‐13 软件设计标准
SP‐13 编制软件编码标准	D‐02 分配到软件的系统需求 D‐03 软件等级	D‐14 软件编码标准
SP‐14 协调各软件计划	D‐06 项目管理计划 D‐07 软件合格审定计划 D‐08 软件开发计划 D‐09 软件验证计划 D‐10 软件配置管理计划 D‐11 软件质量保证计划	D‐06 项目管理计划 D‐07 软件合格审定计划 D‐08 软件开发计划 D‐09 软件验证计划 D‐10 软件配置管理计划 D‐11 软件质量保证计划
SP‐15 核查项目管理计划	D‐09 软件验证计划 D‐01 项目进度计划 D‐02 分配到软件的系统需求 D‐03 软件等级 D‐04 项目估算数据 D‐05 项目软件生命周期 D‐06 项目管理计划 D‐15 核查检查单	D‐16 核查记录 D‐17 问题报告
SP‐16 核查软件合格审定计划	D‐09 软件验证计划 D‐01 项目进度计划 D‐02 分配到软件的系统需求 D‐03 软件等级 D‐07 软件合格审定计划 D‐15 核查检查单	D‐16 核查记录 D‐17 问题报告

活动编号、名称	输入数据	输出数据
SP-17　核查软件开发计划	D-09　软件验证计划 D-01　项目进度计划 D-02　分配到软件的系统需求 D-03　软件等级 D-08　软件开发计划 D-15　核查检查单	D-16　核查记录 D-17　问题报告
SP-18　核查软件验证计划	D-01　项目进度计划 D-02　分配到软件的系统需求 D-03　软件等级 D-09　软件验证计划 D-15　核查检查单	D-16　核查记录 D-17　问题报告
SP-19　核查软件配置管理计划	D-09　软件验证计划 D-01　项目进度计划 D-02　分配到软件的系统需求 D-03　软件等级 D-10　软件配置管理计划 D-15　核查检查单	D-16　核查记录 D-17　问题报告
SP-20　核查软件质量保证计划	D-09　软件验证计划 D-01　项目进度计划 D-02　分配到软件的系统需求 D-03　软件等级 D-11　软件质量保证计划 D-15　核查检查单	D-16　核查记录 D-17　问题报告
SP-21　核查软件需求标准	D-09　软件验证计划 D-02　分配到软件的系统需求 D-03　软件等级 D-12　软件需求标准 D-15　核查检查单	D-16　核查记录 D-17　问题报告
SP-22　核查软件设计标准	D-09　软件验证计划 D-02　分配到软件的系统需求 D-03　软件等级 D-13　软件设计标准 D-15　核查检查单	D-16　核查记录 D-17　问题报告
SP-23　核查软件编码标准	D-09　软件验证计划 D-02　分配到软件的系统需求 D-03　软件等级 D-14　软件编码标准 D-15　核查检查单	D-16　核查记录 D-17　问题报告

活动编号、名称	输入数据	输出数据
SP-24 评审项目管理计划	D-09 软件验证计划 D-01 项目进度计划 D-02 分配到软件的系统需求 D-03 软件等级 D-04 项目估算数据 D-05 项目软件生命周期 D-06 项目管理计划 D-18 评审检查单	D-19 评审报告 D-17 问题报告
SP-25 评审软件合格审定计划	D-09 软件验证计划 D-01 项目进度计划 D-02 分配到软件的系统需求 D-03 软件等级 D-07 软件合格审定计划 D-18 评审检查单	D-19 评审报告 D-17 问题报告
SP-26 评审软件开发计划	D-09 软件验证计划 D-01 项目进度计划 D-02 分配到软件的系统需求 D-03 软件等级 D-08 软件开发计划 D-18 评审检查单	D-19 评审报告 D-17 问题报告
SP-27 评审软件验证计划	D-01 项目进度计划 D-02 分配到软件的系统需求 D-03 软件等级 D-09 软件验证计划 D-18 评审检查单	D-19 评审报告 D-17 问题报告
SP-28 评审软件配置管理计划	D-09 软件验证计划 D-01 项目进度计划 D-02 分配到软件的系统需求 D-03 软件等级 D-10 软件配置管理计划 D-18 评审检查单	D-19 评审报告 D-17 问题报告
SP-29 评审软件质量保证计划	D-09 软件验证计划 D-01 项目进度计划 D-02 分配到软件的系统需求 D-03 软件等级 D-11 软件质量保证计划 D-18 评审检查单	D-19 评审报告 D-17 问题报告
SP-30 评审软件需求标准	D-09 软件验证计划 D-02 分配到软件的系统需求 D-03 软件等级 D-12 软件需求标准 D-18 评审检查单	D-19 评审报告 D-17 问题报告

（续表）

活动编号、名称	输入数据	输出数据
SP-31　评审软件设计标准	D-09　软件验证计划 D-02　分配到软件的系统需求 D-03　软件等级 D-13　软件设计标准 D-18　评审检查单	D-19　评审报告 D-17　问题报告
SP-32　评审软件编码标准	D-09　软件验证计划 D-02　分配到软件的系统需求 D-03　软件等级 D-14　软件编码标准 D-18　评审检查单	D-19　评审报告 D-17　问题报告
SP-33　建立软件计划阶段基线	D-10　软件配置管理计划进入该基线的配置项	D-21　基线 D-24　软件配置管理记录 D-20　软件配置索引
SP-34　软件计划阶段的配置项标识	D-10　软件配置管理计划	D-24　软件配置管理记录
SP-35　建立软件计划阶段工作产品基线	D-10　软件配置管理计划进入该基线的配置项	D-21　基线 D-24　软件配置管理记录 D-20　软件配置索引
SP-36　软件计划阶段的问题报告	D-10　软件配置管理计划	D-17　问题报告
SP-37　软件计划阶段的变更控制及变更评审	D-10　软件配置管理计划	D-22　变更请求
SP-38　软件计划阶段的配置状态纪实	D-10　软件配置管理计划 D-24　软件配置管理记录 D-21　基线 D-17　问题报告 D-22　变更请求	D-23　软件配置状态报告
SP-39　软件计划阶段的归档、检索和发布	D-10　软件配置管理计划	D-24　软件配置管理记录
SP-40　软件计划阶段的软件生命周期环境控制	D-10　软件配置管理计划 D-45　软件生命周期环境	D-25　软件生命周期环境配置索引 D-24　软件配置管理记录
SP-41　软件计划阶段的软件质量保证	D-11　软件质量保证计划	D-26　软件质量保证记录

3.5.3 软件需求阶段活动的输入输出关系

软件需求阶段活动的输入输出关系如表 3.29 所示。

表 3.29 软件需求阶段活动的输入输出关系

活动编号、名称	输入数据	输出数据
SR-01 确定高层需求的层次结构	D-08 软件开发计划 D-02 分配到软件的系统需求	D-27 高层需求层次结构
SR-02 开发高层需求(条目化数据元)	D-08 软件开发计划 D-02 分配到软件的系统需求 D-12 软件需求标准	D-28 高层需求(条目化)
SR-03 开发其它软件需求数据(非条目化数据元)	D-08 软件开发计划 D-02 分配到软件的系统需求 D-12 软件需求标准	D-29 软件需求数据(非条目化)
SR-04 建立高层需求与系统需求的追踪关系	D-08 软件开发计划 D-02 分配到软件的系统需求 D-28 高层需求(条目化)	D-30 高层需求与系统需求的追踪数据
SR-05 向系统生命周期提交派生的高层需求	D-28 高层需求(条目化) D-30 高层需求与系统需求的追踪数据	
SR-06 核查软件需求数据	D-09 软件验证计划 D-02 分配到软件的系统需求 D-12 软件需求标准 D-28 高层需求(条目化) D-29 软件需求数据(非条目化) D-30 高层需求与系统需求的追踪数据 D-15 核查检查单	D-16 核查记录 D-17 问题报告
SR-07 评审软件需求数据	D-09 软件验证计划 D-02 分配到软件的系统需求 D-12 软件需求标准 D-28 高层需求(条目化) D-29 软件需求数据(非条目化) D-30 高层需求与系统需求的追踪数据 D-18 评审检查单	D-19 评审报告 D-17 问题报告
SR-08 建立软件需求阶段基线	D-10 软件配置管理计划进入该基线的配置项	D-21 基线 D-24 软件配置管理记录 D-20 软件配置索引
SR-09 软件需求阶段的配置项标识	D-10 软件配置管理计划	D-24 软件配置管理记录

（续表）

活动编号、名称	输入数据	输出数据
SR-10 建立软件需求阶段工作产品基线	D-10 软件配置管理计划进入该基线的配置项	D-21 基线 D-24 软件配置管理记录 D-20 软件配置索引
SR-11 软件需求阶段的问题报告	D-10 软件配置管理计划	D-17 问题报告
SR-12 软件需求阶段的变更控制及变更评审	D-10 软件配置管理计划	D-22 变更请求
SR-13 软件需求阶段的配置状态纪实	D-10 软件配置管理计划 D-24 软件配置管理记录 D-21 基线 D-17 问题报告 D-22 变更请求	D-23 软件配置状态报告
SR-14 软件需求阶段的归档、检索和发布	D-10 软件配置管理计划	D-24 软件配置管理记录
SR-15 软件需求阶段的软件生命周期环境控制	D-10 软件配置管理计划 D-45 软件生命周期环境	D-25 软件生命周期环境配置索引 D-24 软件配置管理记录
SR-16 软件需求阶段的软件质量保证	D-11 软件质量保证计划	D-26 软件质量保证记录

3.5.4 软件设计阶段活动的输入输出关系

软件设计阶段活动的输入输出关系如表3.30所示。

表3.30 软件设计阶段活动的输入输出关系

活动编号、名称	输入数据	输出数据
SD-01 开发软件架构（非条目化数据元）	D-08 软件开发计划 D-28 高层需求（条目化） D-29 软件需求数据（非条目化） D-13 软件设计标准	D-31 软件架构（非条目化）
SD-02 确定低层需求的层次结构	D-08 软件开发计划 D-28 高层需求（条目化） D-27 高层需求层次结构	D-32 低层需求层次结构
SD-03 开发低层需求（条目化数据元）	D-08 软件开发计划 D-28 高层需求（条目化） D-29 软件需求数据（非条目化） D-13 软件设计标准	D-33 低层需求（条目化）

（续表）

活动编号、名称	输入数据	输出数据
SD-04 开发其他软件设计说明（非条目化数据元）	D-08 软件开发计划 D-28 高层需求（条目化） D-29 软件需求数据（非条目化） D-13 软件设计标准	D-34 软件设计说明（非条目化）
SD-05 建立低层需求与高层需求的追踪关系	D-08 软件开发计划 D-28 高层需求（条目化） D-33 低层需求（条目化）	D-35 低层需求与高层需求的追踪数据
SD-06 向系统生命周期提交派生的低层需求	D-33 低层需求（条目化） D-35 低层需求与高层需求的追踪数据	
SD-07 核查软件设计说明	D-09 软件验证计划 D-28 高层需求（条目化） D-29 软件需求数据（非条目化） D-13 软件设计标准 D-31 软件架构（非条目化） D-32 低层需求层次结构 D-33 低层需求（条目化） D-34 软件设计说明（非条目化） D-35 低层需求与高层需求的追踪数据 D-15 核查检查单	D-16 核查记录 D-17 问题报告
SD-08 评审软件设计说明	D-09 软件验证计划 D-28 高层需求（条目化） D-29 软件需求数据（非条目化） D-13 软件设计标准 D-31 软件架构（非条目化） D-32 低层需求层次结构 D-33 低层需求（条目化） D-34 软件设计说明（非条目化） D-35 低层需求与高层需求的追踪数据 D-18 评审检查单	D-19 评审报告 D-17 问题报告
SD-09 建立软件设计阶段基线	D-10 软件配置管理计划进入该基线的配置项	D-21 基线 D-24 软件配置管理记录 D-20 软件配置索引
SD-10 软件设计阶段的配置项标识	D-10 软件配置管理计划	D-24 软件配置管理记录
SD-11 建立软件设计阶段工作产品基线	D-10 软件配置管理计划进入该基线的配置项	D-21 基线 D-24 软件配置管理记录 D-20 软件配置索引

（续表）

活动编号、名称	输入数据	输出数据
SD‐12 软件设计阶段的问题报告	D‐10 软件配置管理计划	D‐17 问题报告
SD‐13 软件设计阶段的变更控制及变更评审	D‐10 软件配置管理计划	D‐22 变更请求
SD‐14 软件设计阶段的配置状态纪实	D‐10 软件配置管理计划 D‐24 软件配置管理记录 D‐21 基线 D‐17 问题报告 D‐22 变更请求	D‐23 软件配置状态报告
SD‐15 软件设计阶段的归档、检索和发布	D‐10 软件配置管理计划	D‐24 软件配置管理记录
SD‐16 软件设计阶段的软件生命周期环境控制	D‐10 软件配置管理计划 D‐45 软件生命周期环境	D‐25 软件生命周期环境配置索引 D‐24 软件配置管理记录
SD‐17 软件设计阶段的软件质量保证	D‐11 软件质量保证计划	D‐26 软件质量保证记录

3.5.5 软件编码阶段活动的输入输出关系

软件编码阶段活动的输入输出关系如表 3.31 所示。

表 3.31 软件编码阶段活动的输入输出关系

活动编号、名称	输入数据	输出数据
SC‐01 开发源代码	D‐08 软件开发计划 D‐31 软件架构（非条目化） D‐33 低层需求（条目化） D‐14 软件编码标准	D‐36 源代码
SC‐02 建立源代码与低层需求的追踪关系	D‐08 软件开发计划 D‐36 源代码 D‐33 低层需求（条目化）	D‐37 源代码与低层需求的追踪数据
SC‐03 核查源代码	D‐09 软件验证计划 D‐31 软件架构（非条目化） D‐33 低层需求（条目化） D‐14 软件编码标准 D‐36 源代码 D‐37 源代码与低层需求的追踪数据 D‐15 核查检查单	D‐16 核查记录 D‐17 问题报告

（续表）

活动编号、名称	输入数据	输出数据
SC-04　建立软件编码阶段基线	D-10　软件配置管理计划进入该基线的配置项	D-21　基线 D-24　软件配置管理记录 D-20　软件配置索引
SC-05　软件编码阶段的配置项标识	D-10　软件配置管理计划	D-24　软件配置管理记录
SC-06　建立软件编码阶段工作产品基线	D-10　软件配置管理计划进入该基线的配置项	D-21　基线 D-24　软件配置管理记录 D-20　软件配置索引
SC-07　软件编码阶段的问题报告	D-10　软件配置管理计划	D-17　问题报告
SC-08　软件编码阶段的变更控制及变更评审	D-10　软件配置管理计划	D-22　变更请求
SC-09　软件编码阶段的配置状态纪实	D-10　软件配置管理计划 D-24　软件配置管理记录 D-21　基线 D-17　问题报告 D-22　变更请求	D-23　软件配置状态报告
SC-10　软件编码阶段的归档、检索和发布	D-10　软件配置管理计划	D-24　软件配置管理记录
SC-11　软件编码阶段的软件生命周期环境控制	D-10　软件配置管理计划 D-45　软件生命周期环境	D-25　软件生命周期环境配置索引 D-24　软件配置管理记录
SC-12　软件编码阶段的软件质量保证	D-11　软件质量保证计划	D-26　软件质量保证记录

3.5.6　高层需求测试用例设计阶段活动的输入输出关系

高层需求测试用例设计阶段活动的输入输出关系如表 3.32 所示。

表 3.32　高层需求测试用例设计阶段活动的输入输出关系

活动编号、名称	输入数据	输出数据
STCPH-01　开发测试用例	D-09　软件验证计划 D-28　高层需求（条目化） D-29　软件需求数据（非条目化）	D-38　测试用例
STCPH-02　建立测试用例与高层需求的追踪关系	D-09　软件验证计划 D-38　测试用例 D-28　高层需求（条目化）	D 39　测试用例与高层需求的追踪数据

（续表）

活动编号、名称	输入数据	输出数据
STCPH-03 核查测试用例	D-09 软件验证计划 D-28 高层需求（条目化） D-29 软件需求数据（非条目化） D-38 测试用例 D-39 测试用例与高层需求的追踪数据 D-15 核查检查单	D-16 核查记录 D-17 问题报告
STCPH-04 分析基于高层需求的测试覆盖	D-09 软件验证计划 D-28 高层需求（条目化） D-29 软件需求数据（非条目化） D-38 测试用例 D-39 测试用例与高层需求的追踪数据	D-41 高层需求测试覆盖数据
STCPH-05 开发测试规程	D-09 软件验证计划 D-38 测试用例	D-43 测试规程
STCPH-06 建立测试规程与测试用例的追踪关系	D-09 软件验证计划 D-38 测试用例 D-43 测试规程	D-44 测试规程与测试用例的追踪数据
STCPH-07 核查测试规程	D-09 软件验证计划 D-38 测试用例 D-43 测试规程 D-44 测试规程与测试用例的追踪数据 D-15 核查检查单	D-16 核查记录 D-17 问题报告
STCPH-08 评审测试用例和测试规程	D-09 软件验证计划 D-28 高层需求（条目化） D-29 软件需求数据（非条目化） D-38 测试用例 D-39 测试用例与高层需求的追踪数据 D-41 高层需求测试覆盖数据 D-43 测试规程 D-44 测试规程与测试用例的追踪数据 D-18 评审检查单	D-19 评审报告 D-17 问题报告
STCPH-09 建立高层需求测试用例设计阶段基线	D-10 软件配置管理计划进入该基线的配置项	D-21 基线 D-24 软件配置管理记录 D-20 软件配置索引

（续表）

活动编号、名称	输入数据	输出数据
STCPH-10 高层需求测试用例设计阶段的配置项标识	D-10 软件配置管理计划	D-24 软件配置管理记录
STCPH-11 建立高层需求测试用例设计阶段工作产品基线	D-10 软件配置管理计划进入该基线的配置项	D-21 基线 D-24 软件配置管理记录 D-20 软件配置索引
STCPH-12 高层需求测试用例设计阶段的问题报告	D-10 软件配置管理计划	D-17 问题报告
STCPH-13 高层需求测试用例设计阶段的变更控制及变更评审	D-10 软件配置管理计划	D-22 变更请求
STCPH-14 高层需求测试用例设计阶段的配置状态纪实	D-10 软件配置管理计划 D-24 软件配置管理记录 D-21 基线 D-17 问题报告 D-22 变更请求	D-23 软件配置状态报告
STCPH-15 高层需求测试用例设计阶段的归档、检索和发布	D-10 软件配置管理计划	D-24 软件配置管理记录
STCPH-16 高层需求测试用例设计阶段的软件生命周期环境控制	D-10 软件配置管理计划 D-45 软件生命周期环境	D-25 软件生命周期环境配置索引 D-24 软件配置管理记录
STCPH-17 高层需求测试用例设计阶段的软件质量保证	D-11 软件质量保证计划	D-26 软件质量保证记录

3.5.7 低层需求测试用例设计阶段活动的输入输出关系

低层需求测试用例设计阶段活动的输入输出关系如表 3.33 所示。

表 3.33 低层需求测试用例设计阶段活动的输入输出关系

活动编号、名称	输入数据	输出数据
STCPL-01 开发测试用例	D-09 软件验证计划 D-31 软件架构（非条目化） D-33 低层需求（条目化） D-34 软件设计说明（非条目化）	D-38 测试用例
STCPL-02 建立测试用例与低层需求的追踪关系	D-09 软件验证计划 D-38 测试用例 D-33 低层需求（条目化）	D-40 测试用例与低层需求的追踪数据

（续表）

活动编号、名称	输入数据	输出数据
STCPL-03 核查测试用例	D-09 软件验证计划 D-31 软件架构（非条目化） D-33 低层需求（条目化） D-34 软件设计说明（非条目化） D-38 测试用例 D-40 测试用例与低层需求的追踪数据 D-15 核查检查单	D-16 核查记录 D-17 问题报告
STCPL-04 分析基于低层需求的测试覆盖	D-09 软件验证计划 D-31 软件架构（非条目化） D-33 低层需求（条目化） D-34 软件设计说明（非条目化） D-38 测试用例 D-40 测试用例与低层需求的追踪数据	D-42 低层需求测试覆盖数据
STCPL-05 开发测试规程	D-09 软件验证计划 D-38 测试用例	D-43 测试规程
STCPL-06 建立测试规程与测试用例的追踪关系	D-09 软件验证计划 D-38 测试用例 D-43 测试规程	D-44 测试规程与测试用例的追踪数据
STCPL-07 核查测试规程	D-09 软件验证计划 D-38 测试用例 D-43 测试规程 D-44 测试规程与测试用例的追踪数据 D-15 核查检查单	D-16 核查记录 D-17 问题报告
STCPL-08 评审测试用例和测试规程	D-09 软件验证计划 D-31 软件架构（非条目化） D-33 低层需求（条目化） D-34 软件设计说明（非条目化） D-38 测试用例 D-40 测试用例与低层需求的追踪数据 D-42 低层需求测试覆盖数据 D-43 测试规程 D-44 测试规程与测试用例的追踪数据 D-18 评审检查单	D-19 评审报告 D-17 问题报告
STCPL-09 建立低层需求测试用例设计阶段基线	D-10 软件配置管理计划进入该基线的配置项	D-21 基线 D-24 软件配置管理记录 D-20 软件配置索引

（续表）

活动编号、名称	输入数据	输出数据
STCPL - 10 低层需求测试用例设计阶段的配置项标识	D-10 软件配置管理计划	D-24 软件配置管理记录
STCPL - 11 建立低层需求测试用例设计阶段工作产品基线	D-10 软件配置管理计划进入该基线的配置项	D-21 基线 D-24 软件配置管理记录 D-20 软件配置索引
STCPL - 12 低层需求测试用例设计阶段的问题报告	D-10 软件配置管理计划	D-17 问题报告
STCPL - 13 低层需求测试用例设计阶段的变更控制及变更评审	D-10 软件配置管理计划	D-22 变更请求
STCPL - 14 低层需求测试用例设计阶段的配置状态纪实	D-10 软件配置管理计划 D-24 软件配置管理记录 D-21 基线 D-17 问题报告 D-22 变更请求	D-23 软件配置状态报告
STCPL - 15 低层需求测试用例设计阶段的归档、检索和发布	D-10 软件配置管理计划	D-24 软件配置管理记录
STCPL - 16 低层需求测试用例设计阶段的软件生命周期环境控制	D-10 软件配置管理计划 D-45 软件生命周期环境	D-25 软件生命周期环境配置索引 D-24 软件配置管理记录
STCPL - 17 低层需求测试用例设计阶段的软件质量保证	D-11 软件质量保证计划	D-26 软件质量保证记录

3.5.8 集成与测试阶段活动的输入输出关系

集成与测试阶段活动的输入输出关系如表 3.34 所示。

表 3.34 集成与测试阶段活动的输入输出关系

活动编号、名称	输入数据	输出数据
SIT - 01 编译源代码	D-08 软件开发计划 D-31 软件架构（非条目化） D-36 源代码	D-46 目标代码
SIT - 02 进行软件集成	D-08 软件开发计划 D-31 软件架构（非目化） D-46 目标代码	D-47 可执行目标代码

（续表）

活动编号、名称	输入数据	输出数据
SIT-03　进行硬件/软件集成	D-08　软件开发计划 D-31　软件架构(非条目化) D-47　可执行目标代码	软硬件集成后的测试环境或真实目标机环境 D-48　编译、链接、加载日志 D-53　加载控制记录
SIT-04　核查集成过程输出	D-09　软件验证计划 D-31　软件架构(非条目化) D-48　编译、链接、加载日志 D-15　核查检查单	D-16　核查记录 D-17　问题报告
SIT-05　测试执行	D-09　软件验证计划 D-47　可执行目标代码 D-38　测试用例 D-43　测试规程	D-49　测试结果
SIT-06　建立测试结果与测试规程的追踪	D-09　软件验证计划 D-43　测试规程 D-49　测试结果	D-50　测试结果与测试规程的追踪数据
SIT-07　分析结构覆盖	D-09　软件验证计划 D-38　测试用例 D-43　测试规程 D-36　源代码 D-47　可执行目标代码 D-49　测试结果	D-51　测试结构覆盖数据
SIT-08　分析数据耦合和控制耦合	D-09　软件验证计划 D-38　测试用例 D-43　测试规程 D-36　源代码 D-47　可执行目标代码 D-49　测试结果	D-51　测试结构覆盖数据
SIT-09　分析源代码与目标代码的追踪	D-09　软件验证计划 D-36　源代码 D-46　目标代码	D-52　目标代码与源代码的追踪分析数据
SIT-10　核查测试结果	D-09　软件验证计划 D-47　可执行目标代码 D-38　测试用例 D-43　测试规程 D-49　测试结果 D-50　测试结果与测试规程的追踪数据 D-51　测试结构覆盖数据 D-52　目标代码与源代码的追踪分析数据 D-15　核查检查单	D-16　核查记录 D-17　问题报告

（续表）

活动编号、名称	输入数据	输出数据
SIT-11 测试见证执行	D-09 软件验证计划 D-47 可执行目标代码 D-38 测试用例 D-43 测试规程	D-49 测试结果
SIT-12 评审测试结果	D-09 软件验证计划 D-47 可执行目标代码 D-38 测试用例 D-43 测试规程 D-49 测试结果 D-50 测试结果与测试规程的追踪数据 D-51 测试结构覆盖数据 D-52 目标代码与源代码的追踪分析数据 D-18 评审检查单	D-19 评审报告 D-17 问题报告
SIT-13 建立集成与测试阶段基线	D-10 软件配置管理计划进入该基线的配置项	D-21 基线 D-24 软件配置管理记录 D-20 软件配置索引
SIT-14 集成与测试阶段的配置项标识	D-10 软件配置管理计划	D-24 软件配置管理记录
SIT-15 建立集成与测试阶段工作产品基线	D-10 软件配置管理计划进入该基线的配置项	D-21 基线 D-24 软件配置管理记录 D-20 软件配置索引
SIT-16 集成与测试阶段的问题报告	D-10 软件配置管理计划	D-17 问题报告
SIT-17 集成与测试阶段的变更控制及变更评审	D-10 软件配置管理计划	D-22 变更请求
SIT-18 集成与测试阶段的配置状态纪实	D-10 软件配置管理计划 D-24 软件配置管理记录 D-21 基线 D-17 问题报告 D-22 变更请求	D-23 软件配置状态报告
SIT-19 集成与测试阶段的归档、检索和发布	D-10 软件配置管理计划	D-24 软件配置管理记录
SIT-20 集成与测试阶段的加载控制	D-10 软件配置管理计划	D-24 软件配置管理记录

（续表）

活动编号、名称	输入数据	输出数据
SIT-21　集成与测试阶段的软件生命周期环境控制	D-10　软件配置管理计划 D-45　软件生命周期环境	D-25　软件生命周期环境配置索引 D-24　软件配置管理记录
SIT-22　集成与测试阶段的软件质量保证	D-11　软件质量保证计划	D-26　软件质量保证记录

3.5.9　软件总结阶段活动的输入输出关系

软件总结阶段活动的输入输出关系如表 3.35 所示。

表 3.35　软件总结阶段活动的输入输出关系

活动编号、名称	输入数据	输出数据
SIS-01　完成软件生命周期环境配置索引	D-10　软件配置管理计划 D-45　软件生命周期环境	D-25　软件生命周期环境配置索引
SIS-02　完成软件配置索引	D-21　基线 D-23　软件配置状态报告 D-24　软件配置管理记录	D-20　软件配置索引
SIS-03　编制软件完成综述		D-54　软件完成综述
SIS-04　核查软件生命周期环境配置索引	D-09　软件验证计划 D-21　基线 D-45　软件生命周期环境 D-25　软件生命周期环境配置索引 D-15　核查检查单	D-16　核查记录 D-17　问题报告
SIS-05　核查软件配置索引	D-09　软件验证计划 D-20　软件配置索引 D-21　基线 D-24　软件配置管理记录 D-15　核查检查单	D-16　核查记录 D-17　问题报告
SIS-06　核查软件完成综述	D-09　软件验证计划 D-54　软件完成综述 D-15　核查检查单	D-16　核查记录 D-17　问题报告
SIS-07　评审软件生命周期环境配置索引	D-09　软件验证计划 D-21　基线 D-45　软件生命周期环境 D-25　软件生命周期环境配置索引 D-18　评审检查单	D-19　评审报告 D-17　问题报告

活动编号、名称	输入数据	输出数据
SIS-08 评审软件配置索引	D-09 软件验证计划 D-20 软件配置索引 D-21 基线 D-24 软件配置管理记录 D-18 评审检查单	D-19 评审报告 D-17 问题报告
SIS-09 评审软件完成综述	D-09 软件验证计划 D-54 软件完成综述 D-18 评审检查单	D-19 评审报告 D-17 问题报告
SIS-10 建立软件总结阶段基线	D-10 软件配置管理计划进入该基线的配置项	D-21 基线 D-24 软件配置管理记录 D-20 软件配置索引
SIS-11 软件总结阶段的配置项标识	D-10 软件配置管理计划	D-24 软件配置管理记录
SIS-12 建立软件总结阶段工作产品基线	D-10 软件配置管理计划进入该基线的配置项	D-21 基线 D-24 软件配置管理记录 D-20 软件配置索引
SIS-13 软件总结阶段的问题报告	D-10 软件配置管理计划	D-17 问题报告
SIS-14 软件总结阶段的变更控制及变更评审	D-10 软件配置管理计划	D-22 变更请求
SIS-15 软件总结阶段的配置状态纪实	D-10 软件配置管理计划 D-24 软件配置管理记录 D-21 基线 D-17 问题报告 D-22 变更请求	D-23 软件配置状态报告
SIS-16 软件总结阶段的归档、检索和发布	D-10 软件配置管理计划	D-24 软件配置管理记录
SIS-17 进行软件符合性评审	所有软件生命周期数据	D-55 软件符合性评审报告
SIS-18 软件总结阶段的软件质量保证	D-11 软件质量保证计划	D-26 软件质量保证记录

3.5.10 基线建立活动的输入输出关系

基线建立活动的输入输出关系如表 3.36 所示。

表 3.36　基线建立活动的输入输出关系

活动编号、名称	输入数据	输出数据
BE-01　申请基线	D-10　软件配置管理计划进入该基线的配置项	D-24　软件配置管理记录
BE-02　审批基线	D-10　软件配置管理计划 D-24　软件配置管理记录进入该基线的配置项	D-24　软件配置管理记录
BE-03　构建基线	D-10　软件配置管理计划 D-24　软件配置管理记录进入该基线的配置项	D-21　基线 D-24　软件配置管理记录 D-20　软件配置索引

3.5.11　问题报告活动的输入输出关系

问题报告活动的输入输出关系如表 3.37 和 3.38 所示。

表 3.37　过程问题报告活动的输入输出关系

活动编号、名称	输入数据	输出数据
PPR-01　提出过程问题		D-17　问题报告
PPR-02　讨论过程问题	D-17　问题报告	D-17　问题报告
PPR-03　实施纠正过程问题	D-17　问题报告	D-17　问题报告
PPR-04　验证过程问题	D-17　问题报告	D-17　问题报告

表 3.38　数据问题报告活动的输入输出关系

活动编号、名称	输入数据	输出数据
DPR-01　提出数据问题		D-17　问题报告
DPR-02　讨论并审批数据问题	D-17　问题报告	D-17　问题报告
DPR-03　变更控制与变更评审 CCR		D-22　变更请求

3.5.12　变更控制和变更评审活动的输入输出关系

变更控制和变更评审活动的输入输出关系如表 3.39 所示。

表 3.39　变更控制与变更评审活动的输入输出关系

活动编号、名称	输入数据	输出数据
CCR-01　变更申请		D-22　变更请求
CCR-02　变更评审	D-22　变更请求	D-22　变更请求
CCR-03　安全性评估反馈	D-22　变更请求	
CCR-04　变更的开发实施	D-22　变更请求	变更后的数据
CCR-05　变更的配置实施	D-22　变更请求	D-21　基线 D-24　软件配置管理记录 D-20　软件配置索引
CCR-06　变更后的验证	D-22　变更请求 变更后的数据	D-22　变更请求

3.5.13　核查活动的输入输出关系

核查活动的输入输出关系如表 3.40 所示。

表 3.40　核查活动的输入输出关系

活动编号、名称	输入数据	输出数据
REVW-01　建立核查基线	D-10　软件配置管理计划进入该基线的配置项	D-21　基线 D-24　软件配置管理记录 D-20　软件配置索引
REVW-02　核查相应数据	核查对象	D-16　核查记录 D-17　问题报告
REVW-03　数据问题报告 DPR		D-17　问题报告

3.5.14　评审活动的输入输出关系

评审活动的输入输出关系如表 3.41 所示。

表 3.41　评审活动的输入输出关系

活动编号、名称	输入数据	输出数据
REVA-01　建立评审基线	D-10　软件配置管理计划进入该基线的配置项	D-21　基线 D-24　软件配置管理记录 D-20　软件配置索引
REVA-02　评审相应数据	评审对象	D-19　评审报告 D-17　问题报告
REVA-03　过程问题报告 PPR		D-17　问题报告
REVA-04　数据问题报告 DPR		D-17　问题报告

3.5.15　审查活动的输入输出关系

审查活动的输入输出关系如表 3.42 所示。

表 3.42　审查活动的输入输出关系

活动编号、名称	输入数据	输出数据
SOI-01　建立审查基线	D-10　软件配置管理计划进入该基线的配置项	D-21　基线 D-24　软件配置管理记录 D-20　软件配置索引
SOI-02　内部准备	D-07　软件合格审定计划	
SOI-03　与审定机构协调	D-07　软件合格审定计划	
SOI-04　提交数据	D-07　软件合格审定计划 D-21　基线	
SOI-05　参与审查	D-07　软件合格审定计划	
SOI-06　过程问题报告 PPR		D-17　问题报告
SOI-07　数据问题报告 DPR		D-17　问题报告

3.6　其他项目管理、监控及支持活动

上面第3.2、3.3、3.4、3.5节给出的内容已经构成了一个相对比较完整的软件研制流程的框架。它已经能够很好地满足 DO-178B 给出的 A 级软件的适航要求。但在实际软件研制项目中，还可能需要满足 GJB-5000A 等其他标准要求，因此必然还需要有其他项目管理、监控及支持类活动等。出于篇幅考虑，下文中对其他项目管理、监控及支持活动的描述会相对简略，比如不会通过活动流程图来表述活动前置关系。

3.6.1　集成项目管理

集成项目管理的目的是根据组织标准流程定义，识别集成的和已定义的过程以管理项目以及相关干系人。集成有两层含义：

（1）利用组织资产库定义项目的过程，进行各种计划的集成；

（2）协调和管理好项目开展过程中各相关干系人。

最佳实践流程已在软件计划阶段活动中定义了项目计划的编制和集成活动，除此之外的集成项目管理活动见表 3.43，即：

IPM＝{IPM-01，IPM-02}

表 3.43　集成项目管理的活动

编号、名称	说　　明
IPM-01　管理项目干系人	管理相关的干系人参与活动程度。根据集成及已定义过程，管理相关干系人的参与。包括：识别出相关关系人，并安排适当的时候让其介入
IPM-02　管理项目关键依赖	与相关的干系人共同识别、协商与追踪重要的关键的依赖（依存）关系

3.6.2　风险管理

风险管理的目的是识别项目潜在风险，制定贯穿整个软件生命周期的风险管理计划，提供相应的应对策略，并在必要时实施相应的缓解措施，消除可能的不利影响。

风险管理的活动见表 3.44，即：

RSKM＝{RSKM-01，RSKM-02，RSKM-03，RSKM-04}

表 3.44　风险管理的活动

编号、名称	说　　明
RSKM-01　制定风险管理计划	在软件计划阶段，项目软件负责人需要制定风险管理计划，并记录在《项目管理计划》中。制定风险管理计划的目的是确定风险参数、风险来源范围，以及风险识别的频度（时间点或频率）

（续表）

编号、名称	说　　明
RSKM-02　风险识别与分析	项目软件负责人根据风险管理计划,参照风险检查单,定期识别并记录项目风险。项目软件负责人评估每个风险的严重性、可能性和风险系数,并按照风险系数从高到低的顺序排列风险
RSKM-03　制定风险应对方案	项目经理针对识别出的风险制定应对方案。比如: (1) 对所有已识别的风险按定义的风险识别频度,定期进行评估和监控 (2) 对于风险系数高的风险,制定风险规避措施以尽量降低风险可能性,制定风险缓解措施以尽量降低风险严重性,制定应急预案以便在风险成为问题时采取适当的行动 (3) 对于风险系数中、低的风险,制定风险规避措施以尽量降低风险可能性,制定风险缓解措施以尽量降低风险严重性
RSKM-04　进行风险跟踪	项目经理跟踪风险的状态和进行记录,包括: (1) 根据风险管理计划所定义的频度定期检查风险的状态、风险规避/缓解措施、应对计划的跟踪情况 (2) 对于规避措施未能奏效的风险以及升级的风险,项目经理应调整风险应对计划

3.6.3　度量分析

度量分析的目的是规定度量数据的收集、分析和存储的规则,用来指导组织和项目实施有效的软件度量工作,通过量化的分析和总结,提供数据帮助组织提高生产率,提高产品质量,降低成本和缩短产品研发周期。

度量分析的活动见表 3.45,即:

MA={MA-01, MA-02, MA-03}

表 3.45　度量分析的活动

编号、名称	说　　明
MA-01　制定度量计划	在软件计划阶段,度量人员需要制定度量计划,制定度量计划的目的是确定项目度量项,包括度量项、目标、度量频度、数据来源、采集方式或计算公式、指标值等信息
MA-02　采集度量数据	项目进行过程中,度量人员根据度量计划中定义的度量项、度量频度、数据来源、采集方式,定期采集并记录项目度量项的度量数据
MA-03　分析度量数据	度量人员需要对度量数据,特别是"超标"的度量数据进行分析,以判断项目的进展情况。对于"超标"的度量数据,度量人员需要进行问题报告

3.6.4 项目监控

项目监控的目的是依照项目计划监控项目的实际进展和绩效,当项目实际进展和绩效与项目计划发生偏差时,采取适当的纠偏措施。

项目监控的活动见表 3.46,即:

PMC={PMC-01, PMC-02}

表 3.46 项目监控的活动

编号、名称	说 明
PMC-01 项目例会	项目经理定期(每周、月、阶段、里程碑)召开由项目组全体成员参加的项目例会,讨论项目进展状况,包括进度、成本、沟通、风险、问题、变更、度量数据等。阶段例会通常可以和阶段评审合并进行
PMC-02 项目监控及报告	项目经理通过定期的例会收集项目进展信息,了解项目状况,进行项目监控活动,包括进度、成本、沟通、风险、问题、变更、度量数据等。将上述项目进展情况记录到《项目报告》,项目报告可包括如下内容:项目总体进度及进度状态、本期工作总结、本期出现的问题、本期风险情况、本期出现的变更、下期计划安排等

3.6.5 决策分析与解决

决策分析的目的是提供科学的分析方法,对项目中出现的重大问题进行有效的分析和决策,尽量避免主观的人为判断。

决策分析与解决的活动见表 3.47,即:

DAR={DAR-01, DAR-02, DAR-03, DAR-04, DAR-05, DAR-06}

表 3.47 决策分析与解决的活动

编号、名称	说 明
DAR-01 发起决策	如果在有关可能影响项目目标完成、或对项目开展有重大影响的事项上,出现了一种以上的解决办法,项目团队无法确认哪种办法更适合,此时应启动项目决策与解决管理活动,由项目软件负责人发起决策
DAR-02 确定决策参与人	项目软件负责人判断决策内容,选择并确认合适的决策参与人
DAR-03 建立决策标准	决策参与人依据需要决策的问题的特点,讨论并决定适宜的决策标准。决策标准需提供可量化的度量标准
DAR-04 开发备选方案	决策参与人分析需要决策的问题,选择可行的备选方案。并针对决策标准对备选方案做出客观描述
DAR-05 评价备选方案	决策参与人依据上述描述对备选方案的各个标准符合性做出可量化的评价结果。然后综合各决策参与人的评价结果得到备份方案的综合评价
DAR-06 确定决策结果	决策参与人选择综合评价最高的备份方案为解决方案

3.6.6   组织过程改进

组织过程改进的目的是持续改进组织过程,从而不断提高公司产品和服务的质量、降低运营成本、缩短产品研发周期。

组织过程改进的活动见表 3.48,即:

OPF = {OPF - 01, OPF - 02, OPF - 03, OPF - 04, OPF - 05, OPF - 06}

表 3.48   组织过程改进的活动

编号、名称	说　明
OPF - 01 收集/整理改进建议	EPG 负责广泛收集并记录组织改进需求和建议
OPF - 02 制定改进计划	EPG 定期(如每月)对本周期内采集的过程改进需求进行检查,将合适的过程改进需求识别为过程改进机会,制定其改进计划
OPF - 03 批准改进计划	管理层审核组织过程改进计划进行审核、批准
OPF - 04 实施并试运行	EPG 根据批准的组织过程改进计划实施过程改进,包括修改相应程序文件、组织培训、进行过程改进试点等
OPF - 05 收集反馈	EPG 及时收集职能部门的反馈意见,并对过程改进效果做出评价
OPF - 06 制度化	经评价认为有效的过程改进将引发相应程序文件的正式更改,管理者批准、发布经修改的程序文件

3.6.7   其他

除了上述活动外,在软件项目研制过程中可能还会涉及培训、供应商管理等活动,在此就不再一一描述了。

3.7   流程质量评价

3.7.1   数据意义上的流程质量评价

本书第 2.3.1 节定义了数学意义上的流程质量要求,满足这些质量要求的软件研制流程是可实例化的、可执行的、合理的流程。

本最佳实践流程是完全基于第 2 章所定义的软件研制流程的数学模型,并遵循了 2.3.1 章节中各项流程质量要求的软件研制流程,是能够有效地实例化并得到可以执行的、具有实际意义的软件研制实践。

3.7.2   工程意义上的流程质量评价

本书 2.3.2 章节提出了对软件研制流程的工程意义上的要求:

(1)软件研制流程及其实例化可以映射成为现实世界中真实的软件研制实践;

(2)软件研制实践符合本单位的研发体系、本项目的实际特性、本单位的人事架构以及本单位的软件研制技术等。

本最佳实践流程是在研究了国外典型的软件研制流程基础上,吸收其思想和工程经验,并加以提炼,结合国内机载软件研制单位的实际情况、能力现状,是可落地、可实施的软件研制流程实践。

3.7.3　行业标准意义上的质量评价

本书 2.3.3 章节提出了对软件研制流程的行业标准要求,软件研制流程需要符合相应的行业标准。

本最佳实践流程符合的标准包括 DO‒178B/C、GJB 5000A、IEC 60880、EN 50128等,详见附录。

3.7.4　管理意义上的流程质量评价

本书 2.3.4 提出了对软件研制流程的管理意义上的要求,包括:

(1) 流程价值最大化的要求。

a. 工作量最少;

b. 效率最高;

c. 时间最短、成本最低;

d. 项目级管理的支持(进度管理、风险管理等)。

(2) 流程成果固化的要求。

a. 没有歧义;

b. 易于理解;

c. 便于实施;

d. 易于推广。

(3) 流程持续改进的要求。

a. 量化的统计和分析;

b. 可更改性;

c. 可验证性;

d. 可对比性。

上述要求中的有些要求,如工作量最少、效率最高、时间最短、成本最低、没有歧义、易于理解、便于实施、易于推广、可更改性、可验证性等,最佳实践流程已经很好地给予了实现。

其他要求,如项目级管理支持、量化统计和分析、可对比性等,则需要借助配套的工具才能实现,我们将在第 4 章中进行说明。

4 机载软件集成研制环境 ASIDE

4.1 ASIDE 概述

在本书第 2 章,我们从一个全新的角度提出了软件研制流程的数学定义,把一个庞大而复杂的工程问题抽象和概括成了一个数学模型。该数学模型全面、准确、严格地概括了软件研制流程的各项要素以及要素之间的内在联系。通过对这个数学模型的深入分析,能够很好的解析和诠释目前国内外航空工业的各种术语和各类实践。

在本书的第 3 章,我们根据国内外航空工业许多知名单位的成功案例,并结合中国的实际国情,使用第 2 章的数学模型,提出了一套典型的、并具有很好适应性的软件研制流程的最佳实践。这套流程从适航要求来说可以达到 A 级。对于 B 级、C 级、或 D 级的软件,可以很方便地对这套流程进行裁剪而得到简化版的流程。针对各软件研制单位的实际组织架构以及软件项目特点,也可以很方便地对这套流程进行适当地修改以得到各单位切实可用的流程。因此,该流程具有很好的参考价值。

在第 2 章我们提到了,基于这个数学模型的、优秀的、严格的软件研制流程的定义、检查、实例化,以及对数据和任务(实例化后的活动)的全面管理都离不开一个出色的、优秀的软件研制环境来支持。本章将介绍"机载软件集成研制环境"ASIDE(Airborne Software Integrated Development Environment)。

一方面,ASIDE 完全基于第 2 章所定义的软件研制流程的数学模型,另一方面,ASIDE 完全兼容第 3 章提出的软件研制流程的最佳实践,把第 3 章给出的流程作为其流程模板之一。因此,ASIDE 是与第 2 章、第 3 章密切相关的,共同构成软件研制流程完整解决方案的一部分,它与本书的内容是完全兼容、密切相关的。

ASIDE 是由上海爱韦讯信息技术有限公司自主研发的,支持高安全性机载软件全生命周期的集成研制环境。它能够同时支持并符合 DO-178B/C,GJB 5000A/CMMI-DEV,以及 GJB 2786A、GJB 438B 等标准。ASIDE 以机载软件的软件计划过程和软件开发过程为主线,融合了 DO-178B/C 标准定义的软件验证、软件配置管理、软件质量保证以及审定联络等综合性过程,覆盖了 GJB 5000A/CMMI-DEV 标准定义的风险管理、度量分析、项目监控等管理类和支持类过程域,综合了

GJB 2786A 对软件研制的各项要求,同时也能自动生成完全符合 GJB 438B 标准的各类文档。

ASIDE 引进、吸收并消化了国外众多著名航空单位软件研制的工程实践经验,综合了国内外多个不同标准对软件研制的要求,并结合中国航空工业的实际特点和实际情况,最终融合成一个优秀的能够完整覆盖软件研制全生命周期的集成研制环境。它引导用户定义合理、合适、合格的软件研制流程,把定义好的流程视作项目的模板进行组织资产的管理,并帮助用户在新的软件研制项目中应用这些流程模板,对流程进行实例化,驱动每位软件研发人员严格地按照定义好的流程进行软件研制活动,并最终产生符合适航要求的软件产品以及软件生命周期数据,提高项目团队工作效率,提高软件安全。使用 ASIDE,不仅降低了 DO‐178B/C 的实施门槛,还提高了对 DO‐178B 标准的符合性。

ASIDE 环境基于 B/S 架构,用户从浏览器向服务器提交各类服务请求,服务器对请求进行处理,并将处理结果返回给浏览器呈现给用户。B/S 架构使得 ASIDE 具有良好跨平台特性,并支持异地多项目的协同开发。项目管理人员和软件研制人员都可以通过浏览器登录到 ASIDE 并访问其工作区;项目负责人无论是在公司内部还是在异地都可以实施项目管理;研制人员无论身在何处都可以接受任务、执行任务、并提交任务执行情况;高层管理者和质量管理人员可以像监控公司内部项目一样监督异地项目的执行。

根据其功能类别以及用户角色的不同,ASIDE 分为系统层、组织资产层、项目层三个层次:

(1) 系统层:ASIDE 系统层主要提供系统运行基础数据的管理,是 ASIDE 系统运行的基础与支撑。包括公共代码管理、组织机构管理、用户管理、项目管理、系统设置等。系统层的主要用户是系统管理员、PMO(项目管理办公室)成员等。

(2) 组织资产层:ASIDE 组织资产层主要提供组织资产管理,以及组织级项目数据分析、组织级度量等功能,实现组织标准过程的定义及改进。组织资产层的主要用户是 EPG(工程过程小组)成员。

(3) 项目层:ASIDE 项目层管理具体项目生命周期过程、活动与数据。项目层的主要用户是参与软件研制项目的所有项目成员。

下面第 4.2、4.3、4.4 节将分别介绍 ASIDE 系统层、组织资产层、项目层的功能和特点;此外,我们还将在第 4.5、4.6 节介绍 ASIDE 与单点功能工具以及审定辅助工具的集成;并在第 4.7 节给出 ASIDE 作为机载软件集成研制环境的特色与价值。

4.2 ASIDE 系统层功能

ASIDE 系统层主要提供系统运行基础数据的管理,包括:

(1) 公共代码管理:管理和维护系统各类公共代码,公共代码又称"数据字典",

提供了系统内可重用数据的统一定义规范,确保了数据的一致性;

（2）组织机构管理:管理和维护用户单位部门组织机构。组织机构通常为树形结构,一个部门下可以包含多个下级部门。组织机构可以用于"容纳"用户、设置项目归属,从而可以以"部门"为维度进行数据统计分析;

（3）用户管理:管理和维护系统用户,并设置用户所属部门、职位、职务等信息;

（4）角色管理:管理和维护系统层角色。系统层角色通常与组织内的"职位"相关,如所领导、主管专业总师、部门领导、军代表等;系统层角色也可以是组织内的某个"团体",如 GJB 5000A/CMMI‐DEV 体系下的 PMO(项目管理办公室)、EPG(工程过程小组)等;

（5）系统及用户设置:设置系统各类运行参数及用户配置,如邮件服务器设置、用户邮件提醒设置、操作喜好设置等;

（6）项目管理:创建软件研制项目并设置项目基本信息,指定项目软件负责人。创建了项目以后将在项目层实现项目的后续设置(详见4.4.1)以及项目的实际研发工作。

4.3　ASIDE 组织资产层功能

4.3.1　流程模板

仔细体会本书中第 2 章给出的软件研制流程数学模型以及第 3 章提出的软件研制流程最佳实践,我们可以发现软件研制流程的如下特性:

（1）软件研制流程是一个复杂的综合体,它包含了活动、角色、行动者、数据这四个要素以及这四个要素之间非常复杂的关联关系;

（2）定义一个软件研制流程需要花费大量的精力,即使使用本书中的数学模型来完整定义一个完整流程也需要花费不少精力;

（3）定义了一个软件研制流程以后,我们还需要花费大量的时间来检查该流程是不是满足数学意义上的、工程意义上的、行业标准意义上的和管理意义的质量要求;一旦发现有些质量要求没有得到满足,又将花费大量的时间进行修改和检查;

（4）由于项目特性的不同,或者是软件级别的不同,在同一个用户单位里也可能会需要多个不同的流程,以适用于不同的项目;

（5）综上所述,优秀的、经过实践检验的软件研制流程定义,是组织的宝贵财富。

为了能够对这样宝贵的财富进行有效管理,ASIDE 把软件研制流程作为"流程模板"来进行管理。根据不同要求定义出来的多个"流程模板"就可以形成一个组织资产库。

在 ASIDE 中,流程模板包含了同类项目的所有共性的信息:除了活动、数据、角色、组成关系、输入输出关系、前置关系等这些软件研制流程的内容以外,还包括检查项、度量项、组织标准日历等。

ASIDE 内置了多类流程模板,包括:

(1) 本书第 3 章提出的软件研制流程最佳实践;

(2) 符合 DO‑178B/C 标准不同软件级别,并达到 CMMI‑DEV 3 级成熟度的民用航空机载软件流程模板;

(3) 符合 GJB‑2786A、GJB‑438B 等标准,并达到 GJB‑5000A 3 级成熟度的军用航空机载软件流程模板。

4.3.2　导入流程模板

对于初次使用 ASIDE,或者初次建设软件研制流程的单位来说,可以从如下几个途径获得流程模板,并导入流程模板。流程模板的导入功能可以使用户在最短的时间内,以最高的效率建立软件研制流程的雏形。

(1) ASIDE 引进、吸收并消化了国外众多著名航空单位软件研制的工程实践经验,综合了国内外不同标准对软件研制的要求,结合了中国航空工业的实际特点和实际情况,内置了多套流程模板方案及丰富的模板元素。

(2) 中航集团或中电集团有许多兄弟单位,它们通常有比较类似的软件研制流程。ASIDE 用户允许这些兄弟单位导出各自流程模板进行交流,实现流程分享、经验交流、互相学习、共同提高。

4.3.3　配置流程模板

用户单位在导入 ASIDE 内置的流程模板或兄弟单位的流程模板以后,通常还需要根据本单位的实际情况对流程模板进行配置。ASIDE 提供了良好的图形化界面对流程模板进行方便的配置(所谓"配置",相对"定制"来说,是指不需要修改或开发任何代码,就可以实现预期的功能改变)。可配置的模板元素包括但不限于数据、文档、阶段、活动、角色、检查项、度量项、工作日历等,如图 4.1 所示。

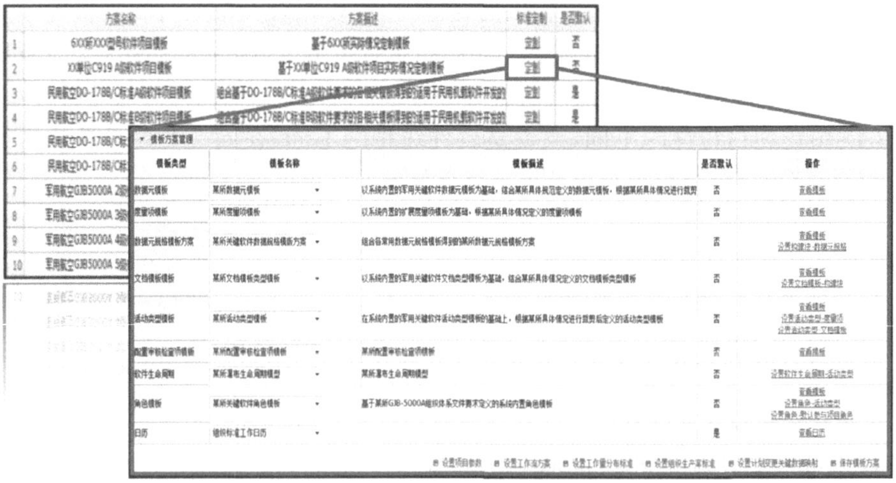

图 4.1　ASIDE 配置模板的界面

下面各小节我们给出了一部分流程配置工作的示意图。

4.3.3.1　数据配置

如第 2 章所述,数据是软件研制流程的核心元素之一。数据的配置主要包含如下内容:

(1) 数据元的层次结构;

(2) 非条目化数据元;

(3) 条目化数据元。

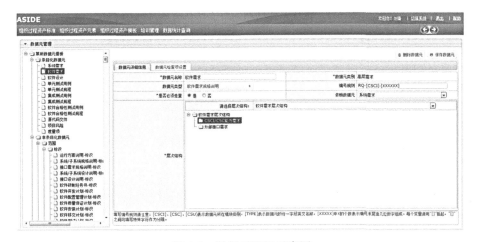

图 4.2　数据元配置示意图

4.3.3.2　文档配置

文档是数据元的组织方式和表现形式,文档的配置包括以下几个方面的工作:

(1) 识别文档(配置项);

(2) 配置文档与数据元的映射关系;

(3) 配置文档的结构、样式、格式等具体展现形式。

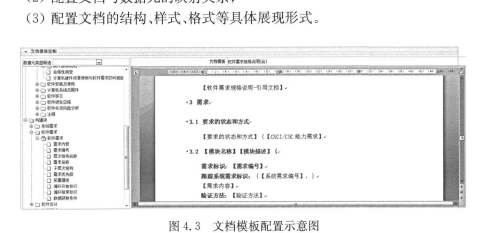

图 4.3　文档模板配置示意图

4.3.3.3 阶段配置

阶段的配置包含两个方面的内容：

（1）定义各个阶段；

（2）定义各个部门阶段的前置关系，以组成软件生命周期模型。

第 3.2.1 节给出了最佳实践的 13 个阶段。这些阶段的前置关系如表 4.1，配置完成后组成的软件生命周期模型如图 4.4 所示，它与图 3.2 其实是完全一致的两种不同表现方式。

表 4.1　软件生命周期各阶段及其前置关系表

阶　　段	前置阶段
项目立项阶段	
软件计划阶段	项目立项阶段
SOI♯1	软件计划阶段
软件需求阶段	SOI♯1
软件设计阶段	软件需求阶段
软件编码阶段	软件设计阶段
高层需求测试用例设计阶段	软件需求阶段
低层需求测试用例设计阶段	软件设计阶段
SOI♯2	软件编码阶段
集成与测试阶段	软件编码阶段 高层需求测试用例设计阶段 低层需求测试用例设计阶段
SOI♯3	集成与测试阶段
软件总结阶段	SOI♯3
SOI♯4	软件总结阶段
项目监控及支持阶段	项目立项阶段

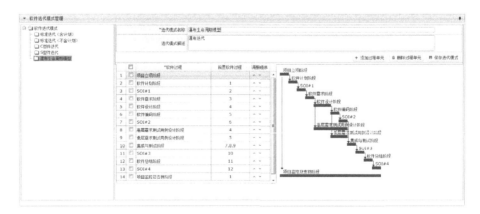

图 4.4　软件生命周期各阶段及其前置关系配置示意图

4.3.3.4 活动配置

在第 3.2.2 节,我们把各个阶段细分成为活动。这项配置工作包含如下几方面的内容:

(1) 定义每个阶段的活动,明确阶段与活动的组成关系(参见图 4.5);

(2) 定义活动的输入、输出(参见图 4.5);

(3) 定义活动的前置关系(参见图 4.6)。

图 4.5 阶段所包含的活动及活动的输入输出

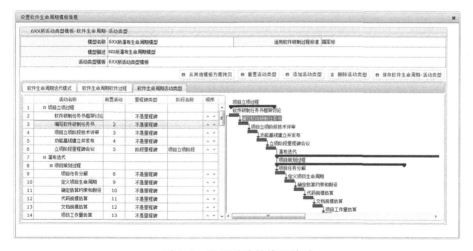

图 4.6 配置活动的前置关系

4.3.3.5 角色配置

ASIDE 角色配置功能包括:

(1) 定义角色,包括角色名称、角色唯一性、角色必要性等;

(2) 设置角色权限,即角色实施活动的关系(参见图 4.7);

图 4.7 角色实施活动的关系

图 4.8 角色的互斥关系

（3）设置角色互斥性（参见图 4.8）。

4.3.3.6 检查项配置

在软件研制过程中，软件验证人员需要对数据进行核查，评审参与者需要对数据、文档、活动进行评审，质量保证人员需要对数据、文档、活动进行质量保证审计。这些工作都将基于事先定义的检查单进行，在检查单上列出了所需的检查项。

ASIDE 检查项配置功能提供了对上述检查项的管理和维护，包括：

（1）定义检查项；

（2）设置数据元的各类检查单；

（3）设置文档的各类检查单；

（4）设置活动的各类检查单。

图 4.9 给出了数据元检查项配置的示意图。

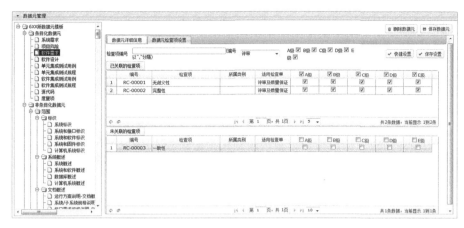

图 4.9　数据元检查项设置

4.3.3.7　度量项配置

ASIDE 可以对度量项进行配置和管理,包括:

(1) 定义度量项层次结构;

(2) 定义度量项,包含度量项计算逻辑、度量项参数类型、度量项指标值、图表类型;

(3) 度量项与度量活动的关联。

图 4.10 给出了度量项设置的示意图。

图 4.10　度量项设置

4.3.3.8　工作日历配置

ASIDE 可以设置组织级工作日历,包括:

(1) 设置工作日;

(2) 设置加班工作日;

（3）设置例外日期（如法定节假日）。

所设置的工作日历将影响到工时的计算和统计。

4.3.3.9　其他配置

ASIDE 的流程模板还提供了其他许多可供配置的信息，如默认参与项目角色、组织工作量分布、组织生产率标准等等，在本书略去不提，详细请参见文献[53]。

4.3.4　检查流程模板

导入流程模板，并根据自身单位和项目实际情况对流程模板进行配置以后，我们还需要对流程模板进行检查和验证，以确保配置以后的流程模板符合第 2.3.1 节数学意义上的流程要求以及其他方面的要求。

由于 ASIDE 的流程模板是基于第 2.1 节和 2.2 节的数学模型定义的，因此第 2.3.1 节中所述的数学意义上的流程要求全部可以由 ASIDE 来自动地检查和验证。例如：根据流程质量要求 8，"若有 $R_1(a_1, a_2)$、$R_{EXE}(r_1, a_1)$、$R_{EXE}(r_2, a_2)$，那么不应该存在 $r \in R$，$R_C(r_1, r)$ 和 $R_C(r_2, r)$ 同时成立。即两个互斥的角色不应该存在共同的父角色。"一旦在 ASIDE 中两个互斥的角色配置了共同的父角色，系统将自动给出警告，提示需要进行修改。通过这样的检查机制，就可以确保定义的模板严格遵守了研制流程的要求。

4.3.5　管理流程模板，形成组织资产库

除了上述导入模板、配置模板、检查模板等功能，ASIDE 还提供优秀的流程模板管理功能，可以让用户根据现有的流程模板派生创建新的流程模板，并把它们进行有效的分类和管理，形成组织资产库，以便应用于具体的软件研制项目，从而提升组织的软件研制能力和成熟度水平。

4.4　ASIDE 项目层功能

4.4.1　项目设置

在第 4.2 节讲述 ASIDE 系统层功能的时候，我们讲到可以在系统层创建项目并指定项目软件负责人。也就是说，所有软件项目都必须在系统层创建和"备案"，以便在系统层实现跨项目的查询和统计功能。

在系统层创建了项目以后，项目软件负责人可以在项目层进行项目设置并初始化项目。通常来说，项目设置工作包括：

（1）设置项目关键信息，例如：

a. 研制标准：根据项目的行业选择相应的研制标准，如"DO‑178B/C"、"GJB 2786A/438B/5000A"、"EN 50128"等等；

b. 软件等级：根据选取的研制标准，设置相应的软件等级。如果选择"DO‑178B/C"作为研制标准，则软件等级为"A 级"、"B 级"、"C 级"或者"D 级"。

（2）选择流程模板：在上一步选择了研制标准和软件等级以后，ASIDE 会自动

地过滤出组织资产库中满足相应要求的流程模板,从中选取最合适本项目的流程模板;

(3) 设置其他项目信息,如项目成员、数据库信息等等。

项目设置完成后,用户可以执行项目初始化操作,应用流程模板创建软件项目。

4.4.2　应用流程模板

所谓应用流程模板,也就是根据选定的流程模板进行项目数据的初始化。初始化以后的项目将获得流程模板中的各类配置信息,包括第 2 章定义的软件研制流程的所有内容以及第 4.3.3 节配置的诸如文档模板、检查单、度量项、工作日历等所有信息。通过应用流程模板,可以快捷、方便地完成项目数据的初始设置,并符合流程模板对应的标准要求。

当项目初始化工作完成后,如果必要的话我们可以根据项目的实际情况对项目信息进行进一步配置,比如可以根据裁剪指南对数据、过程、活动等进行裁剪,使其更符合项目的实际需要。项目层的数据配置功能与组织资产层类似,在此就不冗述了。

值得注意的是,项目初始化以后,项目的配置信息与流程模板的配置信息就成为相互独立、互不影响的两个副本。修改项目的配置信息不会对流程模板产生影响,修改流程模板的配置信息也不会对已初始化的项目产生影响,而只会对新创建和应用该流程模板的软件项目生效。

4.4.3　流程驱动

通过第 4.3 节所述的"导入流程模板"、"配置流程模板"、"检查流程模板"以及上节所述的"应用流程模板"以后,我们认为已经为软件项目确定了一个合适的软件研制流程,接下来 ASIDE 需要做的工作就是把这个软件研制流程实例化成为软件研制实践,以开展实际软件研制工作。

软件研制流程的实例化其实是一个非常复杂的环节,其中最重要的是三个方面的内容:

(1) 把"活动"变成"任务":把软件研制流程的活动,根据其迁移准则(也即前置活动和前置数据),依据一定的启发式规则(例如第 3.2.4 节给出的原则),自动地或者在一定的人为参与下转化成为任务;

(2) 把"角色"变成"行动者":根据行动者扮演角色的关系以及角色实施活动的关系,把相应的任务分配给扮演该角色的某个行动者;

(3) 把抽象的"数据"变成具体的"数据元"或"文档"。

ASIDE 的流程实例化和任务驱动是实时地、动态地进行的。它把软件研制流程转化成了一个个串行或者并行的任务,当一些任务完成时,ASIDE 又会根据项目的最新状态实时地驱动出满足迁移准则的其他任务。所有这些任务的执行将依次、迭代、有条不紊地进行,并完全符合预定的软件研制流程。

4.4.4 任务管理

在第 2.2.3.4 节中我们讲到,任务是有生命周期的。任务一旦被实例化驱动出来,就开始它的生命周期,可能经历"已创建"、"已接受"、"已提交"、"已完成"等状态。这个生命周期在 ASIDE 中得到了有效的管理:

（1）在实例化中新驱动出来的任务是"已创建"状态。由于任务必须有其执行人,因此"已创建"状态下的任务已经被分配到了具体的行动者;

（2）行动者可以通过 ASIDE 的首页工作提醒、任务查询等功能,了解到分配给自己的任务,查看任务要求并接受任务。任务执行人接受任务后,任务状态被置为"已接受";

（3）任务执行人执行"已接受"的任务,完成相应的任务工作后,任务执行人可以提交任务。提交后的任务状态为"已提交";

（4）部分场景下,"已提交"的任务需要由指定的项目成员进行复核,确认任务是否完成,复核通过后的任务状态为"已完成"。也有些场景下,不必对任务完成情况进行审核,"已提交"的任务将直接迁移到"已关闭"状态(详见文献[53])。

4.4.5 任务执行

ASIDE 不仅实现了任务的驱动和任务的管理,还直接支持各类任务的执行。任务执行需要的输入可以直接从 ASIDE 获取,产生的输出被 ASIDE 管理,并作为后续任务的输入。因此,用户可以通过 ASIDE 完成软件研制流程中的所有活动。在下面的各章节中,我们给出了最佳实践第 3.2 节所定义的部分活动的执行界面示意图。

4.4.5.1 项目立项类任务的执行界面

图 4.11 为 PI-01 规划项目立项进度执行界面的示意图;图 4.12 为 PI-02 获取分配到软件的系统需求执行界面的示意图。

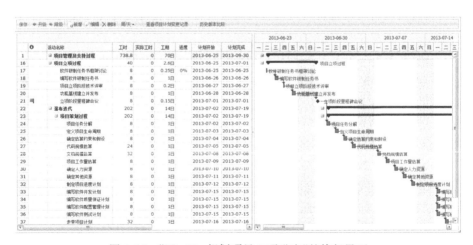

图 4.11 "PI-01 规划项目立项进度"的执行界面

图 4.12　"PI‑02　获取分配到软件的系统需求"的执行界面

4.4.5.2　项目策划类任务的执行界面

图 4.13 为 SP‑01　估算项目规模执行界面的示意图;图 4.14 为 SP‑02　估算项目工作量执行界面的示意图;图 4.15 为 SP‑04　制定项目进度计划执行界面的示意图。

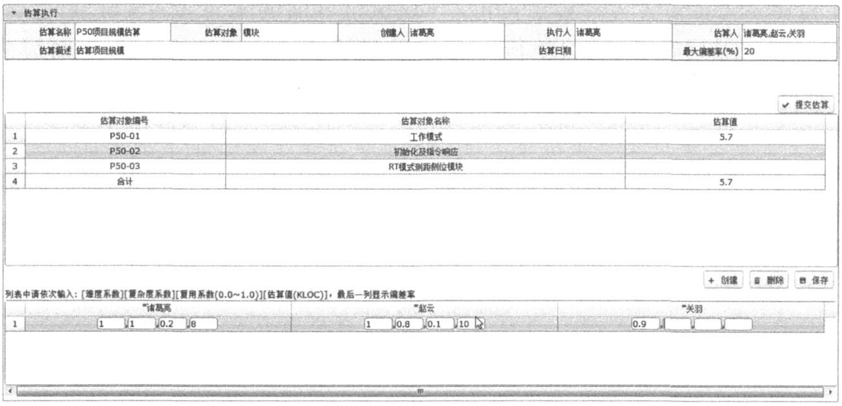

图 4.13　"SP‑01　估算项目规模"的执行界面

图 4.14　"SP‑02　估算项目工作量"的执行界面

图 4.15 "SP-04 制定项目进度计划"的执行界面

4.4.5.3 数据编写类任务的执行界面

图 4.16 为 SP-07 编制软件开发计划执行界面的示意图;图 4.17 为 SR-02 开发高层需求(条目化数据元)执行界面的示意图;图 4.18 为 SD-01 开发软件架构(非条目化数据元)执行界面的示意图;图 4.19 为 SD-03 开发低层需求(条目化数据元)执行界面的示意图;图 4.20 为 SC-02 建立源代码与低层需求的追踪关系执行界面的示意图。

4.4.5.4 基线管理类任务的执行界面

图 4.21 为 BE-01 申请基线执行界面的示意图;图 4.22 为 BE-02 审批基线执行界面的示意图;图 4.23 为基线流程示意图。

图 4.16 "SP-07 编制软件开发计划"的执行界面

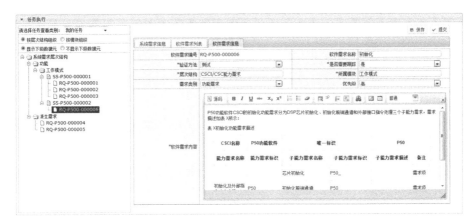

图 4.17　"SR - 02　开发高层需求(条目化数据元)"的执行界面

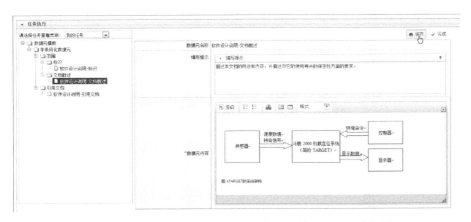

图 4.18　"SD - 01　开发软件架构(非条目化数据元)"的执行界面

图 4.19　"SD - 03　开发低层需求(条目化数据元)"的执行界面

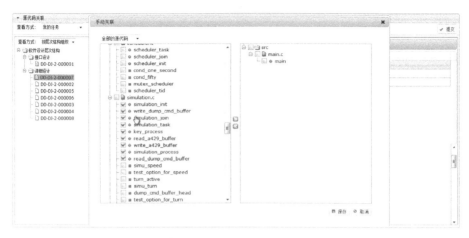

图 4.20 "SC-02 建立源代码与低层需求的追踪关系"的执行界面

图 4.21 "BE-01 申请基线"的执行界面

基线审批信息	处理历史	流程图		
基线审批编号	BC-00002		状态	已关闭
基线变更标识	P50-PLAN-00			
基线发布原因	项目4个计划通过评审			
提交人	张飞		提交日期	2013-07-24
发布内容	软件开发计划 软件测试计划 软件配置管理计划 软件质量保证计划			
基线发布标识	P50-PLAN-01			
审核意见	同意			
审核人	诸葛亮		审核日期	2013-07-24
CCB审批意见	同意			
审批人	刘备		审批日期	2013-07-24
项目CM人员	张飞		发布时间	2013-07-24
附件				

图 4.22 "BE-02 审批基线"的执行界面

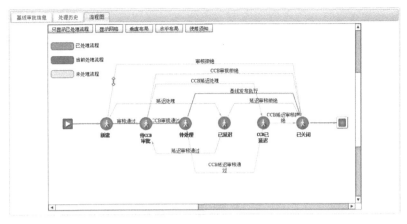

图 4.23 基线流程示意图

4.4.5.5 问题报告类任务的执行界面

图 4.24 为产品问题报告单示意图;图 4.25 为产品问题报告流程示意图;图 4.26 为过程问题报告单示意图;图 4.27 为过程问题报告流程示意图。

图 4.24 产品问题报告单示意图

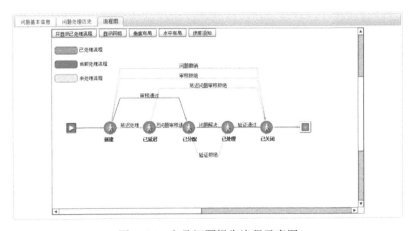

图 4.25 产品问题报告流程示意图

图 4.26　过程问题报告单示意图

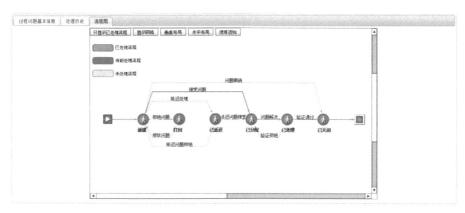

图 4.27　过程问题报告流程示意图

4.4.5.6　变更控制类任务的执行界面

图 4.28 为变更申请单示意图;图 4.29 为 CCR-04　变更的开发实施执行界面的示意图;图 4.30 为变更申请流程示意图。

图 4.28　变更申请单示意图

图 4.29　"CCR-04　变更的开发实施"执行界面

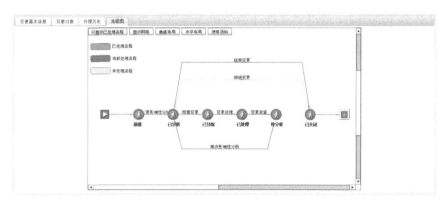

图 4.30　变更申请流程示意图

4.4.5.7　核查评审类任务的执行界面

图 4.31 为 SP-17　核查软件开发计划执行界面的示意图;图 4.32 为 SP-29 评审软件质量保证计划执行界面的示意图。

图 4.31　"SP-17　核查软件开发计划"的执行界面

图 4.32 "SP 29 评审软件质量保证计划"的执行界面

4.4.5.8 质量保证类任务的执行界面

图 4.33 和图 4.34 给出了软件计划阶段为保证软件质量执行过程审计和产品审计的执行界面示意图。

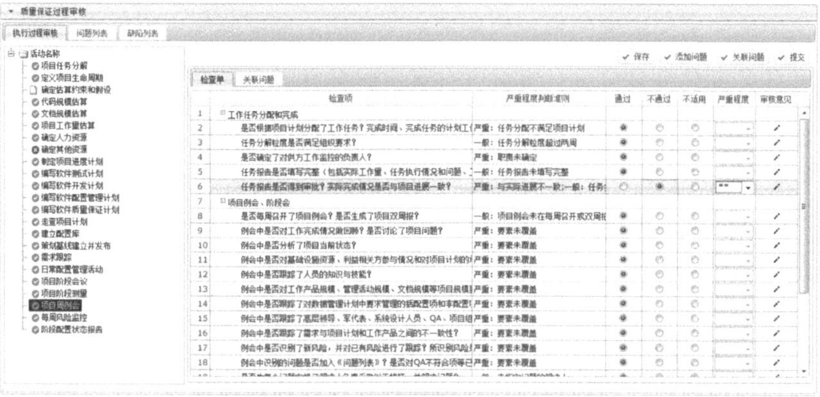

图 4.33 "SP-41 软件计划阶段的软件质量保证"的执行界面(过程审计)

图 4.34 "SP-41 软件计划阶段的软件质量保证"的执行界面(产品审计)

4.4.5.9 风险管理类任务的执行界面

图 4.35 给出 RSKM‐02 风险识别与分析执行界面的示意图；图 4.36 给出 RSKM‐04 进行风险跟踪执行界面的示意图。

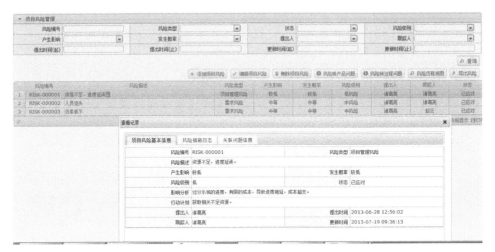

图 4.35 "RSKM‐02 风险识别与分析"的执行界面

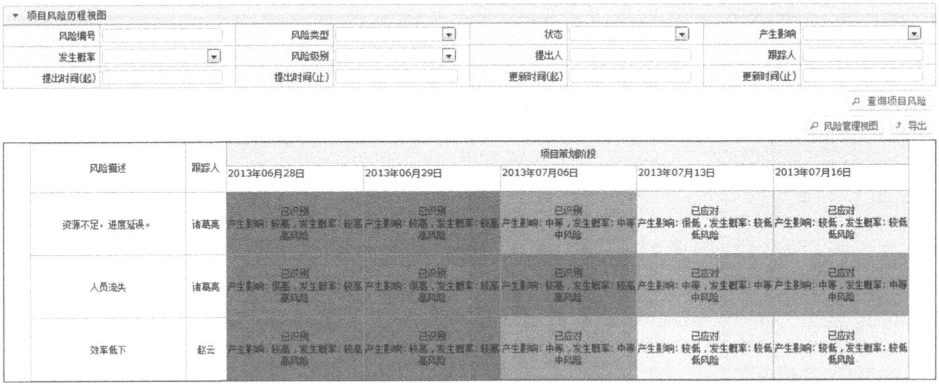

图 4.36 "RSKM‐04 进行风险跟踪"的执行界面

4.4.5.10 度量分析类任务的执行界面

图 4.37 为 MA‐02 采集度量数据执行界面的示意图；图 4.38 为 MA‐03 分析度量数据执行界面的示意图。

4.4.5.11 项目监控类任务的执行界面

图 4.39 为 PMC‐01 项目例会执行界面示意图；图 4.40 为 PMC‐02 项目监控及报告执行界面的示意图。

图 4.37　"MA-02　采集度量数据"的执行界面

图 4.38　"MA-03　分析度量数据"的执行界面

报告名称	项目报告—周报—20130706	报告类型	项目报告—周报
会议开始时间	2013-07-05 16:00:00	会议结束时间	2013-07-05 18:00:00
会议地点	212	报告时间段	2013-06-30 — 2013-07-06
参加人员	关平,张飞,关羽,黄忠,诸葛亮,赵云,马超		
项目所处阶段	项目立项阶段,项目策划阶段		
项目变更情况	当前有0个变更未关闭 本期新提出0个变更		
项目成本状况	项目计划总预算成本:24950元 截止本报告期结束的计划完成工作成本:6581.20元 截止本报告期结束的已完成工作实际成本:6273.5元, 成本节省情况(百分比)(CPI-1)*100%:34.65%		
项目进度情况	本项目计划总工期:70天 截止本报告期结束的已过工期:9天 已过工期比例(已过工期/总工期):12.86% 计划任务的完成情况(本报告期最后一个任务):1.03 工作量完成比例(已完成工作对应计划工作量/目前计划中总工作量):102.67% 进度说明: 2013-06-30到2013-07-06 SPI值为1.03, CPI值为1.05		
本期工作总结	1、刘协,马超,关羽,诸葛亮,刘备,张飞,赵云于2013-07-01完成立项阶段里程碑会议任务 2、诸葛亮于2013-07-02完成项目任务分解任务 3、诸葛亮于2013-07-03完成定义项目生命周期任务 4、诸葛亮于2013-07-04完成确定估算约束和假设任务 5、诸葛亮,赵云,关羽于2013-07-05完成PSO项目规模估算任务		

图 4.39　"PMC-01　项目例会"的执行界面(周例会)

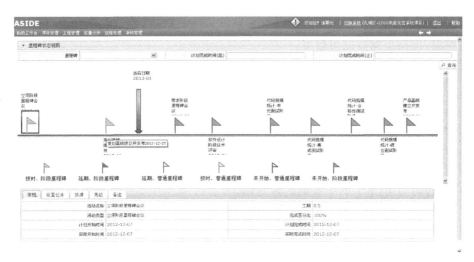

图 4.40 "PMC - 02 项目监控及报告"的执行界面(里程碑监控)

4.4.6 数据查询与举证功能

通过第 4.3 节所述的"导入流程模板"、"配置流程模板"、"检查流程模板",以及本章所述的"应用流程模板"、实现"流程驱动"、进行"任务管理"、完成"任务执行"等内容,我们可以发现,所有软件研制流程、软件研制实践所涉及的数据、活动、角色、行动者以及它们之间的关联关系全部在 ASIDE 里得到了有效的管理:什么行动者、扮演了什么角色、具有了什么权限得以在什么时候、什么条件下、用什么方式实现了什么活动、在活动中使用了什么数据、并生产了什么数据,所有这些信息全部在 ASIDE 里记录在册。也就是说,软件研制实践的每个环节都得到了有效的记录,通过 ASIDE 可以实现软件研制流程的"重演"。正是 ASIDE 的这一特性,使得它不仅仅是一个优秀的软件研制集成环境,还是一个出色的数据查询和举证平台。

无论是适航符合性还是 GJB 5000A 的符合性,ASIDE 都可以从以下几个方面来举证:

(1) 软件研制流程的符合性:ASIDE 使用第 2 章所述的数学模型定义软件研制流程。得益于软件研制流程的数学化,ASIDE 可以自动地检查软件研制流程的许多质量要求以及相关标准的符合性,例如第 2.3.1 节定义的数学意义上的流程要求、DO - 178B/C 标准相应软件等级的独立性要求等等。因此,使用 ASIDE 可以更加方便地举证软件研制流程对相关标准和相关要求的符合性;

(2) 软件研制实践的符合性:上面所述软件研制流程的符合性不等于最终的符合性,因为现实生活中真正的软件研制实践可能并没有按照软件研制流程去实施。ASIDE 则完全根据预先定义好的软件研制流程用数学的方式进行实例化,实现流程驱动和任务管理。流程驱动完全遵照流程所定义的各项活动的迁移准则(前置活动和前置数据),保证了流程的遵循度。另外,ASIDE 还直接支持各项任务的执行,任务没有执行完成,流程就不会流转。因此,ASIDE 彻底保证了软件研制流程和软

件研制实践的符合性,确保流程状态与项目状态绝对一致,保证文实相符,避免两张皮等现象,提高了审查的可信度;

(3)通过数据和活动的查询以实现目标的符合性举证:我们在第 1 章提到了适航三要素,即活动、数据、目标。审查是通过审阅数据和活动以确保满足目标。除了软件研制流程的定义和软件研制实践的驱动,ASIDE 还统一管理和记录软件生命周期的所有活动和所有数据,并提供了丰富、可信的活动和数据查询及展示功能。因此,ASIDE 为软件审查提供了充分可信的环境,审查人员可以很方便地在 ASIDE 中查询软件生命周期活动和数据以判断适航标准或 GJB 5000A 目标的符合性。图 4.41 和图 4.42 给出了若干查询的示意图。

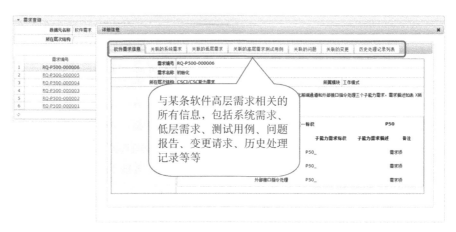

图 4.41 软件需求信息查询界面

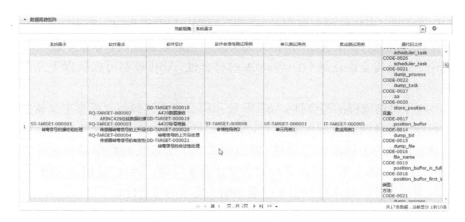

图 4.42 需求追踪矩阵查询界面

4.5 ASIDE 与单点功能工具的集成

通过第 4.2、4.3、4.4 节我们可以看出,ASIDE 囊括了软件生命周期的所有活动:在系统层实现了组织机构管理、公共代码管理、用户管理、系统配置等功能;在组织资产层把软件研制流程作为模板进行管理,实现了导入流程模板、配置流程模板、检查流程模板、管理流程模板等功能,并形成组织资产库;在项目层包括了项目设置、流程模板应用、流程驱动、任务管理、任务执行以及度量分析、项目估算、项目监控、风险管理、组织培训、会议管理、数据查询与举证等功能。

特别需要强调的是,ASIDE 环境不仅实现了任务的驱动,还直接支持所有任务的执行。也就是说,整个软件生命周期的所有活动全部可以在 ASIDE 环境中直接执行,包括软件计划活动(软件计划和软件标准的编写、核查、评审等等),软件开发活动(软件需求、软件设计、数据追踪等等),软件验证活动(开发数据的核查、评审、分析,测试用例/测试规程、需求覆盖分析等等),软件配置管理活动(配置项识别与标识、基线建立、问题报告、变更控制等等),软件质量保证活动(产品审计、过程审计、阶段审计等等),以及各个 SOI 的局方介入审查及相关的联络活动。此外,ASIDE 更是从工程项目管理的角度,结合 GJB 5000A/CMMI-DEV 的要求,融合了项目管理、项目监控、风险管理、测量与分析等活动的支持。因此,ASIDE 是一个完备的机载软件集成研制环境。

当然,人无完人,金无足赤,ASIDE 虽然解决了软件研制流程和软件研制实践中的大多数问题,并能够完备地支持大多数传统的软件研制实践。但它的完备性基于一定的纯朴性。例如,ASIDE 提供了一个丰富的页面和富文本编辑框,可以让软件设计人员在编写软件低层需求的时候,定义需求的标识、标题、类别以及需求的内容,并且可以在低层需求的定义中插入表格、图片、题注、引用、上标、下标等等,这对于传统的软件研制实践来说已经足够了。但对于一些基于模型进行开发和验证的单位来说,ASIDE 富文本的低层需求编辑界面显然就无能为力了,而需要集成诸如SCADE 之类的专用软件建模工具。我们把这些专注于某个/某些软件研制活动的工具称为单点功能工具,以区别于流程支持环境。

这样,我们可以很形象地把 ASIDE 喻为计算机的底板,它实现了软件研制流程的定义、管理了软件生命周期数据、并实现了各项软件研制任务的协调和驱动,使得整个软件生命周期能够有效地运转。而诸如 SCADE 之类的单点功能工具则可以喻为显卡、声卡、网卡,它们实现的是某个/某些软件研制活动的功能,例如:需求建模工具、测试工具、代码生成器、编译器等等。

ASIDE 建立在一个经过精心设计的数据总线基础之上,实现了异质数据的统一管理,并提供统一的集成接口。因此它可以通过适配器和各类不同的单点工具进行无缝集成。当 ASIDE 流程驱动运转到软件低层需求的开发活动时,不同的用户根据不同的需要可以启用 ASIDE 自带的低层需求开发功能,也可以启用 SCADE 或者其他已经集成的建模工具来实现低层需求的开发活动。各个单点工具所需要的数据和所生产的数据都被 ASIDE 通过统一集成接口和数据总线管理起来,以保持 ASIDE 原有的"统管活动和数据"的特性,并保持软件研制流程定义、驱动、执行的闭环完整性。

4.6　ASIDE 与审定辅助工具的集成

4.6.1　机载软件集成审定环境 ASICE

ASICE(Airborne Software Integrated Certification Environment)是上海爱韦讯信息技术有限公司在中国民航上海航空器适航审定中心的支持和指导下研发的机载软件集成审定环境。它可用于审定当局对申请人和软件研制单位的软件审定，也可以用于主机单位对下级供应商的软件审查。

ASICE 综合管理了软件审定所涉及的所有数据和所有活动，并且还实现了对审查工作和审查结果的实时监管和统计：

(1) ASICE 所管理的审定数据包括各个审查阶段的审查目标、审查数据、审查项、型号项目、审定项目、审定结果、问题报告、行动项目、介入程度、历史审定记录等等。

(2) ASICE 所管理的审查活动包括拟定审定项目、计算介入程度、拟定审查计划、分配审查任务、执行软件审查、评议审查结论等等。如同 ASIDE 一样，这些活动也组成了一个复杂的流程，由 ASICE 来驱动和实施。

(3) 除了对审查数据和审查活动的综合管理以外，ASICE 还可以对审查数据和审查结果进行数据统计和挖掘，以辅助相关领导了解审查工作的瓶颈、协调审查工作的平衡、预测审查进度或者进行其他必要的决策。

使用 ASICE，审定当局和主机单位对软件的审定变得前所未有的简单和便捷。通过历史审定记录可以快速地计算和评定介入程度；根据介入程度和预定模板可以便捷地排定审查计划；根据审查计划可以快速地分配审查任务。经过最优化管理的各个审查阶段的审查目标、审查数据和审查项使得每次审查所需的所有信息唾手可得；审查结论的评议功能保证了软件审定的客观性；审查结论的统计功能保证了软件审定的完备性。

ASICE 还有一个非常强大的功能，它可以和 ASIDE 进行对接，以只读的方式直接访问 ASIDE 数据库，从而对许多审查内容进行自动的、穷举的、客观的审查，如独立性、需求覆盖分析、控制类别等等。

4.6.2　ASIDE 与 ASICE 的集成

4.6.2.1　审定联络活动的自动化

民用航空机载软件的研制必定伴随着审定，因此软件研制活动也必须包含审定联络活动。在第 3 章给出的最佳实践中，第 3.2.3.3 节的活动"SOI-03 与审定机构协调"就属于审定联络活动。

在传统的工作方式下，审定联络往往是由审定联络人员根据软件合格审定计划的要求以及项目进展的实际情况，用邮件、电话等形式联系局方，预约局方介入审定的具体日期，并提供待审定的软件生命周期数据。在正式审定时，局方会查看软件生命周期数据，对研制人员进行访谈，记录审定结果，最终出具正式审定报告，如图4.43 所示。

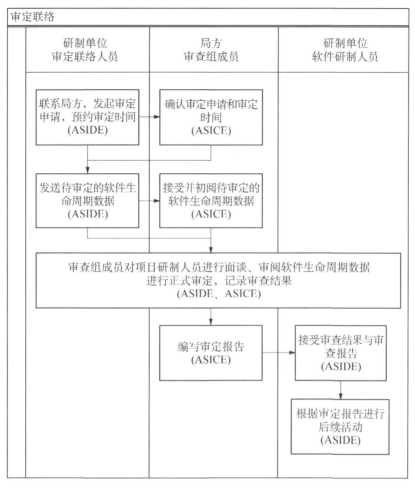

图 4.43 审定联络流程示意图

目前,C919 适航取证过程中机载软件的审定使用 ASICE 环境开展工作。如果软件研制单位使用 ASIDE 环境的话,那么可以通过 ASIDE 和 ASICE 的集成接口方便地实现审定联络的活动,参见图 4.43:

(1) 审定联络工作自动完成:当项目进展到一定阶段,局方介入审定的迁入准则得到满足时,ASIDE 会自动发起审定会议,给局方联络人发送项目概况、审定申请以及待提交的软件生命周期数据。通过 ASIDE 和 ASICE 的集成接口,局方联络人可以直接通过 ASICE 对审定申请和会议时间进行确认。

(2) 审定数据自动交换:在 ASIDE 配置软件研制流程的时候,可以配置每一次局方介入审定需要提交的软件生命周期数据。ASIDE 在发起审定会议并得到局方确认以后,能自动发送应提交给局方的软件生命周期数据,而局方则通过 ASICE 的集成接口,可以直接接受和查阅研制单位的提交的资料,实现便捷的数据交换。

(3) 审定结果和审定报告的交换:当局方审定工作结束,在 ASICE 里完成审定记录和审定报告后,ASICE 也会自动通过集成接口把审定记录与审定结果传输给被审单位的 ASIDE,而 ASIDE 则会自动地登记审定记录和审定报告,纳入自己的数据管理体系,供被审单位查阅、归档、备份。

4. 6. 2. 2　部分审定工作的自动化

软件审定工作其实是一件工作量很大的事情,局方审查员需要在几天的时间内,通过和研制人员面谈,或者查阅软件生命周期数据等方式,了解机载软件研制的过程和数据,从而判断软件是否满足适航要求目标。尤其当软件非常复杂,规模很大的时候,在仅有的几次介入审定过程中,如果想全面客观地对机载软件的研制过程有所判断,对于审查员来说要求是很大的挑战。

然而如果借助于 ASIDE 和 ASICE 的集成接口,这个挑战就能简化很多。一方面,ASIDE 本身就使用严格的数学模型来定义软件研制流程并可以进行流程检查,方便了软件的审定;另一方面,研制团队所有的软件生命周期数据、研制活动、角色分配等信息都在 ASIDE 中统一记录和管理。因此从某种意义上说,ASIDE 完整记录了机载软件整个生命周期过程,局方审查员只要检查 ASIDE 中的数据、活动、角色等信息,就能客观了解软件研制的实际情况。由于局方使用的审定环境 ASICE 和 ASIDE 具有类似的数据库和集成接口,在审定时局方只需要将 ASICE 作为 ASIDE 的客户端,直接以只读的方式访问 ASIDE 的后台数据库,在获取第一手数据的同时,还可以用工具自动化地进行部分审定工作,例如:

(1) 自动检查独立性等审定目标,提高审定效率。在软件级别较高的项目中,对质量保证和部分验证活动有角色独立性的要求。传统的审定方式往往是通过审阅相关的数据和记录,并和相关人员进行面谈对证,以了解角色独立性的满足情况。这种方式一来比较耗时,二来只能抽样进行,同时也很难避免文实不符的作假行为。如果局方审查员使用了 ASIDE 和 ASICE 集成接口进行独立性要求的审定,则可以自动遍历软件研制过程中所有需要独立实现的活动的执行者,以判断独立性是否满足。因此,有了 ASICE 与 ASIDE 的集成,诸如独立性之类可以通过数据分析进行审查的工作完全可以零时间地自动实现,并得到更加客观、更加准确的审定结论。

(2) 辅助检查需求覆盖率、追踪性等审定目标,提高审定质量。需求覆盖率和追踪性是 D 级以上机载软件都必须达到的目标。然而随着软件的复杂度增大,需求的粒度变细,对于需求覆盖率和追踪性的审定工作量变得无比巨大。在传统审定工作中,局方审查员往往只能通过抽查的方式对这 2 个审定目标进行检查。如果借助于 ASIDE 和 ASICE 集成接口,机载软件研制环境 ASIDE 可以自动给出所有需求的覆盖信息和追踪矩阵,为局方审查员提供穷举检查的证据。相比于抽查,这种自动穷举的方式不仅更为便捷高效,而且更加客观,易于发现问题。借助于 ASIDE 和 ASICE 的集成接口,局方审查员可以将精力放在追踪是否正确,所有的需求功能点、所有需求等价类是否都有测试用例覆盖等更为深层的关注点上,利于提高审定质量。

4. 6. 2. 3　SOI♯1 审定的客观支持

俗话说,万事计划为先,在机载软件研制过程中也同样如此。对于机载软件的审定往往分为两个层次：

（1）第一个层次是审定软件计划和软件标准，判断软件计划和软件标准是否符合 DO‐178B 标准对相关软件级别的目标要求，同时局方的审查员还要预判软件研制团队如果严格依据计划和标准开展研制活动，最终是否能研制出满足适航要求的软件产品。这是 SOI♯1 审查的内容。

（2）第二个层次是审定研制过程，通过面谈和审查软件生命周期数据，判断整个软件研制过程是否符合计划，是否达到相关软件级别的所有目标要求。这是 SOI♯2、SOI♯3、SOI♯4 审查的内容。

通常来说，在整个软件的研制过程中，局方会根据软件级别、研制团队经验等多方面因素进行综合评估，确定介入程度，从而决定安排几次审定活动。然而一般来说，对于计划的审定（SOI♯1）总是必不可少的。因为计划是执行的依据，只有在软件研制前期，通过局方审查员的审定确定计划是可行的、依据计划执行是能够达到适航要求的，后期的研制活动才能按照正确的方向进行。所以，SOI♯1 至关重要。

在传统的审定过程中，局方审查员通常是直接查阅软件计划和软件标准文档，依据文档的描述判断软件计划和软件标准是否符合 DO‐178B 的要求，按照计划执行是否能达到适航要求。仅仅依赖于文字描述去判断一个流程是否可行，本身对审查员就是一个考验。然而，如果研制单位使用了 ASIDE，则将在以下两个方面对 SOI♯1 审定提供客观支持：

（1）提供更为客观的流程判断。由于机载软件研制环境 ASIDE 整体的设计理念就是基于活动、数据、角色、行动者这四个要素建立起来的数学模型，其内部支持的流程定义本身就具有严格的数学理论支持。在计划过程中，研制人员可以在 ASIDE 内根据软件计划定义出一套可执行的软件研制流程。从此局方审查员不用再阅读枯燥的计划文档，在大脑中构想计划对应的流程到底能否符合适航要求，而是可以直接在 ASIDE 中查看定义清晰的整套软件研制流程，包括所有的研制活动、执行的角色独立性、迁移准则、预计输出的软件生命周期数据等等。基于这样一个直观的、无歧义的、可落地的流程，局方在 SOI♯1 审定中能够更加客观地判断计划阶段定义的流程是否符合 DO‐178B 标准的要求。

（2）提供流程差异分析，提高审定效率。机载软件研制环境 ASIDE 中针对不同的软件级别，内置了 4 套软件研制流程模板方案（分别针对 A/B/C/D 级软件）。这 4 套软件研制流程模板是经过局方审定并认可的模板方案，也就是说，研制单位如果完全依照这 4 套流程模板方案进行软件研制，基本可以达到相应软件级别的流程方面的适航要求。然而在实际工程中，各个研制单位往往需要根据自身的实际情况，对模板方案进行调整和修改，成为指导实际工程的软件研制流程。ASIDE 的内置差异比较引擎（Diff），可以自动分析出修改后的实际流程和内置的经认可的流程模板之间的差异，并在局方审定时，自动出具差异分析报告。审查员在进行 SOI♯1 审定时，只需要关注和流程模板方案不同的地方，从而提高审定效率。

4.7 ASIDE 的特色与价值

4.7.1 基于流程,又化流程于无形

总览第 4.3.2 节导入流程模板、第 4.3.3 节配置流程模板、第 4.3.4 节检查流程模板、第 4.3.5 节管理流程模板、第 4.4.2 节应用流程模板、第 4.4.3 节流程驱动、第 4.4.4 节任务管理、第 4.4.5 节任务执行等等,可以说 ASIDE 是一个基于流程的机载软件集成研制环境(见图 4.44)。但是,ASIDE 又非常巧妙地实现了化流程于无形的效果。有了 ASIDE 环境,在软件研制实践中,项目成员即使不了解流程也无妨,只要根据 ASIDE 的流程驱动执行自己的任务、完成自己的本职工作即可。而所有项目成员所做的工作综合在一起却又完全符合预先定义好的流程,这一点是通过 ASIDE 忠诚的流程驱动得到保证的。

图 4.44   ASIDE:基于流程,又化流程于无形

ASIDE 这一"基于流程,又化流程于无形"的特性,不仅降低了软件实施的门槛,将项目成员从公司流程的学习中解放出来,还降低了学习成本、沟通成本和管理成本。

4.7.2 基于数据元,追本溯源的数据解决方案

在传统的软件研制实践中,中国航空工业绝大多数单位都采用以文档为中心的工作模式,无论是写计划、写需求、写设计、写测试用例,最终都以文档作为其产物,即所有活动的输入和输出都以文档的方式组织和工作的。

ASIDE 彻底颠覆了这一做法。在第 2 章我们把软件研制流程抽象成一个数学模型进行研究,并对数据及其组成关系的特性经过分析以后提出了数据元的概念,认为数据元是具有独立语义的最小数据粒度单位。ASIDE 摒弃了以往基于文档的工作模式,而采用高度统一管理下的数据元作为核心对象,所有的活动和任务全部都以数据元为粒度进行规划、分配、开发、验证、评审和配置管理,从而实现了对软件研制数据全面的、有效的管理。

4.7.2.1 基于数据元的软件研制

通过以数据元为粒度设置任务的输入、输出,ASIDE 实现了基于数据元的软件研制活动支持。每个软件研制活动的本质都是基于指定的输入数据元开发指定的输出数据元。

正是因为 ASIDE 以数据元为粒度管理任务的输入和输出数据,它可以实现本源的、最细粒度的任务支持。以编写软件审定计划为例,可以将软件审定计划数据项中与项目管理相关的那一部分数据元分配给项目软件负责人进行编写、将与开发相关的那一部分数据元分配给软件开发负责人进行编写、与审定联络相关的数据元分配给审定联络负责人进行编写,这些编写工作可以并行,提高了工作效率。

值得指出的是,这里所说的基于数据元的"软件研制",包括了软件计划、软件开发、软件验证、软件配置管理、软件质量保证、度量与分析、项目监控、风险管理等等,它们无不都是基于完全统一的基于数据元的工作方式。

4.7.2.2 基于数据元的追踪关系

DO-178B/C 标准要求建立数据的追踪关系。特别是 DO-178C 的第 11.21 节更是明确地指出必须要在如下数据之间建立双向的追踪关系,参见图 4.45:

(1)分配到软件的系统需求与高层需求;

(2)高层需求与低层需求;

(3)低层需求与源代码;

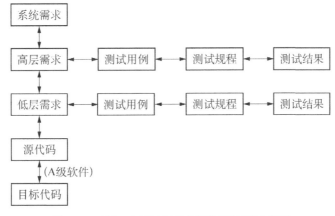

图 4.45 DO-178B/C 要求的数据追踪示意图

（4）高层需求与测试用例；

（5）低层需求与测试用例；

（6）测试用例与测试规程；

（7）测试规程与测试结果；

（8）源代码与目标代码（对于 A 级软件）。

对于数据追踪的粒度,DO‐178B/C 标准并没有给出特别明确的指示。在以往以文档为中心的工作模式下,许多软件研制单位是以文档的章节为粒度进行追踪的,这显然是粒度过粗的一种表现。但是粒度过分细化,也往往没有意义并且增加成本。当把数据元定义成为具有独立语义的最小单位以后,我们完全有理由,也有相关的文献支持表明,数据元应该是数据追踪最合适的粒度。

在 ASIDE 中,不仅开发任务是以数据元为粒度的,追踪关系也是以数据元为粒度建立的。更有特色的是,ASIDE 强调的理念是:数据追踪应该来自于数据元生产的任务本身,而不是事后的数据维护和分析处理。以高层需求的开发为例,ASIDE 的开发理念是这样的:

（1）ASIDE 驱动产生一个高层需求开发的任务,该任务的输入是（部分）分配到软件的系统需求（条目化数据元）。

（2）任务执行者充分阅读并理解这些系统需求,并把它们逐条细化分解并编写成为高层需求。

（3）一旦为某条系统需求开发出高层需求,ASIDE 会自动在后台建立它们之间的追踪关系。这相对以往花费冗长而枯燥的时间手工建立追踪关系来说,又是一次理念的颠覆。

（4）因此,需求开发人员的智力思维高度集成在对系统需求的理解和分解上面,而完全不必关心这两者的追踪关系。

（5）除了自动建立追踪关系,ASIDE 还提供了需求跟踪矩阵、需求详细信息查询等功能手段,支持追踪数据的展现。

得益于 ASIDE 基于数据元的追根溯源的数据解决方案,ASIDE 不仅能够出色地维护 DO‐178B/C 标准所要求的图 4.45 所示的追踪关系,而且能把所有可能的追踪关系以完全统一的方式和机制进行了管理,下面再列举若干:

（1）验证结果与被验证对象、评审结果与被评审对象、审计结果与被审计对象；

（2）问题报告与数据元、变更与数据元；

（3）问题报告与基线、变更与基线、基线与基线；

（4）任务与行动者。

4.7.2.3　基于数据元的文档生成

根据上面所述,既然软件研制流程中的所有活动/任务都是基于统一管理的数据元进行的,那么数据元就是所有软件生命周期数据的全集,而文档的存在仅仅是为了特定的需要而进行的数据元的组织方式和表现形式。

这样,所有的软件生命周期活动/任务都在数据元上开展,而文档则可以由 ASIDE 自动生成。传统的"写文档"工作就变成了"写数据元"。把数据元按照文档模板指定的组织结构、格式样式组合下来就成为相应的文档。一个文档由多个数据元组成,一个数据元也可能出现在多个文档之中。

基于数据元的软件研制以及基于数据的文档生成带来许多好处,例如:

(1) 文档格式统一:文档由 ASIDE 根据文档模板自动生成,确保了文档格式统一。

(2) 支持并行工作:数据元比文档粒度更细,基于数据元的任务执行实现了最大可能的并行工作,研发团队中的成员可同时编写各自的数据元。

(3) 避免文档冲突:当一个文档被多个人同时编写时,往往会形成大量的内容冲突,而这些冲突内容的合并,即使有工具的支持也是非常繁琐和枯燥的。以数据元为粒度进行任务分配和软件研制,不仅可以高度并行,还可以彻底避免文档冲突的现象。

(4) 保证文档一致:同一个数据元可能出现在不同的文档中,当数据元经过修改后重新生成文档时,将会更新所有受影响的文档,保证文档的一致性。

4.7.2.4 基于数据元的数据组合

根据第 2.2.5 节和第 3.4 节所述,软件生命周期数据根据其组成关系可以衍生出多个术语:数据元、文档、数据项、配置项等等。除了上节所述的文档以后,数据项和配置项都是在不同目的下对数据元的组合。在 ASIDE 环境中,不仅对活动/任务实现了数据元级管理,还实现了软件研制流程定义级的数据项管理和软件配置管理级的配置项管理。限于篇幅,我们在本节中略去相关论述,详见文献[53]。

4.7.2.5 基于数据元的分工合作

通过软件研制流程的配置,允许 EPG 小组合理定义角色实施活动的关系(也即权限)。ASIDE 依据配置好的软件研制流程,使用以数据元为粒度的任务驱动,以最优方式实现了项目成员的分工与合作,并确保所有不同角色项目成员的工作依然符合预定的流程。

4.7.2.6 基于数据元的并行处理

由于 ASIDE 以数据元为粒度进行任务管理和任务驱动,它实现了本源的、最大程度的并行处理,并达到最优化的并行工作与流程控制之间的平衡。在满足预定的软件研制流程及其相应软件等级适航要求的前提下,ASIDE 最大程度地支持并行工作,以提高软件研制效率,缩短软件研制周期。

限于篇幅,本书不能对 ASIDE 如何实现最大程度并行处理的机制展开系统的和详细的论述,但我们可以从例 45、例 47 以及流程质量要求 25、流程质量要求 26 和流程质量要求 27 观其端倪。

以软件需求阶段为例,由于 ASIDE 以数据元为粒度分解软件需求开发任务,每个需求开发人员各自承担若干数据元。在某些软件需求的数据元开发完成后,就可对此建立一条核查基线并开始这部分软件需求的核查任务,而不必等到全部需求完成后才开始核查。由于这样的并行任务开展在 ASIDE 中是完全可控的,因此既符合了预先定义的流程,又提高了工作效率。

4.7.3　智力活动与行为活动

在第2章给出的软件研制流程的数据模型中,活动是四个要素之一。我们可以根据其特征把活动分成两类:智力活动与行为活动。所谓智力活动,是指这项活动必须借助人类的智力才能完成,没有其他替代方式,例如编写软件高层需求、编写软件低层需求、评价低层需求与高层需求的符合性等等,这些活动离开了人类的智力是不可能完成的;所谓行为活动,是指根据一定的规范、程序、指南的要求就可以执行的活动,它并不一定依赖人类的智力,当规范、程序、指南的要求描述得足够精确和详尽后,完全可以使用工具来完成,而不需要人类的参与,例如根据预先定义好的流程向每个活动/任务提供输入数据、实现数据冻结、统计工时等等。表4.2给出了部分智力活动和行为活动的对比。

表 4.2　智力活动与行为活动

智力活动举例(由人类完成)	行为活动举例(由 ASIDE 自动完成)
● 定义软件研制流程(四个要素及八个关系)	● 检查软件研制流程是否符合 2.3.1 节给出的流程质量要求 ● 根据软件研制流程,驱动各项任务
● 各类数据元的编写 ● 配置文档模板	● 根据数据元和文档模板自动生成文档 ● 自动维护不同文档之间内容的一致性
● 阅读某条分配到软件的系统需求 ● 根据这条系统需求编写多条高层需求	● 建立这些高层需求与这条系统需求的追踪关系
● 当某条低层需求实施变更时,评价与其相关的数据元(高层需求、源代码、测试用例等)是否也需要进行变更。也即影响分析	● 提供与这条低层需求相关联的高层需求、系统需求、源代码,供影响分析 ● 提供与这条低层需求关联的测试用例、测试规程、测试结果,供影响分析
● 定义度量元、度量项、度量活动	● 驱动度量活动,执行度量活动 ● 每周/月/阶段的工作总结汇报(参见图 4.46)

值得指出的是,把软件研制流程活动区分成智力活动和行为活动不是绝对的,不能一概而论。有时候,一些智力活动可以通过一些特定技术和方法转化成行为活动。例如,通常来说软件编码是一个智力活动,需要人类的智力根据低层需求编写源代码;但是,如果我们使用了形式化方法,把低层需求用形式化语言来表述,那么源代码也可以通过工具来自动生成,软件编码就变成了一个非智力的活动行为。再如,通常来说软件测试是需要人类参与的智力活动,但如果测试用例、测试规程、预期结果、判定准则等测试要素全部用格式化、形式化的方法来管理的话,完全可以使用测试工具来实现自动化测试,这样测试就变成不再需要人类参与的行为活动了。

图 4.46　ASIDE 自动生成项目周报的大部分内容(行为活动)

从上面的例子可以看出,把智力活动转化成行为活动的通常做法是:使用数学化、形式化的方法来规范智力活动的操作规程。一旦智力活动的操作规程能够用有效、完整、准确的"数学模型"来表征,就有可能使用工具来实现该项活动,也就把该智力活动转化成行为活动了。

把软件研制活动区分成智力活动和行为活动以后,我们期望做到如下两点,以实现人类工作最小化:

(1) 尽可能地把智力活动转化成为行为活动;

(2) 尽可能地使用工具来实现所有的行为活动。

ASIDE 的设计理念非常好地贯彻了上述两点:一方面,它使用第 2 章的数学模型来定义和管理软件研制流程,通过这一数学模型的形式化处理,ASIDE 把大量的智力活动转化成了行为活动;另一方面,ASIDE 提供了各种各样的功能尽最大可能地实现了行为活动的自动化处理,让人类在软件研制实践中只从事智力活动,ASIDE 来负责所有行为活动的执行,这就是 ASIDE"你智·我行"的理念。表 4.2 给出了一部分由 ASIDE 自动完成,不需要任何人力成本的行为活动。

4.8　ASIDE 光盘

本书附带一张光盘,其主要内容有:

(1) ASIDE 介绍资料;

(2) ASIDE 演示视频;

(3) ASIDE 生成的若干文档样本;

(4) 上海爱韦讯信息技术有限公司介绍资料;

(5) 软件适航基础培训、高级培训、实战训练等课程介绍。

5 软件生命周期数据样本

5.1 概述

DO-178B 把软件生命周期中产生的文档、代码、报表、记录等所有工作产品统称为软件生命周期数据。软件生命周期数据是软件研制、软件使用、软件维护的整个生命过程中所有数据的全集,完整、真实地记录了软件的每一次需求变更、每一次代码改动、每一个测试用例、每一次版本升级、每一次评审会议等。根据软件生命周期数据及其配置管理,可以重现整个软件的生命过程,从而可以作为软件适航取证的基本依据。局方往往通过分析研制单位提供的软件生命周期数据,加上一定的访谈对证,来判断机载软件的研制过程是否符合 DO-178B 标准所规定的相应软件级别的目标、独立性以及各项数据的控制类别等,从而判断该机载软件是否能通过适航认证。

根据本书第二章 2.2.5 中的阐述,软件生命周期数据是在定义软件研制流程中使用的抽象概念,在实际机载软件研制实践中,软件生命周期数据必须根据项目规模、特点、现有研制体系,被实例化为文档,因此研制单位需要在软件计划中明确项目中软件生命周期数据的组织方式,以便在项目实施过程中按照要求组织成文档。

虽然在软件研制实践中,软件生命周期数据是必不可少的部分,而且也是适航取证的基本依据,然而在实际执行过程中,如何编写合理有效的文档,以指导和记录整个软件生命过程,一直困扰着软件研制人员。在和航空工业多家研制单位的研制人员交流过程中发现,他们普遍反映在编写文档时,存在无从入手,文档后期又难以维护等问题。我们将这些问题归纳如下:

(1)文档的编写缺乏具体的要求和明确的指导。DO-178B 是从适航角度给出对于软件生命周期数据的要求,但并没有像 GJB 438B 一样给出明确的文档格式、样式及内容要求。因此,如何在实际机载软件研制项目中,编写具体的文档,不同的人可能会有不同的理解,从而导致最终的文档各不相同。甚至在同一研制单位内部,不同项目的文档写法也千差万别,无法统一。

(2)文档模板的遵循度不够。大多数研制单位都会定义文档模板,要求各个项目按这些文档模板来编写文档。然而很多情况下文档模板是一个 office 文件,研发人员在编写过程中未必遵循文档模板中的格式要求,如标题样式、编号样式等,从而导致文档的格式各异,不便于统一管理。

(3) 文档的维护困难。各个文档相互之间存在很多重复内容,如项目背景、系统概述等,如果这些文档是由多人编写的,如何保证这些重复内容的一致性? 如果某个人更新了自己文档中的系统概述,其他人如何及时知晓并更新自己文档中的系统概述? 此类维护问题会随着项目的进展而越来越复杂。

(4) 文档难以并行处理。虽然在航空工业的研制单位中,很多时候都是一个行动者负责一份文档的编写,但也存在由于项目时间紧,规模大,一份文档的编写必须由多个行动者并行完成。如何有效平衡并行编写和文档冲突的矛盾至关重要。通常的做法是大家各自写一些段落最后由专人合并,但合并后如果两个人需要同时修改,又会存在更新合并的实际操作问题。

(5) 文档内容难以符合实际情况。在某些项目中,可能由于历史遗留原因,软件项目已经有了较为成熟的代码,但缺少相关的设计或需求文档。此时,研制单位可能会直接根据代码来补充设计或需求文档,往往会导致文档的内容无法符合真正的系统需求,文档和实现脱节。另外,在编写计划文档时对项目的实际情况考虑不足,导致真正实施时,计划文档仅仅流于形式,不具有参考性。

这里需要特别说明的是,虽然软件生命周期数据或者文档记录了整个软件生命过程,是软件适航取证的基本证据,但并不意味着文档就是适航的全部。一个软件的研制要达到适航要求,其研制流程除了文档数据外,还要求活动、角色、行动者及其之间的关联关系达到适航相关要求,四个要素缺一不可。

那么,究竟怎样的文档才能在真实指导和记录软件生命过程的同时,又能便于研制人员编写和维护呢? 在本章,我们将通过以下几份典型的软件生命周期数据样本做深入讲解。建议读者在阅读和参考本章给出的样本文件时注意如下几个方面:

(1) 本章中给出的文档样本是由 ASIDE 自动生成的。它是 ASIDE 使用本书第 2 章提出的数学模型、配置了第 3 章给出的最佳实践以后所生成的软件开发计划、软件验证计划、软件配置管理计划、软件质量保证计划、软件合格审定计划。因此,在这些文档中大量的涉及数据、活动、角色的内容,都引用了第 3 章给出的定义。

(2) 由于 ASIDE 使用数据元的概念,这些文档中使用了一部分共同的数据元,如系统概述、组织结构、角色职责等等。所以这些数据元的内容出现在不同文档中,并且内容通过文档生成的机制确保是一致的。请读者细细体会这一点。

(3) 这些文档仅作为样本供读者参考。读者应该根据自己单位的人事结构、项目特点、软件级别等实际情况定义适合自己的软件研制流程,并对文档作出相应调整。

5.2 软件开发计划

研制人员需要在软件计划过程中编写软件开发计划,定义软件生命周期和软件开发环境,用以指导软件开发过程中具体的活动,以满足 DO‐178B 标准相关软件等级的开发目标。在 DO-178B 标准 11.2 节中明确要求软件开发计划必须包括以下三部分内容：

（1）软件开发标准。对于 D 级以上的软件，都需要提供软件开发标准，包括软件需求标准、软件设计标准和软件编码标准。如果软件开发标准是以单独的文档形式给出的话，则可以在软件开发计划中做出引用。

（2）软件生命周期。所有级别的软件都需要在软件开发计划中详细定义软件的生命周期，包括开发的各个子过程，每个子过程的输入、输出及反馈，子过程的活动，子过程之间的时序和迁移准则等。

（3）软件生命周期环境。在软件开发计划中需要明确项目使用的编程语言，使用的软硬件环境及其版本信息。需要分析所有使用到的开发工具和支持管理类工具是否需要鉴定，如果需要鉴定，需要明确相应的鉴定级别。

附录 E 提供了一份软件开发计划样本，用以指导在机载软件集成研制环境下进行软件开发活动。这份软件开发计划除了涵盖 DO-178B 标准 11.2 节中要求的所有内容，相比其他传统的软件开发计划，还具有以下几个显著特点：

（1）软件开发 4 个子过程中的输入和输出都是以数据元为粒度。开发人员编写和维护的对象不再是文档，而是更加细化的数据元。在这种情况下，开发人员只要维护好数据元所承载的数据内容，文档的生成工作完全可以交给研制环境自动生成。以数据元为粒度的开发计划使得开发人员不用再为如何遵循文档模板而困扰，可以把更多的精力放在更为重要更本质的数据内容上，从而提高开发效率。

（2）追踪关系通过研制环境自动建立。传统的开发观念中，往往需要把需求和设计都编写完成后，人工建立双向追踪关系。后期一旦需求或者设计有所变更，还需要维护更新追踪矩阵。在这份开发计划中，追踪关系可以通过 ASIDE 研制环境的支持，在编写需求或设计的同时自动建立。当发生变更时，追踪关系能及时自动更新，省去了大量人力，易于维护。

（3）源代码和设计的追踪粒度为函数、全局变量、数据类型。源代码和设计之间的追踪粒度一直是研制单位和局方反复沟通的问题。通常一个 C 文件中会包含多个函数实现，如果源代码和设计之间的追踪粒度定为 C 文件级别，那么势必存在繁杂的多对多的追踪，粒度太粗，不利于影响分析。在这份软件开发计划中，研制环境能自动将源代码解析为函数、全局变量、数据类型等结构体，建立这些结构体与设计的追踪关系，为准确的影响分析提供了保障。

（4）添加评注以记录开发过程中的交流信息。机载软件的开发，不是一两个工程师能够单独完成的事情，而是需要一个团队协同工作。在开发的过程中，往往存在自然语言无法描述清楚的情况，通过评注项目组成员可以方便地实时地记录针对软件生命周期数据的注释、疑问、说明等，便于在项目团队中的协同和交流。

5.3　软件验证计划

软件验证计划描述了满足软件验证过程目标所需要进行的验证活动。这些验证活动随着不同的软件级别而有所区别。在 DO - 178B 标准 11.3 节中明确要求软件验证计划必须包括以下内容：

（1）组织架构。明确每个成员在验证活动中的角色、职责和独立性要求。

（2）验证方法。定义软件验证过程中各个活动所采用的验证方法，明确使用的核查检查单，明确具体的分析方法，如：追踪分析、覆盖率分析、分区分析等，明确测试用例的选取方法和测试规程。对于项目中使用了预开发软件、多版本非相似软件、软件分区，则应当给出有针对性的验证方法。

（3）测试环境。定义项目中使用的测试设备、测试和分析工具，尤其关注编译器的版本和编译选项，并对编译、链接、加载程序的正确性做出合理假设。

（4）回归测试。明确给出影响分析的方法，并验证确保之前提出的问题和变更都已经被修复。

附录 F 提供了一份软件验证计划样本，用以指导在机载软件集成研制环境下进行软件验证活动。这份软件验证计划除了涵盖 DO - 178B 标准 11.3 节中要求的所有内容，还具有以下几个显著特点：

（1）把验证活动分成核查、评审、分析、测试四类活动。

（2）核查是以数据元为单位对软件计划与标准、软件高层需求、软件架构、软件低层需求、软件源代码、集成输出、测试用例与测试规程、测试结果等数据的全面的、穷举的检查，以检查它们的符合性、一致性、追踪性、准确性等等。详见第 3.1.2 节。

（3）评审则是以文档为单位对软件计划与标准、软件高层需求、软件架构与低层需求、测试用例与测试规程、测试结果、软件配置索引、软件生命周期环境配置索引、软件完成综述等数据的抽样检查，以从一个更高的、更整体的方式检查它们符合性和一致性。详见第 3.1.2 节。

（4）软件验证工作是 DO - 178B 标准对适航要求中浓墨重彩的一笔，附件 A 的 66 个目标中有 40 个目标是针对软件验证的活动提出的。而且实践经验和教训表明，验证工作应该尽早、尽详地进行，以便能够在软件生命周期的早期发现问题并改正问题。在本软件验证计划中，以核查与评审相结合的做法在分析与测试之前进行早期验证，不仅符合中国航空工业的实际国情，而且核查以数据元为单位，评审以文档为单位，两者检查对象不一样，检查层次不一样，关注重点不一样，检查方式也不一样。两者的结合，使得验证工作更为有效和全面。

（5）分析和测试的定义与 DO - 178B 以及传统的做法相似，这里不再赘述。

（6）完成了部分开发内容即可开始核查。传统的软件研制流程通常是软件开发人员编写完一份完整的开发文档后，交给验证人员进行验证。一旦文档内容较多，或者由于某个技术难点无法及时完成开发文档时，会导致验证活动无法及时进行，影响项目进度。这份软件验证计划把核查的迁入准则定义为"软件开发人员提交了已开发的某个数据项的部分内容"，即只要部分相对独立的数据元完成编写就可以进行这部分数据元的核查工作。核查工作可以并行同步进行，在符合流程和适航要求的前提下,很好地提高整个研发团队的效率,详见第 4.7.2.6 节。

5.4　软件配置管理计划

软件配置管理计划中定义了所有必须的配置管理方法和活动,确保所有的目标代码可以重复地一致地生成,从而在整个软件生命周期中实现 DO - 178B 标准要求的软件配置管理目标。所有的软件生命周期数据都必须受控。在软件配置管理计划中应当包括:

(1) 配置管理环境。明确软件配置管理所用的规程、工具、方法和人员。

(2) 配置管理活动。明确项目中对于软件和硬件所有的管理活动,定义具体的配置项及其标识,基线类型、标识及发布准则,问题和变更的流程,定义配置状态统计、归档、检索、发布等活动,描述软件加载、软件生命周期数据、软件生命周期环境控制。

(3) 迁移准则。明确软件配置管理过程的迁入和迁出准则。

(4) 软件配置管理数据。明确整个项目中产生的软件生命周期数据。

(5) 供应商控制。明确对供应商的软件配置管理要求。

附录 G 提供了一份软件配置管理计划样本,用以指导在机载软件集成研制环境下进行软件配置管理活动。这份软件配置管理计划除了涵盖 DO - 178B 标准 11.4 节中要求的所有内容,还具有以下几个显著特点:

(1) 配置项包含文档配置项和数据元配置项。在软件验证计划中,我们把验证活动分为核查、评审、分析、测试等四类。核查是以数据元为粒度的,评审是以文档为粒度。对应地,在本配置管理计划,配置项也相应地分为数据元配置项与文档配置项。数据元覆盖了软件生命周期数据的全集,文档则作为数据元的一种合理的、便于评审或展示的组成方式。一个文档可以由多个数据元组成,一个数据元也可以重复出现在多个文档中。将数据元作为管理软件生命周期数据的最小单元进行标识配置管理,以便更有效地实现数据核查、数据追踪、覆盖分析等活动。

(2) 依据第 3 章给出的最佳实践,我们将在配置管理活动中根据第 3.1.2 节的内容建立核查基线、评审基线和审查基线,也将根据 3.1.3 节的内容建立阶段基线和工作产品基线。其中评审基线和阶段基线在中国航空工业传统的机载软件研制流程中较为常见,即在评审前或阶段结束时建立基线,冻结相关的软件生命周期数据。核查基线,则是在软件开发人员完成部分数据元开发后,交给验证人员进行核查之前建立的一条基线,为后续的核查建立一个稳定的工作基础。

(3) 虽然我们给基线取了核查基线、评审基线、审查基线、阶段基线、工作产品基线等不同的名字,但其实并没有增加任何配置管理的工作量,因为建立基线的活动是第 4.7.3.1 节所述的"行为活动",它不需要人类的智力来完成,而由 ASIDE 根据软件研制流程中定义的各类基线的配置项自动建立基线,而不需要花费任何人力成本。

（4）根据追踪关系及关联的数据元进行变更影响分析。在项目中,数据的编写、核查、追踪建立都是以数据元为粒度,因此在进行变更影响分析时能更为精确地识别出关联的对象,进行影响分析。

5.5　软件质量保证计划

软件质量保证计划定义了具体的软件质量保证活动,以确保:

（1）在软件计划过程中制定的计划和标准符合DO-178B标准相关软件级别的要求;

（2）计划和标准能得到有效实施;

（3）所有的迁移准则能得到满足。

DO-178B标准11.5节要求软件质量保证计划明确定义以下内容:

（1）环境。描述软件质量保证的环境,包括人员、职责、权限、独立性、规程、工具及方法。

（2）活动。定义整个软件生命周期中对数据和过程的软件质量保证方法,对发现的问题的处理、跟踪及纠正活动,以及软件符合性评审活动。

（3）迁移准则。明确软件质量保证过程的迁入和迁出准则。

（4）时间安排。定义执行软件质量保证活动的时机、频率。

（5）软件质量保证记录。定义软件质量保证过程中产生的记录。

（6）供应商管理。描述如何保证供应商执行的过程和提供的数据符合软件质量保证计划。

附录 H 提供了一份软件质量保证计划样本,用以指导在机载软件集成研制环境下进行软件质量保证活动。这份软件质量保证计划除了涵盖 DO-178B 标准11.5节中要求的所有内容,还具有以下几个显著特点:

（1）明确并确保过程审计的频率。在软件质量保证计划中定义至少两周进行一次过程审计,并且可以由机载软件集成研制环境自动发起审计活动,保证审计的活动执行和软件质量保证计划一致。

（2）增加对数据元配置项的审计。在软件配置管理计划样本中提到,数据元是作为配置项进行配置管理,因此对于数据元也需要进行相应的数据审计(也作“产品审计”)。在软件质量保证计划中定义了针对数据元配置项的抽样审计频率,不仅从更细的粒度上保证数据的质量,而且也体现了与其他几份软件计划的一致性,符合DO-178B 标准对于计划的要求。

5.6　软件合格审定计划

软件合格审定计划是申请人必须提交给局方进行认证的软件生命周期数据之一。它是局方用来首次初步确定申请人所提出的软件生命周期是否符合适航要求和相应的软件级别的第一份材料。在 DO-178B 标准11.1节中明确要求软件合格审定计划需要包括以下内容：

（1）系统综述和软件综述。提供系统和软件的简介。

（2）合格审定考虑。明确审定基础、采用的符合性方法、建议的软件级别。

（3）软件生命周期概述。初步说明各个计划满足 DO‐178B 标准，具体的生命周期活动可以在各个计划中再做详细描述。

（4）软件生命周期数据。明确项目名称中产生和控制的软件生命周期数据，数据内部和外部的相互关系。

（5）进度安排。描述与局方进行合格审定相关的活动进度安排和沟通联络的方式。

（6）额外考虑。明确可能影响合格审定过程的具体因素，如工具鉴定、替代方法、预开发软件、用户可更改软件、商用成品软件、现场可加载软件、多版本非相似软件、产品服务历史等。

附录 I 提供了一份软件合格审定计划样本。这份软件合格审定计划除了涵盖 DO‐178B 标准 11.1 节中要求的所有内容，还具有以下几个显著特点：

（1）软件生命周期的计划细化到活动的粒度。在各个阶段中，明确了角色及其执行的活动，对于计划的执行更具有指导性，易于在真实项目中落地。

（2）项目工作的进展由机载软件集成研制环境 ASIDE 驱动。ASIDE 根据配置好的软件生命周期、进度安排、迁移准则以及项目进展的实际状态，为项目成员驱动任务并执行任务，从最大程度上保证项目的研制和计划相符。

（3）兼顾了项目管理方面的要求。DO‐178B 标准中所有目标都是针对适航要求提出的，并不涉及进度、成本、风险等项目管理。然而在实际工程中除了软件的质量，成本、进度都是必不可少的关注要素。在这份软件合格审定计划中，额外添加了项目跟踪、监控、风险管理等规程，从工程、适航、管理多个角度全面考虑了项目的策划。

6 总　　结

随着 3C(Computer、Communication、Control)技术在各行各业的应用,嵌入式软件在现代生活中日益普及。而在诸如航空、航天、核电、医疗、轨道交通、汽车电子等安全要求特别高的领域,嵌入式软件的出错往往会导致非常严重的后果,如 ARIANE 火箭数据转换溢出导致的爆炸解体、Therac‐25 放射治疗仪由于放射剂过量导致的人员死亡,都是由于软件 BUG 引起的,给人类带来了严重的人员伤亡和巨大的经济损失。

由于软件本身的特殊性,它的安全通常无法像电子器件、复合材料一样进行测量和实验,也通常无法进行穷举的测试。所以软件的安全在工业实践中的做法是依靠严格、规范的软件研制流程控制来保障的。各个安全关键的行业都会提出相应的行业软件标准,并对软件研制的流程或技术进行相应的规范和要求。由此可见,软件研制流程对于软件安全来说是至关重要的。

但是,纵观中国各个安全关键行业的软件研制现状,我们却发现许多单位对嵌入式软件研发的流程控制并不精通,而中国航空工业对民用航空标准 DO‐178B/C 的实施或多或少也觉得有些力不从心,归根到底还是缺少成功的经验,同时也由于技术封锁的原因缺少可直接借鉴的国外成功案例。

本书参考了大量的文献,综合了国外大量的案例,经过多年的反复研究和实践,提出了软件研制流程的数学模型;给出了软件研制流程的最佳实践;设计出了与该数学模型及该最佳实践配套的机载软件集成研制环境 ASIDE;还展示了由 ASIDE 生成的部分软件生命周期数据样本;同时,书中还从多个角度分析了该软件研制流程最佳实践的质量特性以及与多个行业标准的符合性。

6.1　软件研制流程的数学模型

本书第 2 章第 2.1 节和第 2.2 节提出了软件研制流程所蕴含的一个严格的数学模型,它认为软件研制流程是活动、行动者、角色和数据这四个要素以及它们之间的八个关系组成的综合体。仔细分析这个数学模型,它高度地概括了软件研制流程各个方面的内容:即什么行动者,扮演了什么角色,具有了何种权限得以在什么时候什么条件下,用何种方式实现了哪些活动,在活动中使用了哪些数据,并生产了哪些数据,所有这些要素和关系组成的整体最终符合怎样的目标。

　　通过对这八个关系的深入分析,读者可以从数学模型的全新角度来解释现有国内外航空工业在机载软件的研制实践中常用的一些术语(如过程、阶段、活动、任务、数据、数据项、文档、配置项等)。另外,通过对数学模型的分析还可以对软件行业比较常见和普遍的难题给出解决方案(如需求粗细、追踪粒度、数据颗粒、抽象层次等等)。

　　从完全数学的角度来说,给出任意四个集合以及这四个集合的八个关系,都可以认为是一个软件研制流程。但从社会实践、软件工程、行业标准、组织管理等角度来说,用这个数学模型定义的软件研制流程还应该具备一些流程质量要求。第2章第2.3节罗列了从不同角度提出的部分流程质量要求。最终我们在第2.4节阐明了,一个好的软件研制流程和软件研制实践离不开一个出色的流程支持环境。

6.2　软件研制流程的最佳实践

　　根据第2章给出的软件研制流程的数学模型,本书第3章综合了国内外著名航空单位机载软件研制的大量案例,结合中国航空工业的实际特点,依据国际软件适航标准的要求,经过分析、研究和归纳,提出了一套完整的、严格的、规范的、易操作的机载软件研制流程的最佳实践。

　　这里提出的最佳实践,是从国内外多个著名航空单位的机载软件研制案例中概括、总结并提练出来的。书中剔除了这些案例中过于个性化的成分,保留了一个完备的共性流程。因此该最佳实践具有足够的典型性和良好的代表性,对初次建设流程的单位来说具有很好参考意义和实用价值。针对不同的用户和不同的项目,均可以方便地在这个流程的基础上做一定的调整得到更适合自己的流程。

　　这里提出的机载软件研制流程最佳实践,其活动、数据、独立性等各方面都是按照 A 级软件的适航要求来配置的。对于低于 A 级的软件研制,可以对这个流程进行方便的裁剪,得到其他级别软件研制的流程。在 ASIDE 环境预带的流程模板库中,已经包含了 A 级、B 级、C 级、D 级软件流程的最佳实践。

　　DO‐178B/C 从适航角度提出了软件计划过程、软件开发过程、软件验证过程、软件配置管理过程、软件质量保证过程、审定联络过程等活动。我们还需要在这里特别说明,本书第3章提出的机载软件研制流程最佳实践,不仅完全覆盖了这些活动,还配置了诸如项目立项、项目管理、风险管理、测量与分析等一系列 GJB 5000A/CMMI‐DEV 提出的管理类和支持类过程域。因此,它是一个全面的流程。

6.3　机载软件集成研制环境 ASIDE

　　通读本书第2章给出的软件研制流程的数学模型以及第3章给出的软件研制流程的最佳实践,我们发现一个好的流程必须要有一个出色的流程支持环境才能发挥更大的价值和作用。本书第4章给出了机载软件集成研制环境 ASIDE 的介绍,它与本书第2章、第3章、第5章的内容完全呼应,成为本书整套解决方案不可分割的重要组成部分。

ASIDE 完全按照第 2 章给出的数学模型进行软件研制流程的定义,并可以实现流程质量要求的自动检查。它把软件研制流程以流程模板的方式进行管理,形成组织资产库,以实现组织资产的重用和成功经验的固化。

ASIDE 不仅提供了软件研制流程的定义,还可以实现软件研制流程的实例化,按照流程中定义的迁移准则把活动驱动成为任务。由于所有的软件研制活动全部定义在流程中,所以 ASIDE 可以把软件生命周期中的所有任务都有效地驱动出来,实现全流程的驱动与覆盖。在 ASIDE 的驱动之下,软件研制人员甚至可以不了解软件研制流程,只需要按照 ASIDE 待办事项的提示去执行软件研制任务,各司其职就可以了。而所有人执行的任务综合在一起,又是满足预定流程的,这一点是通过 ASIDE 的流程实例化和任务驱动得到保证的。这就是 ASIDE 很有特色的"基于流程,又化流程于无形"的思想。

ASIDE 不仅实现了任务的驱动,还为每个任务的执行提供了直接的执行环境。任何一个项目研制人员接受了任务以后,可以在 ASIDE 里直接完成该任务的执行。因此 ASIDE 是一个完备的机载软件集成研制环境,覆盖了所有软件生命周期活动的驱动与执行。这一做法切实地实现了流程驱动与研制活动的无缝集成,保证了软件研制流程得到真实地执行,彻底摒弃流程与工程不符、数据与现实不合的"两张皮"和"伪适航"的现象。

书中在第 4.7.3.1 节把软件生命周期活动分为两类:智力活动与行为活动。智力活动是指只能通过人类的智力才能实现的行为,例如定义软件需求、设计软件架构等创造性的活动。行为活动是指一旦以数学的方式或者以其他严格的方式定义完整、定义清楚,就不需要人类智力,通过软件工具(系统行动者)就可以完成的行为,例如工作量的自动统计、工作日志自动生成、文档的自动生成、追踪关系的自动建立、测试规程的自动执行等等。由于 ASIDE 覆盖了软件生命周期的所有活动,并管理了软件生命周期的所有数据,因此,它可以实现对所有行为活动的自动化,例如流程质量要求的自动检查、文档的自动生成、文档一致性的自动维护、基线的自动建立、数据的自动测量、工作报告的自动生成等等。

DO-178B/C 提出的机载软件适航要求有三个基本元素:过程(活动)、数据、目标。ASIDE 一方面覆盖了软件生命周期的所有过程和活动,另一方面还管理了软件生命周期的所有数据,最终通过对活动(过程)和数据的管理以达到适航目标的符合性。因此,ASIDE 不仅仅是一个优秀的软件研制环境,还是一个出色的适航举证平台。软件研制单位可以通过 ASIDE 平台向审查局方展示所有的适航符合性证据,让审查局方可以方便地、高效地、真实地了解软件生命周期活动和软件生命周期数据,以判定对目标的符合性。

ASIDE 是一个以数据元为中心的集成研制环境,它解决了中国航空工业刚刚接触适航要求所面临的许多难题,给出了合理的数据粒度实现上下层需求的追踪、给出了合理的代码颗粒实现代码与需求的追踪、实现了文档的自动生成、有效地维护了共用数据元的文档一致性,并能够实现基于数据元的问题报告与变更控制,很大程度地提高效率。

6.4 软件生命周期数据的参考样本

根据 DO-178B/C 标准以及本书第 3.2.2.2 节的要求,我们应该在软件计划阶段编写软件开发计划、软件验证计划、软件配置管理计划、软件质量保证计划以及软件合格审定计划,定义本项目的软件生命周期和软件研制流程。本书中第 2 章给出的软件研制流程数学模型、第 3 章给出的软件研制最佳实践以及第 4 章给出的机载软件集成研制环境都会对编写这些计划带来很大的帮助。为此,我们还在第 5 章给出了与第 2 章、第 3 章、第 4 章配套的软件开发计划、软件验证计划、软件配置管理计划、软件质量保证计划、软件合格审定计划以及软件完成综述的参考样本,供大家学习和参考。

6.5 流程最佳实践与多个行业标准的符合性

根据第 2.3 节给出的有关软件研制流程在各个方面的流程质量要求,书中在第 3.6 节对本书提出的软件研制流程进行了各个方面的流程质量评估,发现它能够很好地满足第 2.3.1 节给出的数学意义上的质量要求以及第 2.3.2 节给出的工程意义上的质量要求。对于第 2.3.3 节给出的行业标准符合性意义上流程质量要求,我们通过附录 A、附录 B、附录 C、附录 D 的分析说明了该软件研制流程也能很好的符合 DO-178B/C、GJB 5000A、EN 50128、IEC 60880 等行业标准对流程提出的要求。再结合第 4 章给出的机载软件集成研制环境 ASIDE,能够更好地发挥该软件研制流程的作用,达到第 2.3.4 节给出的管理意义上的流程质量要求。因此,作者认为本书给出的包含软件研制流程的数学模型、最佳实践、ASIDE 环境以及软件生命周期数据样本在内一整套解决方案可以称为最佳实践。

6.6 软件研制和软件审定无缝对接的机制

上面五点,都是本书提出的有关软件研制解决方案的总结,得益于本书提出的软件研制流程数学模型,借助于配套的流程支持环境 ASIDE,使得软件研制的规范落实到以数学方式严格遵守、严格执行和严格管理的基础上。这不仅仅给软件的研制带来莫大帮助,同时也给自动化或者半自动化地进行软件审查带来无限可能。目前,中国民用航空局授权上海航空器适航审定中心进行中国大飞机 C919 的适航审定,他们对机载软件审定工作使用 ASICE 环境(Airborn Software Integrated Certification Environment)。鉴于 ASIDE 软件研制环境和 ASICE 软件审定环境在数学基础、数据接口以及研发技术上的一致性,加上两者目标上的独立性,辩证统一,建立了软件研制和软件审定无缝对接的机制,详见 4.6.2 节。

附录 A 与 DO-178B/C 的符合性矩阵

在下文中,我们将给出 DO-178B 各目标所对应的最佳实践流程活动,这些活动的执行将使得目标得到满足,从而证明了对 DO-178B 目标的符合性。

DO-178B 部分目标有独立性要求,我们还将阐述最佳实践流程如何满足目标独立性。

基于第 2 章中给出的软件研制流程数学模型,证明独立性的符合性,需要如下证据:

(1) 流程活动的独立性定义满足 DO-178B 目标独立性要求;

(2) 流程定义满足第 2 章中给出的流程质量要求 7、流程质量要求 8 以及流程质量要求 10;

(3) 流程实例(即具体研制项目)对流程的遵从性。

上述证据要求中,3.2.5 节表 3.21 所给出的活动独立性要求可以证明满足第 1 条;3.3.3 节表 3.24 所给出的角色互斥性可以满足第 2 条;第 3 条则需要在流程实例化时证明。我们将在表 A.1~A.10 中针对具体的 DO-178B 目标独立性要求给出最佳实践流程活动独立性要求及角色互斥性定义的详细说明。

表 A.1 与 DO-178B 表 A-1 的符合性

DO-178B 条款	目　标	对应最佳实践流程活动
4.1a 4.3	定义软件开发过程和软件综合过程的活动	PH-02 软件计划阶段 　SP-03 确定项目的软件生命周期 　SP-04 制定项目进度计划
4.1b 4.3	定义过程间的迁移准则、相互关系和顺序	PH-02 软件计划阶段 　SP-03 确定项目的软件生命周期
4.1c	定义软件生命周期环境	PH-02 软件计划阶段 　SP-05 编制项目管理计划
4.1d	说明其他考虑	PII 02 软件计划阶段 　SP-05 编制项目管理计划

（续表）

DO - 178B 条款	目　　标	对应最佳实践流程活动
4.1e	定义软件开发标准	PH - 02　软件计划阶段 　SP - 11　编制软件需求标准 　SP - 12　编制软件设计标准 　SP - 13　编制软件编码标准
4.1f 4.6	软件计划符合 DO - 178B	PH - 02　软件计划阶段 　SP - 05　编制项目管理计划 　SP - 06　编制软件合格审定计划 　SP　07　编制软件开发计划 　SP - 08　编制软件验证计划 　SP - 09　编制软件配置管理计划 　SP - 10　编制软件质量保证计划 　SP - 11　编制软件需求标准 　SP - 12　编制软件设计标准 　SP - 13　编制软件编码标准 　SP - 15　核查项目管理计划 　SP - 16　核查软件合格审定计划 　SP - 17　核查软件开发计划 　SP - 18　核查软件验证计划 　SP - 19　核查软件配置管理计划 　SP - 20　核查软件质量保证计划 　SP - 21　核查软件需求标准 　SP - 22　核查软件设计标准 　SP - 23　核查软件编码标准 　SP - 24　评审项目管理计划 　SP - 25　评审软件合格审定计划 　SP - 26　评审软件开发计划 　SP - 27　评审软件验证计划 　SP - 28　评审软件配置管理计划 　SP - 29　评审软件质量保证计划 　SP - 30　评审软件需求标准 　SP - 31　评审软件设计标准 　SP - 32　评审软件编码标准 　SP - 41　软件计划阶段的软件质量保证
4.1g 4.6	各软件计划相互协调	PH - 02　软件计划阶段 　SP - 14　协调各软件计划 　SP - 41　软件计划阶段的软件质量保证

表 A. 2　与 DO‑178B 表 A‑2 的符合性

DO‑178B 条款	目　标	对应最佳实践流程活动
5.1.1a	开发高层需求	PH‑04　软件需求阶段 SR‑01　确定高层需求的层次结构 SR‑02　开发高层需求(条目化数据元) SR‑03　开发其他软件需求数据(非条目化数据元) SR‑04　建立高层需求与系统需求的追踪关系
5.1.1b	定义派生的高层需求	PH‑04　软件需求阶段 SR‑02　开发高层需求(条目化数据元) SR‑05　向系统生命周期提交派生的高层需求
5.2.1a	开发软件架构	PH‑05　软件设计阶段 SD‑01　开发软件架构(非条目化数据元)
5.2.1a	开发低层需求	PH‑05　软件设计阶段 SD‑02　确定低层需求的层次结构 SD‑03　开发低层需求(条目化数据元) SD‑04　开发其他软件设计说明(非条目化数据元) SD‑05　建立低层需求与高层需求的追踪关系
5.2.1b	定义派生的低层需求	PH‑05　软件设计阶段 SD‑03　开发低层需求(条目化数据元) SD‑05　建立低层需求与高层需求的追踪关系
5.3.1a	开发源代码	PH‑06　软件编码阶段 SC‑01　开发源代码 SC‑02　建立源代码与低层需求的追踪关系
5.4.1a	生成可执行目标代码并把它们加载到目标机中进行软件/硬件集成	PH‑10　集成与测试阶段 SIT‑01　编译源代码 SIT‑02　进行软件集成 SIT‑03　进行硬件/软件集成

表 A.3 与 DO‐178B 表 A‐3 的符合性

DO‐178B 条款	目 标	对应最佳实践流程活动及独立性说明
6.3.1a	软件高层需求符合系统需求	PH‐04 软件需求阶段 SR‐06 核查软件需求数据 SR‐07 评审软件需求数据 （核查与评审中使用的检查单覆盖了这些目标）
6.3.1b	高层需求是准确的和一致的	
6.3.1c	高层需求与目标机兼容	独立性说明： (1) 3.2.5 节定义了"SR‐06 核查软件需求数据"活动独立于各高层需求开发活动
6.3.1d	高层需求是可验证的	(2) 3.3.2 节定义了由"R‐08 软件验证人员"角色实施"SR‐06 核查软件需求数据"活动,各高层需求开发活动由"R‐04 软件需求人员"或"R‐03 软件开发负责人"角色实施
6.3.1e	高层需求符合标准	
6.3.1f	高层需求可追踪到系统需求	(3) 3.3.3 节定义了"R‐08 软件验证人员"角色与"R‐04 软件需求人员"或"R‐03 软件开发负责人"角色互斥
6.3.1g	算法是准确的	综上,本目标独立性要求得到满足

表 A.4 与 DO‐178B 表 A‐4 的符合性

DO‐178B 条款	目 标	对应最佳实践流程活动及独立性说明
6.3.2a	低层需求符合高层需求	
6.3.2b	低层需求是准确的和一致的	PH‐05 软件设计阶段 SD‐07 核查软件设计说明 SD‐08 评审软件设计说明 （核查与评审中使用的检查单覆盖了这些目标）
6.3.2c	低层需求与目标机兼容	
6.3.2d	低层需求是可验证的	
6.3.2e	低层需求符合标准	独立性说明：
6.3.2f	低层需求可追踪至高层需求	(1) 3.2.5 节定义了"SD‐07 核查软件设计说明"活动独立于各低层需求开发活动
6.3.2g	算法是准确的	(2) 3.3.2 节定义了由"R‐08 软件验证人员"角色实施"SD‐07 核查软件设计说明"活动,各低层需求开发活动由"R‐05 软件设计人员"或"R‐03 软件开发负责人"角色实施
6.3.3a	软件架构与高层需求兼容	
6.3.3b	软件架构是一致的	
6.3.3c	软件架构与目标机兼容	(3) 3.3.3 节定义了"R‐08 软件验证人员"角色与"R‐05 软件设计人员"或"R‐03 软件开发负责人"角色互斥
6.3.3d	软件架构是可验证的	
6.3.3e	软件架构符合标准	综上,本目标独立性要求得到满足
6.3.3f	确认了软件分区的完整性	

表 A.5　与 DO-178B 表 A-5 的符合性

DO-178B 条款	目　标	对应最佳实践流程活动及独立性说明
6.3.4a	源代码符合低层需求	PH-06　软件编码阶段 　SC-03　核查源代码 （核查与评审中使用的检查单覆盖了这些目标）
6.3.4b	源代码符合软件架构	
6.3.4c	源代码是可验证的	独立性说明： (1) 3.2.5 节定义了"SC-03　核查源代码"活动 　　独立于各编码活动
6.3.4d	源代码符合标准	(2) 3.3.2 节定义了由"R-08　软件验证人员" 　　角色实施"SC-03　核查源代码"活动，各编 　　码活动由"R-06　软件编码人员"角色实施
6.3.4e	源代码可追踪至低层需求	(3) 3.3.3 节定义了"R-08　软件验证人员"角 　　色与"R-06　软件编码人员"角色互斥
6.3.4f	源代码是准确的和一致的	综上，本目标独立性要求得到满足
6.3.5	软件集成过程的输出是完整的和正确的	PH-10　集成与测试阶段 　SIT-04　核查集成过程输出

表 A.6　与 DO-178B 表 A-6 的符合性

DO-178B 条款	目　标	对应最佳实践流程活动及独立性说明
6.4.2.1 6.4.3	可执行目标代码符合高层需求	PH-10　集成与测试阶段 　SIT-05　测试执行 　SIT-11　测试见证执行 （核查与评审中使用的检查单覆盖了这些目标）
6.4.2.2 6.4.3	可执行目标代码对高层需求是健壮的	独立性说明： (1) 3.2.5 节定义了"SIT-05　测试执行"、
6.4.2.1 6.4.3	可执行目标代码符合低层需求	"SIT-11 测试见证执行"活动独立于各编 　　码活动 (2) 3.3.2 节定义了由"R-08　软件验证人员"
6.4.2.2 6.4.3	可执行目标代码对低层需求是健壮的	角色实施"SIT-05　测试执行"、"SIT-11 　　测试见证执行"活动，各编码活动由"R-06 　　软件编码人员"角色实施
6.4.3a	可执行目标代码与目标机兼容	(3) 3.3.3 节定义了"R-08　软件验证人员"角 　　色与"R-06　软件编码人员"角色互斥 综上，本目标独立性要求得到满足

表 A.7　与 DO‑178B 表 A‑7 的符合性

DO‑178B 条款	目　标	对应最佳实践流程活动及独立性说明
6.3.6b	测试规程是正确的	PH‑08　高层需求测试用例设计阶段 　STCPH‑07　核查测试规程 　STCPH‑08　评审测试用例和测试规程 PH‑09　低层需求测试用例设计阶段 　STCPL‑07　核查测试规程 　STCPL‑08　评审测试用例和测试规程 独立性说明： (1) 3.2.5 节定义了"STCPH‑07　核查测试规程"活动独立丁"STCPH‑05　开发测试规程"活动，"STCPL‑07　核查测试规程"活动独立于"STCPL‑05　开发测试规程"活动 (2) 3.3.2 节定义了由"R‑07　软件验证负责人"角色实施"STCPH‑07　核查测试规程"、"STCPL‑07　核查测试规程"，"R‑08　软件验证人员"角色实施"STCPH‑05　开发测试规程"、"STCPL‑05　开发测试规程"活动 (3) 3.3.3 节中定义了"R‑07　软件验证负责人"角色与"R‑08　软件验证人员"角色互斥 综上，本目标独立性要求得到满足
6.3.6c	测试结果正确且结果差异得到解释	PH‑10　集成与测试阶段 　SIT‑10　核查测试结果 　SIT‑12　评审测试结果 独立性说明： (1) 3.2.5 节定义了"SIT‑10　核查测试结果"活动独立于软件开发活动 (2) 3.3.2 节定义了由"R‑07　软件验证负责人"、"R‑08　软件验证人员"角色实施"SIT‑10 核查测试结果"，"R‑03　软件开发负责人"、"R‑04　软件需求人员"、"R‑05 软件设计人员"、"R‑06　软件编码人员"角色实施软件开发活动 (3) 3.3.3 节中定义了"R‑07　软件验证负责人"、"R‑08　软件验证人员"角色与"R‑03 软件开发负责人"、"R‑04　软件需求人员"、"R‑05　软件设计人员"、"R‑06　软件编码人员"角色互斥 综上，本目标独立性要求得到满足

（续表）

DO-178B 条款	目　标	对应最佳实践流程活动及独立性说明
6.4.4.1	高层需求的测试覆盖达到要求	PH-08　高层需求测试用例设计阶段 　　STCPH-04　分析基于高层需求的测试覆盖 PH-09　低层需求测试用例设计阶段 　　STCPL-04　分析基于低层需求的测试覆盖
6.4.4.1	低层需求的测试覆盖达到要求	独立性说明： (1) 3.2.5 节定义了"STCPH-04　分析基于高层需求的测试覆盖"、"STCPL-04　分析基于低层需求的测试覆盖"活动独立于测试设计活动 (2) 3.3.2 节定义了由"R-07　软件验证负责人"角色实施"STCPH-04　分析基于高层需求的测试覆盖"、"STCPL-04　分析基于低层需求的测试覆盖"，"R-08　软件验证人员"角色实施测试设计活动 (3) 3.3.3 节中定义了"R-07　软件验证负责人"角色与"R-08　软件验证人员"角色互斥 综上，本目标独立性要求得到满足
6.4.4.2	软件结构覆盖（MC/DC）达到要求	PH-10　集成与测试阶段 　　SIT-07　分析结构覆盖 　　SIT-08　分析数据耦合和控制耦合
6.4.4.2a 6.4.4.2b	软件结构覆盖（DC）达到要求	独立性说明： (1) 3.2.5 节定义了"SIT-07　分析结构覆盖"、"SIT-08　分析数据耦合和控制耦合"活动独立于软件开发活动 (2) 3.3.2 节定义了由"R-07　软件验证负责人"、"R-08　软件验证人员"角色实施"SIT-07 分析结构覆盖"、"SIT-08　分析数据耦合和控制耦合"，"R-03　软件开发负责人"、"R-04　软件需求人员"、"R-05 软件设计人员"、"R-06　软件编码人员"角色实施软件开发活动
6.4.4.2a 6.4.4.2b	软件结构覆盖（SC）达到要求	(3) 3.3.3 节中定义了"R-07　软件验证负责人"、"R-08　软件验证人员"角色与"R-03 软件开发负责人"、"R-04　软件需求人员"、"R-05　软件设计人员"、"R-06　软件编码人员"角色互斥
6.4.4.2c	软件结构覆盖（数据耦合和控制耦合）达到要求	综上，本目标独立性要求得到满足

表 A. 8　与 DO‑178B 表 A‑8 的符合性

DO‑178B 条款	目　　标	对应的活动
7. 2. 1	标识配置项	PH‑02　软件计划阶段 　SP‑34　软件计划阶段的配置项标识 PH‑04　软件需求阶段 　SR‑09　软件需求阶段的配置项标识 PH‑05　软件设计阶段 　SD‑10　软件设计阶段的配置项标识 PH‑06　软件编码阶段 　SC‑05　软件编码阶段的配置项标识 PH‑08　高层需求测试用例设计阶段 　STCPH‑10　高层需求测试用例设计阶段的配置项标识 PH‑10　集成与测试阶段 　SIT‑14　集成与测试阶段的配置项标识 PH‑12　软件总结阶段 　SIS‑11　软件总结阶段的配置项标识
7. 2. 2	设立基线和可追踪性	PH‑02　软件计划阶段 　SP‑35　建立软件计划阶段工作产品基线 PH‑04　软件需求阶段 　SR‑10　建立软件需求阶段工作产品基线 PH‑05　软件设计阶段 　SD‑11　建立软件设计阶段工作产品基线 PH‑06　软件编码阶段 　SC‑06　建立软件编码阶段工作产品基线 PH‑08　高层需求测试用例设计阶段 　STCPH‑11　建立高层需求测试用例设计阶段工作产品基线 PH‑10　集成与测试阶段 　SIT‑15　建立集成与测试阶段工作产品基线 PH‑12　软件总结阶段 　SIS‑12　建立软件总结阶段工作产品基线
7. 2. 3 7. 2. 4 7. 2. 5 7. 2. 6	设立问题报告、变更控制、变更评审和配置状态统计	PH‑02　软件计划阶段 　SP‑36　软件计划阶段的问题报告 　SP‑37　软件计划阶段的变更控制及变更评审 　SP‑38　软件计划阶段的配置状态纪实 PH‑04　软件需求阶段 　SR‑11　软件需求阶段的问题报告 　SR‑12　软件需求阶段的变更控制及变更评审 　SR‑13　软件需求阶段的配置状态纪实 PH‑05　软件设计阶段 　SD‑12　软件设计阶段的问题报告

（续表）

DO-178B 条款	目 标	对应的活动
		SD-13 软件设计阶段的变更控制及变更评审
		SD-14 软件设计阶段的配置状态纪实
		PH-06 软件编码阶段
		SC-07 软件编码阶段的问题报告
		SC-08 软件编码阶段的变更控制及变更评审
		SC-09 软件编码阶段的配置状态纪实
		PH-08 高层需求测试用例设计阶段
		STCPH-12 高层需求测试用例设计阶段的问题报告
		STCPH-13 高层需求测试用例设计阶段的变更控制及变更评审
		STCPH-14 高层需求测试用例设计阶段的配置状态纪实
		PH-10 集成与测试阶段
		SIT-16 集成与测试阶段的问题报告
		SIT-17 集成与测试阶段的变更控制及变更评审
		SIT-18 集成与测试阶段的配置状态纪实
		PH-12 软件总结阶段
		SIS-13 软件总结阶段的问题报告
		SIS-14 软件总结阶段的变更控制及变更评审
		SIS-15 软件总结阶段的配置状态纪实
7.2.7	设立归档、检索和发布	PH-02 软件计划阶段
		SP-39 软件计划阶段的归档、检索和发布
		PH-04 软件需求阶段
		SR-14 软件需求阶段的归档、检索和发布
		PH-05 软件设计阶段
		SD-15 软件设计阶段的归档、检索和发布
		PH-06 软件编码阶段
		SC-10 软件编码阶段的归档、检索和发布
		PH-08 高层需求测试用例设计阶段
		STCPH-15 高层需求测试用例设计阶段的归档、检索和发布
		PH-10 集成与测试阶段
		SIT-19 集成与测试阶段的归档、检索和发布
		PH-12 软件总结阶段
		SIS-16 软件总结阶段的归档、检索和发布

（续表）

DO-178B 条款	目　标	对应的活动
7.2.8	设立软件加载控制	PH-10　集成与测试阶段 　SIT-20　集成与测试阶段的加载控制
7.2.9	设立软件生命周期环境控制	PH-02　软件计划阶段 　SP-40　软件计划阶段的软件生命周期环境控制 PH-04　软件需求阶段 　SR-15　软件需求阶段的软件生命周期环境控制 PH-05　软件设计阶段 　SD-16　软件设计阶段的软件生命周期环境控制 PH-06　软件编码阶段 　SC-11　软件编码阶段的软件生命周期环境控制 PH-08　高层需求测试用例设计阶段 　STCPH-16　高层需求测试用例设计阶段的软件生命周期环境控制 PH-10　集成与测试阶段 　SIT-21　集成与测试阶段的软件生命周期环境控制

表 A.9　与 DO-178B 表 A-9 的符合性

DO-178B 条款	目　标	对应的活动
8.1a	保证软件开发和综合过程符合经批准的软件计划和标准	PH-02　软件计划阶段 　SP-41　软件计划阶段的软件质量保证 PH-04　软件需求阶段
8.1b	保证软件生命周期过程迁移准则得到满足	SR-16　软件需求阶段的软件质量保证 PH-05　软件设计阶段 　SD-17　软件设计阶段的软件质量保证 PH-06　软件编码阶段
8.1c 8.3	进行软件符合性评审	SC-12　软件编码阶段的软件质量保证 PH-08　高层需求测试用例设计阶段 　STCPH-17　高层需求测试用例设计阶段的软件质量保证 PH-10　集成与测试阶段 　SIT-22　集成与测试阶段的软件质量保证 PH-12　软件总结阶段 　SIS-18　软件总结阶段的软件质量保证 PH-12　软件总结阶段 　SIS-17　进行软件符合性评审

（续表）

DO-178B 条款	目　标	对应的活动
		独立性说明： (1) 3.2.5 节定义了各阶段质量保证活动独立于其他研制活动 (2) 3.3.2 节定义了由"R-12 软件质量保证人员"角色实施质量保证活动 (3) 3.3.3 节中定义了"R-12 软件质量保证人员"角色与其他角色互斥 综上，本目标独立性要求得到满足

表 A.10　与 DO-178B 表 A-10 的符合性

DO-178B 条款	目　标	对应的活动
9.0	在申请人和审定机构之间建立交流和沟通的渠道	审查活动 　SOI-03　与审定机构协调
9.1	提议符合性方法并就软件合格审定计划达成一致	审查活动 　SOI-03　与审定机构协调
9.2	提供符合性证据	审查活动 　SOI-04　提交数据

附录 B　与 GJB‐5000A 的符合性矩阵

在下文中,我们将给出 GJB‐5000A 三级及以下过程域的共用目标、共用实践及专用目标、专用实践所对应的最佳实践流程活动,这些活动的执行将使得目标、实践得到满足,活动的输出数据可以作为证明目标、实践得到满足的证据。我们将在表 B.1~B.19 中符合性说明一列中以"活动:"开头标识出对应的活动。

由于最佳实践流程针对的是具体的软件研制项目,而 GJB‐5000A 的范围是整个组织级,因此部分组织级过程域及目标、实践无法映射到最佳实践流程活动。而第 4 章所述的 ASIDE 工具将提供相应功能来满足这些目标、实践。我们将在表中符合性说明一列中以"功能:"开头标识出对应的 ASIDE 功能。

如表 B.1~B.19 所示,大多数 GJB‐5000A 目标、实践可映射到最佳实践流程活动,部分目标、实践可映射到 ASIDE 功能,从而表明了符合性。但仍有少部分目标、实践没有映射(在表格中用灰色背景标明),这主要是由以下原因所致:最佳实践流程及 ASIDE 工具目前主要都是针对软件研制项目,因此 GJB‐5000A 中部分涉及系统层的过程域及其目标、实践无法映射,如"确认 VAL"过程域。我们将在下表中符合性说明一列中标以"系统生命周期"进行说明。

表 B.1　与共用目标及共用实践的符合性矩阵

共用目标	共用实践	符合性说明
GG2　制度化已管理过程	GP2.1　制定组织方针	功能:组织资产层-生命周期模型管理-过程方针
	GP2.2　策划此过程	活动:SP‐04 至 SP‐10 各类计划活动
	GP2.3　提供资源	活动:SP‐04　制定项目进度计划
	GP2.4　指派职责	活动:SP‐04　制定项目进度计划
	GP2.5　培训人员	功能:培训管理
	GP2.6　管理配置	活动:各配置管理活动
	GP2.7　标识并吸纳利益相关方	活动:IPM‐01　管理项目干系人
	GP2.8　监督并控制此过程	活动:PMC　项目监控活动

（续表）

共用目标	共用实践	符合性说明
	GP2.9　客观评价遵循性	活动:各软件质量保证活动
	GP2.10　与更高层管理者一起评审状态	活动:REWA　评审
GG3　制度化已定义过程	GP3.1　建立已定义过程	功能:组织资产层
	GP3.2　采集改进信息	活动:OPF　组织过程改进

表 B.2　与项目计划(PP)过程域的符合性矩阵

专用目标	专用实践	符合性说明
SG1　建立估计值	SP1.1　估计项目的范围	活动:PI-02　获取分配到软件的系统需求
	SP1.2　建立工作产品和任务属性的估计值	活动:SP-01　估算项目规模
	SP1.3　定义项目生命周期	活动:SP-03　确定项目的软件生命周期
	SP1.4　建立工作量和成本的估计值	活动:SP-02　估算项目工作量
SG2　制定项目计划	SP2.1　编制预算和进度表	活动:SP-04　制定项目进度计划
	SP2.2　标识项目风险	活动:RSKM-02　风险识别与分析
	SP2.3　制定数据管理计划	活动:SP-05　编制项目管理计划
	SP2.4　制定项目资源计划	活动:SP-05　编制项目管理计划
	SP2.5　策划所需的知识和技能	活动:SP-05　编制项目管理计划
	SP2.6　制定利益相关方参与的计划	活动: IPM-01　管理项目干系人 SP-05　编制项目管理计划
	SP2.7　制定项目计划	活动:SP-05　编制项目管理计划
SG3　获得对计划的承诺	SP3.1　评审影响该项目的计划	活动:SP-24　评审项目管理计划
	SP3.2　使工作与资源水平相协调	活动: SP-24　评审项目管理计划 SP-36　软件计划阶段的问题报告 SP-37　软件计划阶段的变更控制及变更评审
	SP3.3　获得计划承诺	活动:SP-24　评审项目管理计划

表 B. 3　与项目监控(PMC)过程域的符合性矩阵

专用目标	专用实践	符合性说明
SG1　对照计划监督项目	SP1.1　监督项目策划参数	活动： PMC-01　项目例会 PMC-02　项目监控及报告
	SP1.2　监督承诺	活动： PMC-01　项目例会 PMC-02　项目监控及报告
	SP1.3　监督项目风险	活动： PMC-01　项目例会 PMC-02　项目监控及报告
	SP1.4　监督数据管理	活动： PMC-01　项目例会 PMC-02　项目监控及报告
	SP1.5　监督利益相关方的参与	活动：IPM-01　管理项目干系人
	SP1.6　实施进展评审	活动： PMC-01　项目例会 PMC-02　项目监控及报告
	SP1.7　实施里程碑评审	活动： PMC-01　项目例会 PMC-02　项目监控及报告
SG2　管理纠正措施直到结束	SP2.1　分析问题	活动： PPR-01　提出过程问题 PPR-02　讨论过程问题
	SP2.2　采取纠正措施	活动：PPR-03　实施纠正过程问题
	SP2.3　管理纠正措施	活动：PPR-04　验证过程问题

表 B. 4　与需求管理(REQM)过程域的符合性矩阵

专用目标	专用实践	符合性说明
SG1　管理需求	SP1.1　获得对需求的理解	活动：PI-02　获取分配到软件的系统需求
	SP1.2　获得对需求的承诺	活动：PI-02　获取分配到软件的系统需求
	SP1.3　管理需求更改	活动：CCR　变更控制与变更评审

专用目标	专用实践	符合性说明
	SP1.4　维护需求的双向可追踪性	活动： SR-04　建立高层需求与系统需求的追踪关系 SD-05　建立低层需求与高层需求的追踪关系 STCPH-02　建立测试用例与高层需求的追踪关系
	SP1.5　标识项目工作与需求之间的不一致性	活动： SR-05　向系统生命周期提交派生的高层需求 SD-06　向系统生命周期提交派生的低层需求 STCPH-04　分析基于高层需求的测试覆盖

表 B.5　与测量与分析(MA)过程域的符合性矩阵

专用目标	专用实践	符合性说明
SG1　安排测量与分析活动	SP1.1　确定测量目标	活动：MA-01　制定度量计划
	SP1.2　指明测量项	活动：MA-01　制定度量计划
	SP1.3　指明数据采集和存储规程	活动：MA-01　制定度量计划
	SP1.4　指明分析规程	活动：MA-01　制定度量计划
SG2　采集测量数据	SP2.1　采集测量数据	活动：MA-02　采集度量数据
	SP2.2　分析测量数据	活动：MA-03　分析度量数据
	SP2.3　存储数据和结果	活动：MA-01　制定度量计划
	SP2.4　交流结果	活动： MA-03　分析度量数据 PPR-01　提出过程问题

表 B.6　与配置管理(CM)过程域的符合性矩阵

专用目标	专用实践	符合性说明
SG1　建立基线	SP1.1　标识配置项	活动：SP-34　软件计划阶段的配置项标识
	SP1.2　建立一个配置管理系统	活动：SP-09　编制软件配置管理计划
	SP1.3　生成或发布基线	活动：BE　基线建立

（续表）

专用目标	专用实践	符合性说明
SG2　跟踪和控制更改	SP2.1　跟踪更改申请	活动:CCR　变更控制与变更评审
	SP2.2　控制配置项	活动:CCR-05　变更的配置实施
SG3　建立完整性	SP3.1　建立配置管理记录	活动: 各阶段的配置状态纪实;归档、检索和发布; 软件生命周期环境控制
	SP3.2　执行配置审核	功能:配置审计流程

表 B. 7　与产品及过程质量保证(PPQA)过程域的符合性矩阵

专用目标	专用实践	符合性说明
SG1　客观地评价过程和工作产品	SP1.1　客观地评价过程	活动:各阶段的软件质量保证活动
	SP1.2　客观地评价工作产品和服务	活动:各阶段的评审活动
SG2　提供客观深入的了解	SP2.1　交流并确保解决不符合项	活动:PPR　过程问题报告
	SP2.2　建立记录	活动:各阶段的软件质量保证活动

表 B. 8　与供应商协议管理(SAM)过程域的符合性矩阵

专用目标	专用实践	符合性说明
SG1　建立供方协议	SP1.1　确定获取方式	
	SP1.2　选择供方	
	SP1.3　建立供方协议	
SG2　满足供方协议	SP2.1　执行供方协议	活动:SAM 供应商协议管理
	SP2.2　监督所选择的供方过程	
	SP2.3　评价所选择的供方工作产品	
	SP2.4　接收所获取的产品	
	SP2.5　移交产品	

表 B. 9　与集成项目管理(IPM)过程域的符合性矩阵

专用目标	专用实践	符合性说明
SG1　使用项目的已定义过程	SP1.1　建立项目的已定义过程	功能:组织资产层模板方案管理
	SP1.2　为策划项目活动使用组织的过程资产	功能:应用组织模板方案创建项目

（续表）

专用目标	专用实践	符合性说明
	SP1.3　建立项目的工作环境	活动:SP-05　编制项目管理计划
	SP1.4　集成计划	活动:SP-14　协调各软件计划
	SP1.5　利用集成计划管理此项目	活动:SP-24　评审项目管理计划
	SP1.6　向组织的过程资产作贡献	活动:OPF　组织过程改进 功能:组织资产层-组织级度量管理
SG2　与利益相关方协调和协作	SP2.1　管理利益相关方的参与	活动:IPM-01　管理项目干系人
	SP2.2　管理依赖关系	活动:IPM-02　管理项目关键依赖
	SP2.3　解决协调问题	活动:PPR　过程问题报告

表 B.10　与风险管理(RSKM)过程域的符合性矩阵

专用目标	专用实践	符合性说明
SG1　风险管理准备	SP1.1　确定风险源和类别	活动:RSKM-01　制定风险管理计划
	SP1.2　定义风险参数	活动:RSKM-01　制定风险管理计划
	SP1.3　建立风险管理策略	活动:RSKM-01　制定风险管理计划
SG2　标识和分析风险	SP2.1　标识风险	活动:RSKM-02　风险识别与分析
	SP2.2　评价、分类和排序风险	活动:RSKM-02　风险识别与分析
SG3　缓解风险	SP3.1　制定风险缓解计划	活动:RSKM-03　制定风险应对方案
	SP3.2　实施风险缓解计划	活动: RSKM-03　制定风险应对方案 RSKM-04　进行风险跟踪

表 B.11　与需求开发(RD)过程域的符合性矩阵

专用目标	专用实践	符合性说明
SG1　开发顾客需求	SP1.1　引出需求	活动:PI-02　获取分配到软件的系统需求
	SP1.2　开发顾客需求	活动:PI-02　获取分配到软件的系统需求

（续表）

专用目标	专用实践	符合性说明
SG2 开发产品需求	SP2.1 确定产品需求和产品部件需求	活动： SR-01 确定高层需求的层次结构 SR-02 开发高层需求（条目化数据元） SR-03 开发其他软件需求数据（非条目化数据元）
	SP2.2 分配产品部件需求	活动： SR-01 确定高层需求的层次结构 SR-02 开发高层需求（条目化数据元） SR-03 开发其他软件需求数据（非条目化数据元）
	SP2.3 标识接口需求	活动： SR-01 确定高层需求的层次结构 SR-02 开发高层需求（条目化数据元） SR-03 开发其他软件需求数据（非条目化数据元）
SG3 分析和确认需求	SP3.1 制定运行方案和场景	活动： SR-02 开发高层需求（条目化数据元） SR-03 开发其他软件需求数据（非条目化数据元）
	SP3.2 建立必需功能性的定义	活动： SR-02 开发高层需求（条目化数据元） SR-03 开发其他软件需求数据（非条目化数据元）
	SP3.3 分析需求	活动： SR-02 开发高层需求（条目化数据元） SR-03 开发其他软件需求数据（非条目化数据元）
	SP3.4 分析需求以达到平衡	活动： SR-02 开发高层需求（条目化数据元） SR-03 开发其他软件需求数据（非条目化数据元）
	SP3.5 确认需求	活动：SR-07 评审软件需求数据

表 B. 12 与技术解决方案(TS)过程域的符合性矩阵

专用目标	专用实践	符合性说明
SG1 选择产品部件的解决方案	SP1.1 制定备选方案和选择准则	活动: SD-01 开发软件架构(非条目化数据元) SD-04 开发其他软件设计说明(非条目化数据元)
	SP1.2 选择产品部件的解决方案	活动: SD-01 开发软件架构(非条目化数据元) SD-04 开发其他软件设计说明(非条目化数据元)
SG2 开发设计	SP2.1 设计产品或产品部件	活动: SD-02 确定低层需求的层次结构 SD-03 开发低层需求(条目化数据元)
	SP2.2 建立技术数据包	活动:SD-03 开发低层需求(条目化数据元)
	SP2.3 使用准则设计接口	活动:SD-03 开发低层需求(条目化数据元)
	SP2.4 作开发、购买或重用分析	活动:SD-04 开发其他软件设计说明(非条目化数据元)
SG3 实现产品设计	SP3.1 实现设计	活动:SC-01 开发源代码
	SP3.2 编撰产品支持文档	系统生命周期

表 B. 13 与产品集成(PI)过程域的符合性矩阵

专用目标	专用实践	符合性说明
SG1 准备产品集成	SP1.1 确定集成的顺序	活动: SIT-01 编译源代码 SIT-02 进行软件集成 SIT-03 进行硬件/软件集成
	SP1.2 建立产品集成的环境	活动:SIT-21 集成与测试阶段的软件生命周期环境控制
	SP1.3 建立产品集成规程和准则	活动:SP-07 编制软件开发计划
SG2 确保接口一致性	SP2.1 评审接口说明的完备性	活动:SIT-04 核查集成过程输出
	SP2.2 管理接口	活动:SD-03 开发低层需求(条目化数据元)

（续表）

专用目标	专用实践	符合性说明
SG3 组装产品部件和交付产品	SP3.1 确认集成产品部件已就绪	活动： SC-03 核查源代码 STCPH-08 评审测试用例和测试规程 STCPL-08 评审测试用例和测试规程
	SP3.2 组装产品部件	活动：SIT-01 编译源代码
	SP3.3 评价已组装的产品部件	活动：SIT-04 核查集成过程输出
	SP3.4 包装和交付产品或产品部件	系统生命周期

表 B.14 与验证(VER)过程域的符合性矩阵

专用目标	专用实践	符合性说明
SG1 准备验证	SP1.1 选择要验证的工作产品	活动：SP-18 核查软件验证计划
	SP1.2 建立验证环境	活动：SIT-21 集成与测试阶段的软件生命周期环境控制
	SP1.3 建立验证规程和准则	活动： STCPH-01 开发测试用例 STCPH-05 开发测试规程 STCPL-01 开发测试用例 STCPL-05 开发测试规程
SG2 实施同行评审	SP2.1 准备同行评审	活动： REVW-01 建立核查基线 REVA-01 建立评审基线
	SP2.2 实施同行评审	活动： REVW-02 核查相应数据 REVA-02 评审相应数据
	SP2.3 分析同行评审数据	活动： REVW-02 核查相应数据 REVA-02 评审相应数据
SG3 验证所选的工作产品	SP3.1 实施验证	活动： SIT-05 测试执行 SIT-11 测试见证执行
	SP3.2 分析验证结果	活动： SIT-07 分析结构覆盖 SIT-08 分析数据耦合和控制耦合

表 B. 15　与确认(VAL)过程域的符合性矩阵

专用目标	专用实践	符合性说明
SG1　准备确认	SP1.1　选择要确认的产品	系统生命周期
	SP1.2　建立确认环境	
	SP1.3　建立确认的规程和准则	
SG2　确认产品或产品部件	SP2.1　实施确认	
	SP2.2　分析确认结果	

表 B. 16　与决策分析与决定(DAR)过程域的符合性矩阵

专用目标	专用实践	符合性说明
SG1　评价备选方案	SP1.1　建立决策分析指南	活动:DAR　决策分析与解决
	SP1.2　建立评价准则	活动:DAR - 02　确定决策参与人
	SP1.3　标识备选方案	活动:DAR - 04　开发备选方案
	SP1.4　选择评价方法	活动:DAR - 03　建立决策标准
	SP1.5　评价备选方案	活动:DAR - 05　评价备选方案
	SP1.6　选择解法	活动:DAR - 06　确定决策结果

表 B. 17　与组织过程定义(OPD)过程域的符合性矩阵

专用目标	专用实践	符合性说明
SG1　建立组织的过程资产	SP1.1　建立标准过程	功能:组织资产层-模板方案管理
	SP1.2　建立生命周期模型说明	功能:组织资产层-生命周期模型管理
	SP1.3　建立裁剪准则和指南	功能:组织资产层-模板方案管理
	SP1.4　建立组织的测量库	功能:组织资产层-组织级度量管理
	SP1.5　建立组织的过程资产库	功能:组织资产层-组织最佳实践管理
	SP1.6　建立工作环境标准	功能:组织资产层-数据元模板管理-数据元初始值

表 B. 18　与组织过程焦点(OPF)过程域的符合性矩阵

专用目标	专用实践	符合性说明
SG1　确定过程改进时机	SP1.1　建立组织的过程需要	活动:OPF - 01　收集/整理改进建议
	SP1.2　评估组织的过程	活动:OPF - 01　收集/整理改进建议
	SP1.3　标识组织的过程改进	活动:OPF - 01　收集/整理改进建议

（续表）

专用目标	专用实践	符合性说明
SG2　策划并实施过程改进	SP2.1　建立过程行动计划	活动： OPF‐02　制定改进计划 OPF‐03　批准改进计划
	SP2.2　实施过程行动计划	活动： OPF‐04　实施并试运行 OPF‐05　收集反馈
SG3　部署组织的过程资产和纳入经验教训	SP3.1　部署组织的过程资产	活动：OPF‐06　制度化
	SP3.2　部署标准过程	活动：OPF‐06　制度化
	SP3.3　监督实施	功能：组织级质量保证管理
	SP3.4　将与过程有关的经验纳入组织的过程资产	活动：OPF‐06　制度化

表 B.19　与组织级培训(OT)过程域的符合性矩阵

专用目标	专用实践	符合性说明
SG1　建立组织的培训能力	SP1.1　建立战略培训需要	功能：培训计划管理
	SP1.2　确定哪些培训需要是组织的职责	功能：角色管理-技能及培训要求
	SP1.3　制定组织培训的战术计划	功能：培训计划管理
	SP1.4　建立培训能力	功能：培训资源管理
SG2　提供必要的培训	SP2.1　交付培训	功能：培训实施管理
	SP2.2　建立培训记录	功能： 培训实施管理-培训记录 用户管理-培训记录
	SP2.3　评估培训的有效性	功能：培训实施管理-培训评价及反馈

附录 C　与 EN 50128 的符合性矩阵

国际铁路联盟研究实验所(ORE)A118 课题在 1969 年至 1977 年期间共出版了 13 个报告和 2 个技术文件,系统地考证了"电子技术在铁路信号系统中的应用",A155 课题在 1982 年至 1988 年期间发表了"在铁路信号设备中电子元器件的应用"报告。在 A155 课题的基础上,1990 年 1 月,国际铁路联盟(UIC)发布了 738R 规程,给出了安全信息的处理和传输的一系列建议。

欧洲国家在宣传和介绍 IEC 61508 国际标准的同时,以 IEC 61508 国际标准为基础,吸收该标准的精髓,制订行业标准。欧洲电气化标准委员会(CENELEC)下属 SC9XA 委员会,制定了以计算机控制的信号系统作为对象的铁道信号标准,它包括以下 4 个部分:

(1) EN‐50126　铁路应用:可靠性、可用性、可维护性和安全性(RAMS)规范和说明;

(2) EN‐50129　铁路应用:安全相关电子系统;

(3) EN‐50128　铁路应用:铁路控制和防护系统的软件;

(4) EN‐50159.1 铁路应用:通信、信号和处理系统。

它们之间的相互关系和涉及的具体信号领域如图 C.1。

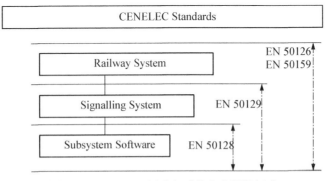

图 C.1　EN 50128 标准与系统生命周期标准

EN 50128 在正文第 5 章至 16 章中列出了在软件研制过程中需要满足的目标和要求,并在附录 C 中给出了实现这些目标活动的技术方法。由于本文主要关注软件的研制流程,并不关心特定的软件研制技术,因此在本附录中主要给出流程最佳实践与 EN 50128 正文中定义的软件研制过程的目标和要求的符合性矩阵,内容详见表 C.1。

表 C.1 与 EN 50128 中目标的符合性矩阵

编号	EN 50128		符合性说明
	目标	相关数据	对应最佳实践流程活动
1	软件安全完整性等级:描述分配给软件的软件安全完整性等级[5.1]	软件需求规格说明 软件安全需求规格说明 系统架构描述 系统安全计划	PH-01 项目立项阶段 　PI-02 获取分配到软件的系统需求
2	人员和职责:确保所有对软件负责的人员称职地履行职责[6.1]	软件质量保证计划	PH-02 软件计划阶段 　SP-05 编制项目管理计划 　SP-10 编制软件质量保证计划 独立性说明:3.3.2 节定义了软件研制过程中各个角色的权限和互斥性要求,通过在各个典型项目中的具体配置可以轻松满足 EN 50128 定义的人员独立性要求
3	生命周期事宜和文档:将软件研制按事先定义的阶段和活动进行组织[7.1.1]	软件质量保证计划 追踪报告 文档交叉引用表	PH-02 软件计划阶段 　SP-05 编制项目管理计划 　SP-07 编制软件开发计划 　SP-08 编制软件验证计划 　SP-09 编制软件配置管理计划 　SP-10 编制软件质量保证计划 　SP-14 协调各软件计划 　SP-15 核查项目管理计划 　SP-17 核查软件开发计划 　SP-18 核查软件验证计划
4	生命周期事宜和文档:在软件生命周期过程中记录所有软件相关信息[7.1.2]		SP-19 核查软件配置管理计划 　SP-20 核查软件质量保证计划 　SP-24 评审项目管理计划 　SP-26 评审软件开发计划 　SP-27 评审软件验证计划 　SP-28 评审软件配置管理计划 　SP-29 评审软件质量保证计划 　SP-41 软件计划阶段的软件质量保证

（续表）

编号	EN 50128		符合性说明
	目标	相关数据	对应最佳实践流程活动
5	软件需求规格说明：定义一套完整的软件需求，以满足软件安全完整性等级所要求的系统需求[8.1.1]	软件需求规格说明 软件需求测试规格说明 追踪报告	PH-04 软件需求阶段 SR-01 确定高层需求的层次结构 SR-02 开发高层需求（条目化数据元） SR-03 开发其他软件需求数据（非条目化数据元） SR-04 建立高层需求与系统需求的追踪关系 SR-05 向系统生命周期提交派生的高层需求
6	软件需求规格说明：描述软件需求测试说明[8.1.2]		PH-08 高层需求测试用例设计阶段 STCPH-01 开发测试用例 STCPH-02 建立测试用例与高层需求的追踪关系 STCPH-03 核查测试用例 STCPH-05 开发测试规程 STCPH-07 核查测试规程 STCPH-08 评审测试用例和测试规程
7	软件架构：开发软件架构,实现软件需求规格说明中的需求,软件需求规格说明应和相应的软件安全完整性等级对应[9.1.1]	软件架构规格说明	PH-05 软件设计阶段 SD-01 开发软件架构（非条目化数据元） SD-04 开发其他软件设计说明（非条目化数据元）
8	软件架构：审核系统架构中涉及软件的需求[9.1.2]		
9	软件架构：确定并评估软硬件安全交互的重要性[9.1.3]		
10	软件架构：如果事先没有定义过设计方法,则选择一种设计方法[9.1.4]		

（续表）

编号	EN 50128		符合性说明
	目标	相关数据	对应最佳实践流程活动
11	软件设计和实现：根据软件需求规格说明和软件架构规格说明，设计并实现某 SIL 等级的软件[10.1.1]		PH-05 软件设计阶段 SD-03 开发低层需求(条目化数据元) SD-05 建立低层需求与高层需求的追踪关系 PH-06 软件编码阶段 SC-01 开发源代码 SC-02 建立源代码与低层需求的追踪关系 PH-08 高层需求测试用例设计阶段 STCPH-01 开发测试用例 STCPH-02 建立测试用例与高层需求的追踪关系 STCPH-03 核查测试用例 STCPH-05 开发测试规程 STCPH-07 核查测试规程 STCPH-08 评审测试用例和测试规程 PH-10 集成与测试阶段 SIT-01 编译源代码 SIT-05 测试执行 SIT-06 建立测试结果与测试规程的追踪 SIT-07 分析结构覆盖 SIT-08 分析数据耦合和控制耦合
12	软件设计和实现：实现软件的可分析性、可测试性、可验证性和可维护性。在本阶段进行模块测试。鉴于验证和测试是确认过程中的重要环节，在整个设计和开发过程中，尤其需要考虑验证和测试要求，以确保研制的系统和软件便于从头进行测试[10.1.2]	软件设计规格说明 软件模块设计规格说明 软件模块测试规格说明 软件源代码和支持文档 软件模块测试报告 追踪报告	
13	软件设计和实现：根据所要求的 SIL 等级，为整个软件生命周期选择一套合适的工具，包括语言、编译器，以辅助验证、确认、评估和维护[10.1.3]		
14	软件设计和实现：进行软件集成[10.1.4]		
15	软件验证和测试：根据软件 SIL 等级，测试评估某个阶段的产品，以确保其与该阶段输入的产品和标准是正确的、一致的[11.1.1]	软件验证计划 软件需求验证报告 软件架构和设计验证报告 软件模块验证报告 软件源代码验证报告 软件集成测试计划 软件集成测试报告	PH-04 软件需求阶段 SR-06 核查软件需求数据 SR-07 评审软件需求数据 PH-05 软件设计阶段 SD-07 核查软件设计说明 SD-08 评审软件设计说明 PH-06 软件编码阶段 SC-03 核查源代码 PH-10 集成与测试阶段 SIT-02 进行软件集成 SIT-04 核查集成过程输出 SIT-05 测试执行

（续表）

编号	EN 50128		符合性说明
	目标	相关数据	对应最佳实践流程活动
			SIT-06 建立测试结果与测试规程的追踪 SIT-07 分析结构覆盖 SIT-08 分析数据耦合和控制耦合 SIT-10 核查测试结果
16	软硬件集成： 证明软件和硬件能够正确交互,完成预期功能[12.1.1]	软硬件集成测试计划 软硬件集成测试报告	PH-10 集成与测试阶段 SIT-03 进行硬件/软件集成 SIT-11 测试见证执行 SIT-12 评审测试结果
17	软硬件集成： 整合软硬件,确保两者的兼容性,以满足系统安全需求规格说明以及预期软件 SIL 等级的相应要求[12.1.2]		
18	软件确认： 分析和测试集成系统,确保符合软件需求规格说明,尤其是与软件 SIL 等级相关的功能性和安全性方面的需求说明[13.1.1]	软件确认计划 软件确认报告	
19	软件评估： 评估生命周期过程和得到的软件产品达到预期的软件 SIL 等级,实现预期应用功能[14.1.1]	软件评估报告	PH-03 SOI#1 阶段 PH-07 SOI#2 阶段 PH-11 SOI#3 阶段 PH-13 SOI#4 阶段 对于各个 SOI 阶段,都有以下一系列的 SOI 活动： SOI-02 内部准备 SOI-03 与审定机构协调 SOI-04 提交数据 SOI-05 参与审查

（续表）

编号	EN 50128		符合性说明
	目标	相关数据	对应最佳实践流程活动
20	软件质量保证： 从技术和管理的角度确认、监督、控制所有活动，确保软件活动保质完成。质量保证能为系统故障提供定性防御，并确保建立的审核能使得验证和确认活动有效实施[15.1.1]	软件质量保证计划 软件配置管理计划 外部供应商控制 问题报告和更正行为	PH-02　软件计划阶段 　SP-34　软件计划阶段的配置项标识 　SP-35　建立软件计划阶段工作产品基线 　SP-36　软件计划阶段的问题报告 　SP-37　软件计划阶段的变更控制及变更评审 　SP-38　软件计划阶段的配置状态纪实 　SP-39　软件计划阶段的归档、检索和发布 　SP-40　软件计划阶段的软件生命周期环境控制 　SP-41　软件计划阶段的软件质量保证 PH-04　软件需求阶段 　SR-10　建立软件需求阶段工作产品基线 　SR-11　软件需求阶段的问题报告 　SR-12　软件需求阶段的变更控制及变更评审 　SR-13　软件需求阶段的配置状态纪实 　SR-14　软件需求阶段的归档、检索和发布 　SR-15　软件需求阶段的软件生命周期环境控制 　SR-16　软件需求阶段的软件质量保证
21	软件质量保证： 提供证据证明所有活动已经被执行[15.1.2]		PH-05　软件设计阶段 　SD-11　建立软件设计阶段工作产品基线 　SD-12　软件设计阶段的问题报告 　SD-13　软件设计阶段的变更控制及变更评审 　SD-14　软件设计阶段的配置状态纪实 　SD-15　软件设计阶段的归档、检索和发布 　SD-16　软件设计阶段的软件生命周期环境控制

编号	EN 50128		符合性说明
	目标	相关数据	对应最佳实践流程活动
			SD-17　软件设计阶段的软件质量保证 PH-06　软件编码阶段 　SC-06　建立软件编码阶段工作产品基线 　SC-07　软件编码阶段的问题报告 　SC-08　软件编码阶段的变更控制及变更评审 　SC-09　软件编码阶段的配置状态纪实 　SC-10　软件编码阶段的归档、检索和发布 　SC-11　软件编码阶段的软件生命周期环境控制 　SC-12　软件编码阶段的软件质量保证 PH-10　集成与测试阶段 　SIT-15　建立集成与测试阶段工作产品基线 　SIT-16　集成与测试阶段的问题报告 　SIT-17　集成与测试阶段的变更控制及变更评审 　SIT-18　集成与测试阶段的配置状态纪实 　SIT-19　集成与测试阶段的归档、检索和发布 　SIT-20　集成与测试阶段的加载控制 　SIT-21　集成与测试阶段的软件生命周期环境控制 　SIT-22　集成与测试阶段的软件质量保证 PH-03　SOI♯1 阶段 PH-07　SOI♯2 阶段 PH-11　SOI♯3 阶段 PH-13　SOI♯4 阶段 对于各个 SOI 阶段,都有以下一系列的相关的 SOI 活动: 　SOI-01　建立审查基线 　SOI-06　过程问题报告 PPR 　SOI-07　数据问题报告 DPR

（续表）

| 编号 | EN 50128 | | 符合性说明 |
	目标	相关数据	对应最佳实践流程活动
22	软件维护： 确保软件能按照要求运行,当对软件自身进行修正、优化或改写时,能保持软件 SIL 等级和可靠性[16.1]	软件维护计划 软件更改记录 软件维护记录	本软件研制流程最佳实践主要应用于软件研制过程,对于维护阶段没有涉及,因此本项内容不适用

附录 D 与 IEC 60880 的符合性矩阵

IEC 60880 在第 5 章至第 15 章中列出了核电厂 I&C 系统 A 类软件研制在软件项目、软件需求、设计和实现、软件验证、集成、运行维护等过程中的要求或建议。通过表 D.1 至表 D.5 整理了软件研制相关的要求,并与本文定义的最佳实践对照分析,给出了符合性分析。

特别说明:本文定义的软件研制流程的基本理论完全可以适应和支持系统的全生命周期,但考虑到本文提出的最佳实践只关注软件研制流程,因此对需在系统生命周期内考虑的第 9、10、12 章至第 15 章的内容暂不分析。此外,上述要求中很多属于核电厂相关的工程方面的要求,其符合性依赖于研制人员在将本文定义的最佳实践结合实际工程项目实例化时所采取的具体方法。可将这些要求作为项目的输入,通过在相关计划和标准中加以定义,指导具体的过程活动来实现。

表 D.1 与 IEC 60880 软件项目通用要求的符合性矩阵

编号	IEC 60880 的要求	本文定义的最佳实践
1	应将软件项目分解成多个阶段[5.4.1]	3.2.1 定义了软件研制由多个阶段组成
2	根据项目的软件开发方法,确定开发阶段要进行的活动[5.4.2]	3.2.2 定义了软件研制生命周期各阶段的活动,包括方法、工具、输入输出等
3	软件开发活动应涵盖整个软件安全生命周期[5.4.3]	
4	应将软件开发过程的各个阶段分解为明确定义的活动[5.4.4]	
5	应当正式确认软件开发过程中的各个阶段,不能遗漏任何一个已经定义的阶段[5.4.5]	
6	当使用软件工具自动化软件开发活动时,应记录被工具自动化的软件活动,包括相应阶段的输入输出[5.4.6]	3.5 定义了 3.2.2 中所有活动的输入输出关系(工具的使用包含在相应的活动中,其输入输出关系通过活动来体现)
7	应当定义并记录每个阶段的输入输出[5.4.7]	
8	应当系统检查每个阶段的输入输出[5.4.8]	
9	每个阶段都应包括生成相应文档[5.4.9]	

（续表）

编号	IEC 60880 的要求	本文定义的最佳实践
10	应当通过评审正式终止每个阶段，评审包括检查相应的文档[5.4.10]	3.2.3.1 和 3.2.3.2 中定义了各阶段的核查、评审和审查活动
11	软件安全生命周期中要求的文档列表应在软件开发阶段确定[5.4.11]	3.4.3 明确定义了文档形式的软件生命周期数据项（这些数据通过 3.5 与 3.2.2 中所有活动关联）
12	在软件安全生命周期的初级阶段应当制定质量保证计划[5.5.1]	3.2.2.2 定义的计划阶段活动中，包括了制定软件质量保证计划
13	应当确定不符合本标准及规范性附件中需求的部分，并解释说明[5.5.2]	3.2.2.9 定义了编制软件完成综述活动，用于描述和解释与计划（包括质量保证计划）不符之处
14	如果实际活动和规范性附件中不同，则应将其归档，并根据本标准正文中的要求进行审核[5.5.3]	3.2.3.7 定义了变更控制活动，进行影响分析
15	尤其需要考虑这些实际活动对 I&C 系统和软件的影响[5.5.4]	
16	应当在质量保证计划中说明软件安全生命周期各个阶段所有要求的所有技术流程[5.5.5]	3.2.2.1 项目立项阶段通过策划和计划制定活动，定义了人员、资源以及活动的分配。并明确了具体的活动方法
17	质量保证计划要求每个阶段活动的实施必须分配给能胜任的人员，并配备足够的资源[5.5.6]	本文以机载软件相关标准为主要参照，在计划内容的组织上与 IEC 60880 要求有所区别。该差异可通过文档的重新组织来调整
18	质量保证计划要求审定人员确认、评审、批准对已获批准的文档进行修改[5.5.7]	3.2.3.7 定义了变更控制流程对应的活动，包括了确认、评审等内容
19	质量保证计划要求有关人员确认、归档、获悉、掌握所用的方法、语言、工具、规则和标准[5.5.8]	3.2.2.1 项目立项阶段定义了相关活动（如协调各软件计划、计划的评审、计划的发布），可以确保相关人员熟悉其工作相关的内容
20	质量保证计划要求如果使用到多种方法、语言、工具、规则和/或标准，则应明确每个活动所用的方法、语言、工具、规则、标准[5.5.9]	3.2.2 定义了各开发阶段需进行的活动（包括方法、工具等），也包括了质量保证计划中定义的活动
21	质量保证计划要求明确定义项目的具体术语、表达式、缩略词和惯例[5.5.10]	3.2.2.2 定义了软件质量保证计划编制的相关活动。具体的内容要求可根据需要在实际项目实施中由编制人员实现

（续表）

编号	IEC 60880 的要求	本文定义的最佳实践
22	质量保证计划要求追踪并解决提出的质量有关问题[5.5.11]	3.2.3.5，3.2.3.7 分别定义了问题报告和变更控制相关的活动,对所有的质量有关问题进行了追踪和解决过程控制
23	质量保证计划要求生成质量保证活动的记录[5.5.12]	3.2.2 定义了各开发阶段活动中均包括了验证、检查等质量相关的活动,定义了输出,并明确了通过 3.2.3.5,3.2.3.7 中定义的活动进行管理
24	每个验证步骤或评审都应出具相关报告,报告中应包含进行的分析、得到的结论以及达成一致的解决方案。这份报告应当归档记录[5.5.13]	
25	应当归档记录并解释说明与质量保证计划不符的部分[5.5.14]	3.2.2.9 定义了编制软件完成综述活动,用于描述和解释与计划(包括质量保证计划)不符之处
26	应根据配置管理计划或质量保证计划中的规定进行配置管理[5.6.1]	
27	这些规定应符合系统级别的配置管理[5.6.2]	
28	应在软件项目生命周期初期建立文档化的软件配置管理流程,说明配置管理的需求[5.6.3]	
29	每个软件实体生成的版本应被唯一标识[5.6.4]	
30	应当可以标识与各个软件实体相关的所有软件文档的版本[5.6.5]	3.2.2.2 定义的计划阶段活动中,包括了制定软件配置管理计划、对软件配置管理计划的评审和协调等活动,确保配置管理计划定义的内容符合相关要求
31	应当隔离区分正在开发的软件应和已经发布或验证的软件[5.6.6]	3.2.3.7 定义了变更控制相关的活动,可以确保配置项和不同配置库的完整性
32	应当可以标识所有软件实体的版本,这些版本一起组成了最终产品的完整版本[5.6.7]	
33	应当可以验证软件实体的完整性[5.6.8]	
34	应当可以标识目标系统中的软件版本[5.6.9]	
35	应当可以追踪标识受变更影响的所有软件实体[5.6.10]	
36	应当根据合理控制来评估配置控制下所有的软件实体,确保软件不被未授权的人更改,并维持软件安全[5.6.11]	
37	应当可以标识用于生成可执行实体的所有翻译工具及其版本[5.6.12]	

（续表）

编号	IEC 60880 的要求	本文定义的最佳实践
38	应当分析软件的潜在安全威胁。考虑系统和软件生命周期的相关阶段。基于本子条款的要求，确定保护及数据访问方面的需求[5.7.1.1]	3.2.2.1 定义的项目立项阶段活动中，通过将软件安全作为系统的需求分配至软件研制生命周期，并通过 3.2.2.2中定义的计划阶段活动确保安全分析得以实现，并反映到计划中
39	应在软件/系统质量保证计划或软件/系统安全计划中考虑软件安全分析[5.7.1.2]	
40	如果分析显示系统级别的策略不充分，那么安全分析应当确定软件设计策略的需求[5.7.1.3]	
41	安全分析确定的软件设计策略需求应当包含在软件设计需求中[5.7.2.1]	3.2.2 定义的活动可确保软件计划中定义的安全相关的设计策略、需求、开发活动要求等得以实现
42	任何新设计的软件应当最大程度地减少系统漏洞[5.7.2.2]	
43	应当配置任何预开发软件，并确定其参数，以最大程度地减少系统漏洞，如：从一定程度上减少软件的功能性，或使用软件已有的安全功能[5.7.2.3]	
44	防止操作者改变存储的程序[5.7.2.4]	
45	如果操作者需要更改数据以运行 I&C 功能，那么人机接口设备应设置必要的访问限制[5.7.2.5]	
46	当需要应对可能的安全威胁时，应当在软件设计、配置和/或参数分配中加入有效的防御措施，考虑以下几点： — 软件功能的用户选择性访问控制 — 安全重要性较低系统的数据连接 — 软件或参数修改的追踪性[5.7.2.6]	
47	设计文档应当确定并描述安全关键的功能，及落实到软件的安全特性[5.7.2.7]	
48	在软件验证过程中，应当确认安全功能的有效性[5.7.2.8]	
49	在 I&C 系统的确认过程中，通过适当的测试证明软件安全功能的有效性得以实现[5.7.2.9]	
50	如果需要，软件应当支持一些技术措施，在允许用户访问之前，有效地对访问进行认证[5.7.3.1]	3.2.5.2 中定义了角色的权限，并结合 3.2.2.2 定义的适当配置管理计划，可实现开发过程中的访问限制
51	用户访问是软件实现中一个关键的安全特性，软件实现中的认证流程应当支持使用多种知识（如：密码）、物件（如：钥匙、智能卡）和/或个人特征（如：指纹）相结合的技术方法，而不是单单依赖于密码[5.7.3.2]	

（续表）

编号	IEC 60880 的要求	本文定义的最佳实践
52	应当配置并参数化软件和角色访问控制，在必要的程度上最小化用户对功能和数据的访问[5.7.3.3]	
53	应当在合适的程度上保护用户访问能力，以避免出现潜在的安全威胁及造成相应的后果[5.7.3.4]	
54	禁止使用远程访问，这会导致软件功能或数据受到电站技术环境外的影响[5.7.3.5]	
55	软件安全开发生命周期应当说明在开发和维护活动中的潜在安全威胁[5.7.4.1]	
56	在应用软件或系统软件中应有针对潜在的功能的预防措施，因为这些功能可能支持潜在的未授权的访问[5.7.4.2]	3.2.2.1　定义的项目立项阶段活动中，可将软件安全相关的内容作为需求，由软件研制活动加以实现，从而实现这些要求。这部分工作依赖于具体的研制项目
57	如果不能在预开发软件中使用预防措施，那么应对这种软件的使用进行解释，说明潜在的安全威胁，相关 I&C 功能的安全重要性，以及系统和软件的特性[5.7.4.3]	
58	特定软件变更的潜在方法可能会导致由时间或数据条件触发的错误行为，应当标识此类方法，并解释说明在验证活动中能检测出此类方法[5.7.4.4]	

表 D.2　与 IEC 60880 软件需求的符合性矩阵

编号	IEC 60880 的要求	本文定义的最佳实践
1	软件需求必须源自安全系统的需求，并且是计算机系统规格说明的一部分[6.1.1]	3.2.2.1 定义的软件需求来源确定活动以及 3.2.2.3 定义的软件需求阶段追踪相关的活动，可以确保软件需求来自系统需求
2	软件需求应当描述软件能实现什么功能，而不是软件如何实现这些功能[6.1.2]	3.2.2.3　定义的软件需求阶段活动具有对软件需求质量相关的评价和控制活动，对需求质量的具体要求通过 3.2.2.2 定义的软件需求标准明确
3	软件需求应当描述： —— 软件提供的应用功能； —— 软件行为的不同模式及相应的转换条件； —— 软件和环境的接口及交互，包括输入输出的功能、类型、格式、范围和约束； —— 在运行时能进行人工更改的软件参数，如果存在，应当描述参数的功能、类型、格式、范围、约束，以及参数更改时，软件进行的检查；	

（续表）

编号	IEC 60880 的要求	本文定义的最佳实践
	—— 要求的软件性能,尤其是时间响应需求; —— 在适当情况下,软件不能执行的或应当避免的功能; —— 在实际情况下,环境相关的软件需求或假设; —— 任何标准软件包的需求[6.1.3]	
4	由于软件开发阶段的重要性,软件需求过程的制定必须严格[6.1.4]	3.2.2.3定义的软件需求阶段活动包括了一系列的核查、评审、审查以及配置管理、变更控制等活动加以控制
5	软件需求规格说明中应当证明 I&C 系统符合 IEC 61513 的需求[6.1.5]	
6	应当描述软硬件的约束[6.1.6]	
7	软件需求规格说明应当列出任何硬件设计影响与硬件需求规格说明之间的参考引用[6.1.7]	
8	应当在软件级别描述影响功能的具体运行条件,如电站调试和加油[6.1.8]	
9	计算机系统软件应当在运行时特定的时间间隔内监督硬件,以及软件行为[6.2.1]	
10	应当监控包含代码或常量数据的内存,以检测非预期变化[6.2.2]	
11	自我监督应当能在实际范围内检测硬件部件的随机失效,软件的错误行为,不同处理单元间错误的数据传送[6.2.3]	这部分要求的实现与具体的项目对象和活动内容相关,可通过 3.2.2.1 将相关内容列为软件需求,并通过 3.2.2.3定义的软件需求阶段活动（如核查、评审等）确保其实现
12	如果软件在电站运行中检测出失效,则软件应当根据系统规格说明中的响应要求及 IEC 61513 的系统设计规则,进行适当的及时的反应[6.2.4]	
13	自我监督不能反过来影响系统预期功能[6.2.5]	
14	应当可以自动收集软件自我监督过程中产生的所有有用的诊断信息[6.2.6]	
15	对于基于计算机的安全系统而言,应当使用 IEC 69671 的通用原则,处理未被自我监督充分覆盖的部件[6.3.1]	
16	软件设计应当满足周期性测试需求,以在具体的最大时间间隔内进行测试 —— 每个安全功能都应当被周期性测试覆盖; —— 应当能检测出任何安全功能失效[6.3.2]	

（续表）

编号	IEC 60880 的要求	本文定义的最佳实践
17	应当可以自动收集软件周期测试产生的所有有用的诊断信息[6.3.3]	
18	测试过程中软件辅助设备的质量应当和用于确认的设备质量一致[6.3.4]	
19	软件需求规格说明的主要目的是建立软件开发的基础。然而不应忽略许可证方面的文档，因为这份文档可能需要提交给监管机构。因此软件需求规格说明也应包括次要的软件开发信息，如许可证的背景介绍[6.4.1]	3.2.2.2 定义的计划阶段中通过制定软件需求标准，可包括相关要求，并通过 3.2.2.3 定义的软件需求阶段活动加以实现
20	应当根据标准编写软件需求规格说明，标准应当在形式上是可读的[6.4.2]	
21	软件需求规格说明应当是无歧义的，可测试的/可验证的，可实现的[6.4.3]	
22	软件需求规格说明中应说明工程中相关参与者的信息[6.4.4]	

表 D.3　与 IEC 60880 设计实现的符合性矩阵

编号	IEC 60880 的要求	本文定义的最佳实践
1	软件设计应当包含自我监督[7.1.1.1]	
2	应当根据 6.2 要求，对失效检测采取适当的措施[7.1.1.2]	
3	程序结构应当基于模块分解[7.1.1.3]	
4	程序结构的整体设计及其详细设计应当简洁、易懂[7.1.1.4]	3.2.2.2 定义的计划阶段中通过制定软件设计标准，可将这些项目对象相关的具体要求加以明确，并通过 3.2.2.4 定义的软件设计阶段活动加以实现
5	应当避免编程技巧、递归结构和代码压缩[7.1.1.5]	对于需在项目层面统一协调的内容，通过 3.2.2.2 计划阶段的分析和策划，在特定的计划中加以考虑（如软件生命周期环境的选择，是否采用标准软件等），并在相应的实现活动中完成
6	未参与软件开发过程的有技能的工程师应当能读懂源程序[7.1.1.6]	
7	源程序应当符合归档的规则，以提高清晰度、可修改性和可测试性[7.1.1.7]	
8	应当解释说明任何不符合设计规则的部分[7.1.1.8]	
9	应当提供全面的编写清楚的文档[7.1.1.9]	

（续表）

编号	IEC 60880 的要求	本文定义的最佳实践
10	通信链路的设计应当符合 IEC 61513 中 5.3.1.3 节对数据通信的要求[7.1.1.10]	
11	同一冗余队列中的通信链路应当是确定的[7.1.1.11]	
12	根据这些原则得到以下推荐： — 应当在设计初期选择实现软件安全需求（包括自我监督）的方法；(B.3) — 相比自下而上的方法，更推荐自上而下的软件设计方法；(B.1) — 应当在每个软件项目的初期，选定软件架构的概念模型；(B.2) — 程序应当允许进行简单的验证；(B.4，B.5) — 当使用了制造商或供应商提供的标准软件时，应当同时应用第 15 章和 B.2.c 中的要求； — 相比机器导向的语言，更推荐使用面向应用的语言(B.5.e)[7.1.1.12]	
13	软件设计阶段应当确定由通用语言开发的软件部件[7.1.2.1]	
14	开发过程应当针对这类软件部件，定义详细的设计阶段和编码阶段[7.1.2.2]	
15	详细设计阶段的活动应对设计阶段的输出进行提炼，使得所选语言的编码能以系统化方式进行[7.1.2.3]	3.2.2.2 定义的计划阶段中通过制定软件开发计划、软件编码标准，明确定义了采用软件实现相关的方法、工具、语言（包括通用语言和面向应用的语言）等内容，并通过 3.2.2.4 定义的软件设计阶段活动、3.2.2.5 定义的软件编码阶段、3.2.2.8 定义的软件集成与测试阶段（集成部分）活动加以实现 开发技术（方法、语言）的选取及相关问题通过 3.2.2.2 计划阶段的活动统一规划
16	详细设计阶段中信息的详细程度应当取决于所用的通用语言。如果使用了汇编语言，那么设计应提供具体的结构算法和数据表示[7.1.2.4]	
17	编码阶段应当根据基于附件 B 中的需求预先定义的程序规则，将详细设计翻译成源代码[7.1.2.5]	
18	使用的形式化方法应具有以下性质：低复杂度、清晰标准化的布局和表示，模块化，贴切的注释，避免出现非安全特征。这些性质便于理解、验证、测试和后期变更[7.1.3.1]	
19	对于负责审查软件设计的工程师而言，面向应用的语言格式应当是易于理解的[7.1.3.2]	
20	面向应用的语言应支持简单的软件结构，如线性程序[7.1.3.3]	
21	面向应用的语言允许开发者考虑到 I&C 系统架构设计规格说明[7.1.3.4]	

（续表）

编号	IEC 60880 的要求	本文定义的最佳实践
22	当使用了预开发软件时,应当对软件功能进行评价和评估,以确保软件实现预期功能[7.1.4.1]	
23	应当记录与数据相关的所有约束,如允许的数据格式、范围、计算规则[7.1.4.2]	
24	应当记录配置数据[7.1.4.3]	3.2.2.2定义的计划阶段中通过在合格审定计划中单列PDS(作为额外的考虑)的方式对其应用进行说明,在软件开发计划中定义相应的处理方法,并通过 3.2.2.4, 3.2.2.5 和 3.2.2.8中的实现活动加以实现
25	应当提供适当的解释说明对设计输入源进行交叉引用的数据值[7.1.4.4]	
26	可追踪性:应当可以确定何时何人对配置数据进行了修改[7.1.4.5]	
27	可维护性:开发过程应能确保通过使用结构化方法、数据注释、支持文档,能使得数据设计在其整个系统预期生命过程中易于理解,可以维护[7.1.4.6]	
28	所用的语言应遵循严格的语法和语义规则[7.2.1.1]	
29	语言的语法定义和归档应是完整的清晰的[7.2.1.2]	
30	在适当情况下,所用的语言应当受限于某个"安全"子集[7.2.1.3]	
31	选用语言的翻译器应当经过彻底测试[7.2.1.4]	3.2.2.2定义的计划阶段中通过编制软件开发计划、软件编码标准,选择合适的语言以及相关的软件工具,并通过相应的计划验证活动确保相关要求得到满足 合格审定计划中还包括工具鉴定(作为额外的考虑)的内容,根据需要对所选择的软件工具(包括各种翻译器)进行鉴定
32	如果使用了未经彻底测试的翻译器,那么需要进行额外的验证工作,以提供证据证明翻译的结果是正确的[7.2.1.5]	
33	可以使用自动测试工具[7.2.1.6]	
34	面向应用的语言在被翻译成可执行形式之前,应当使用自动化工具将其转换成通用语言[7.2.3.1]	
35	应当评估生成代码和软件设计需求及软件编码标准的符合性,并解释说明不符合的部分[7.2.3.2]	
36	生成的程序结构应当概要地给出[7.2.3.3]	
37	禁止对生成代码进行直接的人工修改[7.2.3.4]	
38	如果输入规格说明被更改了,则应重新生成代码[7.2.3.5]	

(续表)

编号	IEC 60880 的要求	本文定义的最佳实践
39	在软件开发过程中,应当满足附件 B 中的需求和推荐,否则应解释说明并记录[7.3.2.1]	对于这些项目对象特定的要求,可将其作为计划阶段的输入,通过3.2.2.2定义的计划阶段活动加以考虑,并体现在相关计划和标准中
40	应当在设计过程的初期,进行解释说明工作[7.3.2.2]	
41	在软件开发过程中,设计阶段应以软件设计规格说明作为结束标志[7.4.1]	3.2.2.2 定义的计划阶段活动中,通过软件计划和标准定义了软件设计阶段的活动、输入输出文档及相关要求;3.4.2 定义的数据项目包含了相关文档的具体组织方式
42	设计规格说明应足够详细,确保程序的实现不需要进一步的设计说明[7.4.2]	
43	应根据软件设计过程等级组织文档。软件设计规格说明可以是一份文档,也可以是一组文档的集合[7.4.3]	
44	如果软件设计规格说明是一组文档,那么每份文档都应定义与其他文档的关系,并拥有界定明确的主题[7.4.4]	
45	应当根据具体目的选择文档格式,如叙述性描述、算法表达式、图形化表示[7.4.5]	
46	文档应包含适当的图表和图纸[7.4.6]	
47	如果合适,文档自身应符合国家标准[7.4.7]	

表 D.4　与 IEC 60880 软件验证的符合性矩阵

编号	IEC 60880 的要求	本文定义的最佳实践
1	验证团队的组成人员不能参与软件研制,并且必须具有一定的能力和知识[8.1.1]	3.2.5.2 定义了研制人员的角色及相关的关系,并在 3.2.2.2 中通过软件验证计划明确具体的人员,实现独立性
2	应当单独管理验证团队,独立于开发团队的管理[8.1.2]	
3	验证团队和开发团队之间的交流,无论是澄清报告还是故障报告,都应以书面方式正式记录,以便审计[8.1.3]	3.2.2.2 定义了软件验证计划,并通过 3.2.2.3 至 3.2.2.9 等阶段定义的验证活动加以实现。这些活动覆盖了相关要求
4	验证团队和开发团队之间的交流应当保持验证团队判断的独立性[8.1.4]	
5	验证团队应当拥有足够的资源、工具和时间,来执行验证活动[8.1.5]	
6	应当明确定义验证团队的职责和义务[8.1.6]	

（续表）

编号	IEC 60880 的要求	本文定义的最佳实践
7	验证团队的结论报告应当具有必要的权威性[8.1.7]	
8	应验证每个软件开发阶段的输出[8.1.8]	
9	软件验证活动应当确认软件需求规格说明充分满足了系统分配给软件的需求规格说明[8.1.9]	
10	软件验证活动应当确认软件设计规格说明充分满足了软件需求[8.1.10]	
11	软件验证活动应当确认代码符合设计阶段的软件设计规格说明。如果使用了诸如自动代码生成特性的 CASE 工具，具体的需求参见 8.2.3.2[8.1.11]	
12	每个研制活动都应基于通过验证的输入数据/文档开展[8.1.12]	
13	当某一阶段的产品验证时作为软件开发的一部分时，那么验证活动必须在下一阶段开始前进行，否则验证活动则必须在下一阶段（验证）完成前进行[8.1.13]	
14	如果某一活动的输入数据/文档被修改了，则应重新执行该活动及其后续活动，以解决其潜在的影响[8.1.14]	
15	所有软件验证应在系统实际应用前完成[8.1.15]	
16	软件验证计划应在软件验证活动前制定[8.2.1.1]	
17	验证计划应当记录所有验证活动中使用的准则、技术和工具[8.2.1.2]	
18	验证计划应当描述各个软件项的评估活动，软件开发过程中涉及的各个工具和阶段，以说明软件需求规格说明是否得到满足[8.2.1.3]	3.2.2.2 定义了软件验证计划，它是所有验证活动实现的依据，通过计划阶段定义的核查、评审等活动确保这些针对验证计划的要求得以满足
19	验证计划应当非常细致，使验证团队能按计划执行，并能客观判断软件是否满足需求[8.2.1.4]	
20	验证计划应当由验证团队准备，其内容应包含验证策略的选择，验证工具的选择和使用，验证的执行，验证活动的归档，验证结果评估及安全需求满足与否的评估[8.2.1.5]	

（续表）

编号	IEC 60880 的要求	本文定义的最佳实践
21	执行的测试应能对软件进行全面检测。在计划所要求的准则中,测试覆盖率准则应是最重要的[8.2.1.6]	
22	任何能确认测试程度的客观证据都应在验证计划标识。因此,应当解释说明根据设计所选择的测试覆盖率准则,并将其归档[8.2.1.7]	
23	在软件开发过程中,无论是供应商还是第三方评估在验证活动中发现的所有安全问题都应得到充分的处理和解决[8.2.1.8]	
24	应通过合适的矫正修改或从轻处置,解决所有安全相关问题[8.2.1.9]	
25	设计验证应当说明: — 软件设计规格说明书对于软件需求的充分性,尤其是在模块级别的一致性完整性方面; — 将设计分解成功能模块,在以下几方面进行详细说明(设计的技术可行性、进一步验证的可测试性、开发验证团队对于功能模块的可读性、允许进一步修改的可修改性); — 安全需求被正确实现[8.2.2.1]	3.2.2.4 定义了软件设计阶段的活动,涵盖了设计验证的各个方面
26	应归档记录设计验证的结果[8.2.2.2]	
27	设计验证文档应包括验证的结论,并确定需要采取行动的问题,如不符合软件需求、设计标准的条目,无法很好适应问题的模块、数据、结构和算法[8.2.2.3]	
28	验证活动包括基于源代码分析和测试的活动。应当使用诸如代码检查等验证方法进行源代码分析,也可以使用辅助的自动化工具[8.2.3.1.1.1]	3.2.2.6 定义了集成和测试的内容,包括代码的覆盖分析、集成测试、测试用例开发和测试报告等验证活动,并有明确的活动输出,满足相关要求文档内容组织方面的要求需作为 3.2.2.2 软件计划阶段的输入,通过验证计划明确定义,部分文档的名称或组织可能需要调整才能满足相关要求
29	代码验证活动应从模块的源代码分析开始,然后才是模块测试[8.2.3.1.1.2]	
30	模块验证应说明每个模块都实现了预期功能,没有实现非预期功能[8.2.3.1.1.3]	
31	模块集成测试应当说明在开发的初期阶段,所有模块能正确交互,实现预期功能。如果使用了 CASE 工具,则应满足第 14 章中列出的相关要求[8.2.3.1.1.4]	

（续表）

编号	IEC 60880 的要求	本文定义的最佳实践
32	代码验证结果应当归档[8.2.3.1.1.5]	
33	软件测试规格说明应基于软件设计规格说明,及针对软件需求的详细检查[8.2.3.1.2.1]	
34	应当提供每个软件部件(模块及其组成)的详细测试信息[8.2.3.1.2.2]	
35	软件测试规格说明应当包括:测试环境、测试规程、接受准则、故障检测规程及生产的一系列文档[8.2.3.1.2.3]	
36	软件测试报告应当说明软件测试规格说明中描述的验证结果,即软件实现是否符合软件设计规格说明[8.2.3.1.3.1]	
37	软件测试报告应当记录在测试过程中发现的,所有与软件设计实现不符的内容[8.2.3.1.3.2]	
38	软件测试报告应包括模块级别和主设计级别的测试硬件配置、软硬件使用的测试用例的标识和说明、使用的存储介质、最终代码测试的存取需求、测试的输入数值、期望和实际的输出数值、关于时序、事件顺序的额外数据、测试规格说明中接受准则的符合性说明、描述故障特征的故障时间日志[8.2.3.1.3.3]	
39	通过面向应用语言,由某个规格说明自动生成的应用软件应具有系统化的结构,支持有效的验证活动[8.2.3.2.1]	
40	应能通过人工检查或者使用自动化工具在调试环境下对软件进行仿真,证明面向应用语言编写的软件功能正确、一致[8.2.3.2.2]	
41	验证活动应当确认所有设计特征都被正确实现,软件功能与软件需求规格说明中定义的目标一致,软件设计符合质量保证计划中列出的适用标准[8.2.3.2.3]	
42	应选择适当的合理的方法,如动画、测试、审查、走查、形式化分析和验证,提高规格说明的可读性,验证功能的正确性和一致性[8.2.3.2.4]	
43	验证和确认所用的软件工具应根据 14 章的要求进行合格确认[8.2.3.2.5]	

（续表）

编号	IEC 60880 的要求	本文定义的最佳实践
44	应当组合使用检查、分析、测试,以获得验证数据。应当分析并记录用于测试配置数据影响的方法[8.2.3.3.1]	
45	任何预开发软件配置所采用的文档结构应确保在需要的时候能生成中间设计文档,以全面记录设计过程,如说明如何通过配置扫描频率及消息缓冲区传送频率来满足时间响应需求[8.2.3.3.2]	
46	验证活动应当确认配置数据和设计文档一致,和任何制定的约束、规则一致[8.2.3.3.3]	
47	如果使用基于工具的方法生成数据,并省略了数据验证步骤,而直接集成到系统,则应解释说明有足够的信息确保该工具的正确性[8.2.3.3.4]	

表 D.5　与 IEC 60880 软件变更的符合性矩阵

编号	IEC 60880 的要求	本文定义的最佳实践
1	软件变更应遵循以下步骤: — 产生一个软件变更请求; — 评估软件变更请求; — 决定是否更改[11.1.1]	各个阶段活动均包括变更控制相关的活动,变量控制的流程在 3.2.3.7 中定义,完全覆盖这些要求
2	产生的软件变更请求应是唯一标识的,并说明变更的原因、目的、功能范围、提出者和产生日期[11.1.2]	
3	软件变更请求应作为软件变更文档的一部分。如果软件变更属于系统设计变更的内容,则软件变更文档应作为系统设计变更文档的一部分[11.1.3]	
4	应当独立评估变更请求[11.1.4]	该要求需作为 3.2.2.2 软件计划阶段的输入,在计划中进行定义,并通过相应的变更活动实现
5	评估变更请求应检查变更的关联性,确保: — 提出的更改定义是清晰的、无歧义的; — 提出的更改能纠正引发异常的原因,更改往往源自异常报告; — 提出的更改不能降低 A 类安全功能所要求的软件能力;	3.2.3.7 中定义的变更流程完全覆盖这些要求

（续表）

编号	IEC 60880 的要求	本文定义的最佳实践
	— 更改带来的益处不能低于实现变更而导致的破坏情况（更改或设计错误可能引起的系统失效）[11.1.5]	
6	在评估变更请求时应检查以下几点： — 技术可行性； — 对其余系统或其他设备的影响，如果存在，则应当记录变更请求的影响区域； — 在执行变更过程中使用的方法、工具或标准，其可能产生的变化造成的影响； — 软件自身包括一系列受影响模块的影响； — 性能（包括速度、准确性等）的影响； — 验证和确认策略及必要工作，确保能维持现有软件的正确性；用审核表形式记录对软件再次验证要求进行的分析； — 审核文档的集合[11.1.6]	
7	如果要求提供软件变更分析报告，则报告应由具备系统软件知识的软件人员编写[11.1.7]	该要求需作为 3.2.2.2 软件计划阶段的输入，在计划中进行定义，并通过相应的变更活动实现
8	出于运行考虑，无法在运行设备上进行充分测试变更时，软件供应商应有办法在一个各方面（包括安装机器、翻译器、测试工具、电站仿真等）与实际系统相同的环境下进行测试，确保更改的有效性[11.2.1]	3.2.2.2 定义的验证计划和软件生命周期环境中明确定义所有可能的测试环境
9	适用于任何特殊更改的变更规程依赖于受影响的开发过程： — 如果软件需求规格说明发生更改，应重新检查 I&C 系统中任何受更改影响的软件开发过程； — 应审核开发过程中的更改对相应较低级别产生的潜在不利影响； — 根据第 7 章给出的规定执行变更[11.2.2]	3.2.2.3 至 3.2.2.8 各阶段均定义了问题报告、变更相关的活动，具体的活动要求在 3.2.3.5 和 3.2.3.7 中进行了定义，基本覆盖了这些变更相关的要求 对于变更相关文档内容组成相关的要求，可作在 3.2.3.5 和 3.2.3.7 的定义中加以明确 变更相关文档的配置管理要求需作为 3.2.2.2 计划阶段的输入，在配置管理计划中加以定义
10	完成变更后，应依照软件变更影响分析，重新执行 8.1 节和第 10 章中描述的部分或全部验证和确认过程[11.2.3]	
11	应当修改所有受变更影响的文档，并与软件变更请求标识一一对应[11.2.4]	
12	软件变更报告应当总结实现变更而进行的所有行为[11.2.5]	

（续表）

编号	IEC 60880 的要求	本文定义的最佳实践
13	所有文档都应标注日期、编号，并作为项目软件变更控制历史归档[11.2.6]	
14	应评估运行电站中变更软件的实施策略，包括对表决策略、维护、数据通信的影响。基于评估结果，可以逐步实施软件变更，在并行操作未变更线路的同时，允许依次对每个单冗余度线路进行新软件测试[11.2.7]	
15	出现异常时，应当编写异常报告，说明发现异常时的现象、系统环境和系统状态，及可能的原因[11.3.1]	
16	如果在交付后出现非预期、明显错误的、无法解释或不正常的行为，操作人员应提出异常报告，具体说明异常的行为、软硬件配置及当时的现场活动[11.3.2]	
17	异常报告应包括提出者、日期、环境和序列号。由开发团队审核报告，分配重要性级别，并由操作人员解决[11.3.3]	
18	故障更改需要生成软件变更请求，具体的执行应遵循11.1节描述的规程[11.3.4]	
19	如果软件需求规格说明发生更改，则应重新检查系统中受更改影响的整个软件开发过程[11.3.5]	
20	应当检查任何新的硬件需求和功能，确定其对软件的潜在影响[11.3.6]	
21	对硬件新需求新功能的评估应包含原始软件设计审查的所有硬件考虑[11.3.7]	
22	在所有情况下，当完成运行设备的变更后，应编写文档说明完成变更的日期、指定测试的结果，或实施过程中所需的观测数据[11.3.8]	
23	异常报告应作为项目软件变更控制历史记录归档[11.3.9]	

附录 E　软件开发计划(样本)

1　范围

1.1　标识

本文档的标识为 TARGET‐SDP‐1.0,适用于斗舰 2000 机载定位系统(以下简称 TARGET)的机载软件研制。

1.2　系统概述

斗舰 2000 是一个假想的飞行器,我们对斗舰 2000 做如下假设:

(1) 斗舰 2000 平稳飞行于海拔 5000 m 高的水平面上(即定位系统不考虑斗舰 2000 的飞行高度问题)。

(2) 斗舰 2000 飞行方向的改变只限于左转和右转两种。

本项目旨在研制斗舰 2000 的机载定位系统,简称为 TARGET,其主要功能是:

(1) 通过 ARINC429 总线接收来自传感器的速度数值和转弯信号。

(2) 根据转弯信号计算即时方向、根据即时方向和速度数值计算即时位置。

(3) 通过 RS‐422 总线向显示器发送命令,显示速度、方向、位置、轨迹以及传感器状态。

(4) 通过 RS‐422 总线接收转储命令。

(5) 转储位置历史数据。

TARGET 的系统架构见图 E.1。

图 E.1　TARGET 的系统架构

1.3　文档概述

根据《DO‐178B》第 11.2 条的要求,本文档主要描述 TARGET 项目(以下简称为本项目)的软件开发过程的管理、资源、活动、约束、环境以及与软件开发相关的其他信息,为该项目的开发、管理、监督提供基础和依据。

2　引用文档

《DO‑178B》，Software Considerations in Airborne Systems and Equipment Certification，December 1，1992

《斗舰 2000 机载定位系统软件研制任务书》,2.0 版

《斗舰 2000 机载定位系统软件合格审定计划》,1.0 版

《斗舰 2000 机载定位系统软件验证计划》,1.0 版

《斗舰 2000 机载定位系统软件配置管理计划》,1.0 版

《斗舰 2000 机载定位系统软件质量保证计划》,1.0 版

《斗舰 2000 机载定位系统软件项目管理计划》,1.0 版

《斗舰 2000 机载定位系统软件需求标准》,1.0 版

《斗舰 2000 机载定位系统软件设计标准》,1.0 版

《斗舰 2000 机载定位系统软件编码标准》,1.0 版

《ASIDE 用户手册》,3.0 版

3　软件开发管理

3.1　组织结构

参与 TARGET 项目的人员及组织结构如图 E.2 所示。

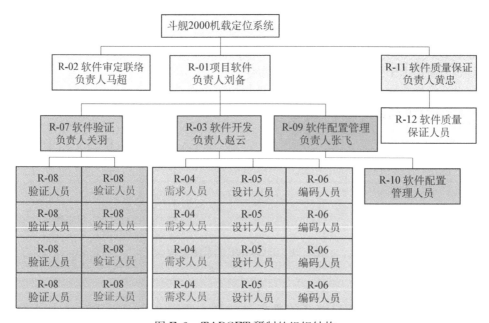

图 E.2　TARGET 研制的组织结构

3.2　职责

根据 3.1 给出的组织结构,直接与软件开发相关的项目人员主要有项目软件负责人、软件开发负责人、软件需求人员、软件设计人员、软件编码人员,他们的职责将在本节中列出。其他项目人员的职责描述参见相应的软件计划。

3.2.1　R-01　项目软件负责人

R-01　项目软件负责人的职责是:

(1) PI-01　规划项目立项进度;

(2) PI-02　获取分配到软件的系统需求(即软件研制任务书);

(3) SP-03　确定项目的软件生命周期;

(4) SP-04　制定项目进度计划;

(5) SP-05　编制项目管理计划;

(6) SP-14　协调各软件计划;

(7) SIS-03　编制软件完成综述;

(8) DPR-02　讨论并审批数据问题;

(9) CCR-03　安全性评估反馈;

(10) SR-05　向系统生命周期提交派生的高层需求;

(11) SD-06　向系统生命周期提交派生的低层需求;

(12) 履行 R-13　项目管理团队的职责;

(13) 履行 R-14　软件配置管理委员会(SCCB)的职责;

(14) 履行 R-15　项目成员的职责;

(15) 负责软件计划过程的日常实施;

(16) 负责软件总结过程的日常实施;

(17) 监督并管理软件生命周期其他过程的日常实施;

(18) 参与决策软件生命周期过程的迁移;

(19) 向上级报告软件生命周期状态;

(20) 保障相关过程目标的符合性。

3.2.2　R-03　软件开发负责人

R-03　软件开发负责人的职责是:

(1) 负责 SP-07　编制软件开发计划的任务分配和执行;

(2) 负责 SP-11　编制软件需求标准的任务分配和执行;

(3) 负责 SP-12　编制软件设计标准的任务分配和执行;

(4) 负责 SP-13　编制软件编码标准的任务分配和执行;

(5) 参与 SR-01　确定高层需求的层次结构;

(6) 参与 SD-01　开发软件架构(非条目化数据元);

(7) 参与 SD-02　确定低层需求的层次结构;

(8) 履行 R-13　项目管理团队的职责;

（9）履行 R-14 软件配置管理委员会(SCCB)的职责；

（10）履行 R-15 项目成员的职责；

（11）负责软件需求过程、软件设计过程、软件编码过程、集成过程的任务分配和日常实施；

（12）支持其他过程的实施；

（13）向项目软件负责人报告软件开发状态；

（14）负责相关问题报告的归零；

（15）负责相关变更报告的归零；

（16）保障相关过程目标的符合性。

3.2.3　R-04　软件需求人员

R-04 软件需求人员的职责是：

（1）执行被分配的 SP-07 编制软件开发计划任务；

（2）执行被分配的 SP-11 编制软件需求标准任务；

（3）SR-01 确定高层需求的层次结构；

（4）SR-02 开发高层需求(条目化数据元)；

（5）SR-03 开发其他软件需求数据(非条目化数据元)；

（6）SR-04 建立高层需求与系统需求的追踪关系；

（7）履行 R-15 项目成员的职责；

（8）向软件开发负责人报告任务完成状态；

（9）负责相关问题报告的归零；

（10）负责相关变更报告的归零。

3.2.4　R-05　软件设计人员

R-05 软件设计人员的职责是：

（1）执行被分配的 SP-07 编制软件开发计划任务；

（2）执行被分配的 SP-12 编制软件设计标准任务；

（3）SD-01 开发软件架构(非条目化数据元)；

（4）SD-02 确定低层需求的层次结构；

（5）SD-03 开发低层需求(条目化数据元)；

（6）SD-04 开发其他软件设计说明(非条目化数据元)；

（7）SD-05 建立低层需求与高层需求的追踪关系；

（8）履行 R-15 项目成员的职责；

（9）向软件开发负责人报告任务完成状态；

（10）负责相关问题报告的归零；

（11）负责相关变更报告的归零。

3.2.5　R-06　软件编码人员

R-06 软件编码人员的职责是：

（1）执行被分配的 SP-07　编制软件开发计划任务；

（2）执行被分配的 SP-13　编制软件编码标准任务；

（3）SC-01　开发源代码；

（4）SC-02　建立源代码与低层需求的追踪关系；

（5）SIT-01　编译源代码；

（6）SIT-02　进行软件集成；

（7）SIT-03　进行硬件/软件集成；

（8）履行 R-15　项目成员的职责；

（9）向软件开发负责人报告任务完成状态；

（10）负责相关问题报告的归零；

（11）负责相关变更报告的归零。

3.2.6　R-13　项目管理团队

R-13　项目管理团队成员为：项目软件负责人、软件开发负责人、软件验证负责人、软件配置管理负责人、软件质量保证负责人。

R-13　项目管理团队的职责是：

（1）SP-01　估算项目规模；

（2）SP-02　估算项目工作量；

（3）SP-15　核查项目管理计划；

（4）SP-16　核查软件合格审定计划；

（5）SP-17　核查软件开发计划；

（6）SP-18　核查软件验证计划；

（7）SP-19　核查软件配置管理计划；

（8）SP-20　核查软件质量保证计划；

（9）SP-21　核查软件需求标准；

（10）SP-22　核查软件设计标准；

（11）SP-23　核查软件编码标准；

（12）BE-01　申请基线。

3.2.7　R-14　软件配置管理委员会(SCCB)

R-14　软件配置管理委员会(SCCB)由项目软件负责人、软件开发负责人、软件验证负责人、软件配置管理负责人、软件配置管理人员、软件质量保证负责人组成。

R-14　软件配置管理委员会(SCCB)的职责是：

（1）参与 CCR-02　变更评审；

（2）参与 BE-02　审批基线。

3.2.8　R-15　项目成员

R-15　项目成员包含参与 TARGET 项目的所有成员。R-15　项目成员的职责是：

  （1）参与 SP-24　评审项目管理计划；

  （2）参与 SP-25　评审软件合格审定计划；

  （3）参与 SP-26　评审软件开发计划；

  （4）参与 SP-27　评审软件验证计划；

  （5）参与 SP-28　评审软件配置管理计划；

  （6）参与 SP-29　评审软件质量保证计划；

  （7）参与 SP-30　评审软件需求标准；

  （8）参与 SP-31　评审软件设计标准；

  （9）参与 SP-32　评审软件编码标准；

  （10）参与 SR-07　评审软件需求数据；

  （11）参与 SD-08　评审软件设计说明；

  （12）参与 STCPH-08　评审测试用例和测试规程；

  （13）参与 STCPL-08　评审测试用例和测试规程；

  （14）参与 SIT-12　评审测试结果；

  （15）参与 SIS-07　评审软件生命周期环境配置索引；

  （16）参与 SIS-08　评审软件配置索引；

  （17）参与 SIS-09　评审软件完成综述；

  （18）参与 PPR-02　讨论过程问题；

  （19）参与 DPR-01　提出数据问题；

  （20）参与 CCR-01　变更申请；

  （21）参与 CCR-04　变更的开发实施；

  （22）参与 SOI-02　内部准备；

  （23）参与 SOI-05　参与审查。

4　软件开发标准

  本项目的软件开发活动应遵循如下标准：

  （1）《斗舰 2000 机载定位系统软件需求标准》；

  （2）《斗舰 2000 机载定位系统软件设计标准》；

  （3）《斗舰 2000 机载定位系统软件编码标准》。

5　软件开发过程

5.1　概要

  本项目的软件生命周期完整定义见《斗舰 2000 机载定位系统软件合格审定计划》。本章只描述软件生命周期中的软件开发过程，它分为软件需求过程、软件设计过程、软件编码过程和集成过程。

这 4 个过程的开发活动都会附以相应的软件综合过程的活动,形成 4 个阶段,如图 E.3 所示。

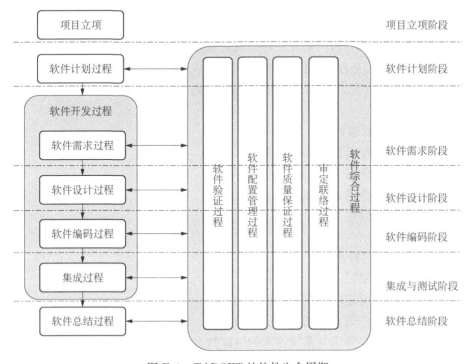

图 E.3 TARGET 的软件生命周期

5.2 软件需求过程

5.2.1 目标

软件需求过程的目标是遵循 DO-178B 的 5.1,6.3.1 和 11.9,依据系统需求、软件开发计划和软件需求标准开发软件高层需求。本项目的系统需求来自软件研制任务书。软件需求过程要把每一条系统需求展开为一条或多条软件高层需求。但是,一条软件高层需求也可追踪到多条系统需求。对于系统需求中没有明确说明的功能需求,要增加派生的软件高层需求。

5.2.2 活动

软件需求过程的主要活动是:

(1) 软件开发负责人分配软件高层需求的编制任务;

(2) 软件需求人员接受任务,执行并完成软件高层需求的编制任务:SR-01 确定高层需求的层次结构,SR-02 开发高层需求(条目化数据元),SR-03 开发其他软件需求数据(非条目化数据元);

(3) 软件需求人员在软件高层需求开发任务完成后,在 ASIDE 中把该任务置为完成状态;

（4）软件需求人员在需求开发过程中若发现系统需求的问题,可以在 ASIDE 中提问题报告；

（5）ASIDE 自动 SR-04　建立高层需求与系统需求的追踪关系；

（6）项目软件负责人 SR-05　向系统生命周期提交派生的高层需求；

（7）项目组成员可以在 ASIDE 中对软件高层需求提出评注；

（8）软件需求人员在 ASIDE 中处理项目组成员发给自己的评注；

（9）软件开发负责人通过 ASIDE 跟踪与监控软件需求过程。

5.2.3　输入

软件需求过程的输入是：

（1）D-02　分配到软件的系统需求；

（2）D-08　软件开发计划；

（3）D-12　软件需求标准；

（4）项目设立基线。

5.2.4　输出

软件需求过程的输出是：

（1）D-27　高层需求层次结构；

（2）D-28　高层需求(条目化)；

（3）D-29　软件需求数据(非条目化)；

（4）D-30　高层需求与系统需求的追踪数据。

5.2.5　迁移准则

软件需求过程的迁入准则是：

（1）完成了软件计划和软件标准的评审；

（2）关闭了与软件计划和软件标准相关的问题报告和变更报告；

（3）建立了软件计划阶段基线。

软件需求过程的迁出准则是：

（1）完成了软件高层需求的编制；

（2）建立了软件高层需求与系统需求的追踪；

（3）提交了相关任务。

ASIDE 将自动检查项目的当前状态是否满足了上述迁移准则。

5.3　软件设计过程

5.3.1　目标

软件设计过程的目标是遵循 DO-178B 的 5.2,6.3.2,6.3.3 和 11.10,依据软件开发计划、高层需求和软件设计标准开发软件架构和软件低层需求。软件设计过程要把每一条高层需求展开为一条或多条软件低层需求。同时,一条软件低层需求也可追踪到多条高层需求。对于高层需求中没有明确说明的设计需求,要增加派生的软件低层需求。

5.3.2　活动

软件设计过程的主要活动是:

(1) 软件开发负责人分配软件架构和低层需求的编制任务;

(2) 软件设计人员接受任务,执行并完成软件低层需求的编制任务:SD-02 确定低层需求的层次结构,SD-01　开发软件架构(非条目化数据元),SD-03 开发低层需求(条目化数据元),SD-04　开发其他软件设计说明(非条目化数据元);

(3) 软件设计人员在设计过程中如果发现需求的问题,可以在 ASIDE 中提问题报告;

(4) 软件设计人员在软件设计任务完成后,在 ASIDE 中把该任务置为完成状态;

(5) ASIDE 自动 SD-05　建立低层需求与高层需求的追踪关系;

(6) 项目软件负责人 SD-06　向系统生命周期提交派生的低层需求;

(7) 项目组成员可以在 ASIDE 中对软件低层需求和软件架构提出评注;

(8) 软件设计人员在 ASIDE 中处理项目组成员发给自己的评注;

(9) 软件开发负责人通过 ASIDE 跟踪与监控软件设计过程。

5.3.3　输入

软件设计过程的输入是:

(1) D-08　软件开发计划;

(2) D-13　软件设计标准;

(3) D-28　高层需求(条目化);

(4) D-29　软件需求数据(非条目化)。

5.3.4　输出

软件设计过程的输出是:

(1) D-31　软件架构(非条目化);

(2) D-32　低层需求层次结构;

(3) D-33　低层需求(条目化);

(4) D-34　软件设计说明(非条目化);

(5) D-35　低层需求与高层需求的追踪数据。

5.3.5　迁移准则

软件设计过程的迁入准则是:

(1) 完成了软件高层需求、软件开发计划、软件设计标准的评审;

(2) 关闭了与软件高层需求、软件开发计划、软件设计标准相关的问题报告和变更报告;

(3) 建立了软件需求阶段基线。

软件设计过程的迁出准则是:

（1）完成了软件架构和低层需求的编制；

（2）建立了软件低层需求与高层需求的追踪；

（3）提交了相关任务；

ASIDE 将自动检查项目的当前状态是否满足了上述迁移准则。

5.4　软件编码过程

5.4.1　目标

软件编码过程的目标是遵循 DO-178B 的 5.3，6.3.4，11.11 和 11.12，依据软件开发计划、软件架构、低层需求和软件编码标准开发源代码。软件编码过程要保证低层需求到源代码之间的追踪关系。

5.4.2　活动

软件编码过程的主要活动是：

（1）软件开发负责人分配源代码的编制任务；

（2）软件开发编码人员接受任务，SC-01　开发源代码，在 ASIDE 中上传源代码；

（3）ASIDE 中分析上传的源代码，得到函数名称、全局变量、数据类型等用以追踪的数据元；

（4）软件开发负责人分配源代码与软件低层需求建立追踪的任务；

（5）软件编码人员接受任务，在 ASIDE 中 SC-02　建立源代码与低层需求的追踪关系；

（6）软件开发人员在编码过程中若发现设计或需求的问题，可以在 ASIDE 中提出问题报告；

（7）软件编码人员在软件编码任务完成后，在 ASIDE 中把该任务置为完成状态；

（8）项目组成员可以在 ASIDE 中对源代码提出评注；

（9）软件编码人员在 ASIDE 中处理项目组成员发给自己的评注；

（10）软件开发负责人通过 ASIDE 跟踪与监控软件编码过程。

5.4.3　输入

软件编码过程的输入是：

（1）D-08　软件开发计划；

（2）D-14　软件编码标准；

（3）D-31　软件架构（非条目化）；

（4）D-33　低层需求（条目化）；

（5）D-34　软件设计说明（非条目化）。

5.4.4　输出

软件编码过程的输出是：

（1）D-36　源代码（函数）；

(2) D-36 源代码(全局变量);

(3) D-36 源代码(数据类型);

(4) D-37 源代码与低层需求的追踪数据。

5.4.5 迁移准则

软件编码过程的迁入准则是:

(1) 完成了软件架构和低层需求、软件开发计划、软件编码标准的评审;

(2) 关闭了软件架构和低层需求、软件开发计划、软件编码标准相关的问题报告和变更报告;

(3) 建立了软件设计阶段基线。

软件编码过程的迁出准则是:

(1) 完成了源代码的编写;

(2) 建立了源代码与低层需求的追踪;

(3) 提交了相关任务。

ASIDE 将自动检查项目的当前状态是否满足了上述迁移准则。

5.5 集成过程

5.5.1 目标

集成过程的目标是遵循 DO-178B 的 5.4 和 6.3.5,将源代码编译、链接成为可执行代码。

可执行代码分两种:

(1) 宿主计算机上的可执行代码,它用于宿主机上的仿真测试;

(2) 目标机上的可执行代码,它用于加载到目标机形成定位系统机载设备,并进行目标机上的真实测试。

5.5.2 活动

集成过程的主要活动是:

(1) 软件开发负责人分配集成任务;

(2) 软件开发人员接受任务,SIT-01 编译源代码,SIT-02 进行软件集成,SIT-03 进行硬件/软件集成;

(3) 软件开发人员如果在集成过程检测到的不当或不正确的输入,则在 ASIDE 中提交问题报告;

(4) 软件开发负责人在完成编译与集成任务后,在 ASIDE 中把该任务置为完成状态;

(5) 软件开发人员在 ASIDE 中处理项目组成员发给自己的评注;

(6) 软件开发负责人通过 ASIDE 跟踪与监控集成过程。

5.5.3 输入

集成过程的输入是:

(1) D-08 软件开发计划;

（2）D-31 软件架构（非条目化）；

（3）D-36 源代码。

5.5.4 输出

集成过程的输出是：

（1）D-46 目标代码；

（2）D-47 可执行目标代码；

（3）D-48 编译、链接、加载日志；

（4）D-53 加载控制记录；

（5）软硬件集成后。

5.5.5 迁移准则

集成过程的迁入准则是：

（1）完成了源代码的核查；

（2）关闭了源代码相关的问题报告和变更报告。

（3）建立了软件编码阶段基线。

集成过程的迁出准则是：

（1）编译、链接并得到了宿主机/目标机上的可执行目标代码；

（2）加载可执行目标代码并得到了 TARGET 机载定位系统。

ASIDE 将自动检查项目的当前状态是否满足了上述迁入准则。

6 软件开发环境

6.1 编程语言

本项目的编码使用 ANSI C 语言，其编码规范参见《斗舰 2000 机载定位系统软件编码标准》。

6.2 软件开发工具及鉴定要求

软件开发工具及鉴定要求如表 E.1 所示。

表 E.1 软件开发工具及鉴定要求

工具标识	使用工具	版本	使用的功能	是否鉴定	鉴定级别
AD-BD-001	ASIDE 核心软件包	2.4	软件需求数据的编写和管理 软件设计说明的编写和管理 源代码导入及分析 追踪数据的建立与管理	不需鉴定	N/A
AD-MD-020	ASIDE 文档生成模块	2.4	根据数据库中的软件生命周期数据以及文档的模板，生成各类文档	需要鉴定	TQL-5

（续表）

工具标识	使用工具	版本	使用的功能	是否鉴定	鉴定级别
AV－ET－053	Tornado	2.2	交叉编译、链接	不需鉴定	N/A
AV－ET－038	VC	6.0	源代码编辑 宿主机编译、链接	不需鉴定	N/A

6.3　管理和支持类工具及鉴定要求

管理和支持类工具及鉴定要求如表 E.2 所示。

表 E.2　管理和支持工具及鉴定要求

工具标识	使用工具	版本	使用的功能	是否鉴定	鉴定级别
AD－BD－001	ASIDE 核心软件包	2.4	项目管理 工作任务的分配及管理 软件全生命周期的过程管理 会议的管理 基线的建立与管理	不需鉴定	N/A
AD－MD－021	ASIDE 问题、变更管理模块	2.4	问题管理 变更控制、影响分析	不需鉴定	N/A
AD－MD－022	ASIDE 质量保证管理模块	2.4	质量保证活动的管理 质量保证记录的管理	不需鉴定	N/A
AD－MD－023	ASIDE 评注管理模块	2.4	软件研制过程中非正式的自由信息交互平台,不产生任何适航信用	不需鉴定	N/A
AD－MD－024	ASIDE 数据查询与举证模块	2.4	软件生命周期数据的查询 适航审定过程中的举证	不需鉴定	N/A
AD－SL－001	DO－178B/C 标准 A 级模板	2.4	满足适航要求的软件生命周期模板	不需鉴定	N/A

6.4　硬件环境

TARGET 所用的显示器分辨率为 575×575(像素),其目标机硬件运行环境见表 E.3。

表 E.3　TARGET 硬件环境需求

类别	需求	类别	需求
处理器	Power PC 750	FLASH	32M
SRAM	128M	硬盘	1G

6.5 软件环境

TARGET 的软件环境需求见表 E. 4。

表 E. 4　TARGET 软件环境需求

类别	需　求	类别	需　求
宿主机操作系统 宿主机开发环境	Windows XP 或以上版本 VC 6.0	目标机操作系统 目标机开发环境	VxWorks 5.5 Tornado 2.2

7　注释

7.1　术语

本文档中的术语依据《DO - 178B》。

7.2　缩写词

ASIDE	Airborne Software Integrated Development Environment
TARGET	斗舰 2000 机载定位系统
PSAC	Plan for Software Aspects of Certification
SCM	Software Configuration Management
SQA	Software Quality Assurance
SCCB	Software Configuration Control Board

附录 F　软件验证计划(样本)

1　范围

1.1　标识

本文档的标识为 TARGET‐SVP‐1.0,适用于斗舰 2000 机载定位系统(以下简称 TARGET)的机载软件研制。

1.2　系统概述

斗舰 2000 是一个假想的飞行器,我们对斗舰 2000 做如下假设:

(1) 斗舰 2000 平稳飞行于海拔 5 000 m 高的水平面上(即定位系统不考虑斗舰 2000 的飞行高度问题);

(2) 斗舰 2000 飞行方向的改变只限于左转和右转两种。

本项目旨在研制斗舰 2000 的机载定位系统,简称为 TARGET,其主要功能是:

(1) 通过 ARINC 429 总线接收来自传感器的速度数值和转弯信号;

(2) 根据转弯信号计算即时方向、根据即时方向和速度数值计算即时位置;

(3) 通过 RS‐422 总线向显示器发送命令,显示速度、方向、位置、轨迹以及传感器状态;

(4) 通过 RS‐422 总线接收转储命令;

(5) 转储位置历史数据。

TARGET 的系统架构见图 F.1。

图 F.1　TARGET 的系统架构

1.3　文档概述

根据《DO‐178B》第 11.3 条的要求,本文档主要描述 TARGET 项目(以下简称为本项目)的软件验证过程的组织机构和职责、环境、活动、迁移准则、记录等。

2　引用文档

《DO‐178B》，Software Considerations in Airborne Systems and Equipment Certification，December 1，1992

《斗舰 2000 机载定位系统软件研制任务书》，2.0 版

《斗舰 2000 机载定位系统软件开发计划》，1.0 版

《斗舰 2000 机载定位系统软件合格审定计划》，1.0 版

《斗舰 2000 机载定位系统软件配置管理计划》，1.0 版

《斗舰 2000 机载定位系统软件质量保证计划》，1.0 版

《斗舰 2000 机载定位系统软件项目管理计划》，1.0 版

《斗舰 2000 机载定位系统软件需求标准》，1.0 版

《斗舰 2000 机载定位系统软件设计标准》，1.0 版

《斗舰 2000 机载定位系统软件编码标准》，1.0 版

《ASIDE 用户手册》，3.0 版

3　软件验证的组织结构与人员职责

3.1　组织结构

参与 TARGET 项目的人员及组织结构如图 F.2 所示。

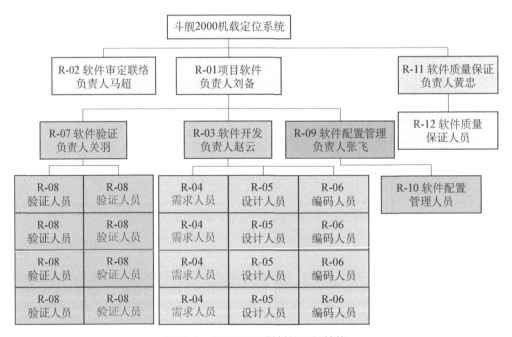

图 F.2　TARGET 研制的组织结构

3.2　职责

根据 3.1 给出的组织结构,直接与软件验证相关的项目人员主要有项目软件负责人、软件验证负责人、软件验证人员,他们的职责将在本节中列出。其他项目人员的职责描述参见相应的软件计划。

3.2.1　R-01　项目软件负责人

R-01　项目软件负责人的职责是:

(1) PI-01　规划项目立项进度;

(2) PI-02　获取分配到软件的系统需求(即软件研制任务书);

(3) SP-03　确定项目的软件生命周期;

(4) SP-04　制定项目进度计划;

(5) SP-05　编制项目管理计划;

(6) SP-14　协调各软件计划;

(7) SIS-03　编制软件完成综述;

(8) DPR-02　讨论并审批数据问题;

(9) CCR-03　安全性评估反馈;

(10) SR-05　向系统生命周期提交派生的高层需求;

(11) SD-06　向系统生命周期提交派生的低层需求;

(12) 履行 R-13　项目管理团队的职责;

(13) 履行 R-14　软件配置管理委员会(SCCB)的职责;

(14) 履行 R-15　项目成员的职责;

(15) 负责软件计划过程的日常实施;

(16) 负责软件总结过程的日常实施;

(17) 监督并管理软件生命周期其他过程的日常实施;

(18) 参与决策软件生命周期过程的迁移;

(19) 向上级报告软件生命周期状态;

(20) 保障相关过程目标的符合性。

3.2.2　R-07　软件验证负责人

R-07　软件验证负责人的职责是:

(1) 负责 SP-08　编制软件验证计划的任务分配和执行;

(2) STCPH-03　核查测试用例;

(3) STCPH-04　分析基于高层需求的测试覆盖;

(4) STCPH-07　核查测试规程;

(5) STCPL-03　核查测试用例;

(6) STCPL-04　分析基于低层需求的测试覆盖;

(7) STCPL-07　核查测试规程;

(8) 参与 SIT-07　分析结构覆盖;

(9) 参与 SIT-08 分析数据耦合和控制耦合；

(10) 参与 SIT-09 分析源代码与目标代码的追踪；

(11) 参与 SIT-10 核查测试结果；

(12) 负责 SIS-06 核查软件完成综述；

(13) 履行 R-13 项目管理团队的职责；

(14) 履行 R-14 软件配置管理委员会(SCCB)的职责；

(15) 履行 R-15 项目成员的职责；

(16) 负责软件计划、软件标准、软件需求数据、软件设计描述、源代码、集成、测试的验证任务分配和实施；

(17) 支持其他过程的实施；

(18) 向项目软件负责人报告软件验证状态；

(19) 负责相关问题报告的归零；

(20) 保障相关过程目标的符合性。

3.2.3 R-08 软件验证人员

R-08 软件验证人员的职责是：

(1) 执行被分配的 SP-08 编制软件验证计划任务；

(2) SR-06 核查软件需求数据；

(3) SD-07 核查软件设计说明；

(4) SC-03 核查源代码；

(5) STCPH-01 开发测试用例；

(6) STCPH-02 建立测试用例与高层需求的追踪关系；

(7) STCPH-05 开发测试规程；

(8) STCPH-06 建立测试规程与测试用例的追踪关系；

(9) STCPL-01 开发测试用例；

(10) STCPL-02 建立测试用例与低层需求的追踪关系；

(11) STCPL-05 开发测试规程；

(12) STCPL-06 建立测试规程与测试用例的追踪关系；

(13) SIT-04 核查集成过程输出；

(14) SIT-05 测试执行；

(15) SIT-06 建立测试结果与测试规程的追踪；

(16) SIT-07 分析结构覆盖；

(17) SIT-08 分析数据耦合和控制耦合；

(18) SIT-09 分析源代码与目标代码的追踪；

(19) SIT-10 核查测试结果；

(20) SIT-11 测试见证执行；

(21) SIS-04 核查软件生命周期环境配置索引；

(22) SIS-05 核查软件配置索引;

(23) CCR-06 变更后的验证;

(24) 履行 R-15 项目成员的职责;

(25) 向软件验证负责人报告任务完成状态;

(26) 支持其他过程的实施;

(27) 负责相关问题报告的归零。

3.2.4 R-13 项目管理团队

R-13 项目管理团队成员为:项目软件负责人、软件开发负责人、软件验证负责人、软件配置管理负责人、软件质量保证负责人。R-13 项目管理团队的职责是:

(1) SP-01 估算项目规模;

(2) SP-02 估算项目工作量;

(3) SP-15 核查项目管理计划;

(4) SP-16 核查软件合格审定计划;

(5) SP-17 核查软件开发计划;

(6) SP-18 核查软件验证计划;

(7) SP-19 核查软件配置管理计划;

(8) SP-20 核查软件质量保证计划;

(9) SP-21 核查软件需求标准;

(10) SP-22 核查软件设计标准;

(11) SP-23 核查软件编码标准;

(12) BE-01 申请基线。

3.2.5 R-14 软件配置管理委员会(SCCB)

R-14 软件配置管理委员会(SCCB)由项目软件负责人、软件开发负责人、软件验证负责人、软件配置管理负责人、软件配置管理人员、软件质量保证负责人组成。R-14 软件配置管理委员会(SCCB)的职责是:

(1) 参与 CCR-02 变更评审;

(2) 参与 BE-02 审批基线。

3.2.6 R-15 项目成员

R-15 项目成员包含参与 TARGET 项目的所有成员。R-15 项目成员的职责是:

(1) 参与 SP-24 评审项目管理计划;

(2) 参与 SP-25 评审软件合格审定计划;

(3) 参与 SP-26 评审软件开发计划;

(4) 参与 SP-27 评审软件验证计划;

(5) 参与 SP-28 评审软件配置管理计划;

(6) 参与 SP-29 评审软件质量保证计划;

（7）参与 SP - 30　评审软件需求标准；

（8）参与 SP - 31　评审软件设计标准；

（9）参与 SP - 32　评审软件编码标准；

（10）参与 SR - 07　评审软件需求数据；

（11）参与 SD - 08　评审软件设计说明；

（12）参与 STCPH - 08　评审测试用例和测试规程；

（13）参与 STCPL - 08　评审测试用例和测试规程；

（14）参与 SIT - 12　评审测试结果；

（15）参与 SIS - 07　评审软件生命周期环境配置索引；

（16）参与 SIS - 08　评审软件配置索引；

（17）参与 SIS - 09　评审软件完成综述；

（18）参与 PPR - 02　讨论过程问题；

（19）参与 DPR - 01　提出数据问题；

（20）参与 CCR - 01　变更申请；

（21）参与 CCR - 04　变更的开发实施；

（22）参与 SOI - 02　内部准备；

（23）参与 SOI - 05　参与审查。

3.3　独立性

根据 3.1 给出的组织结构可以看出，软件验证与软件开发的项目成员完全是独立的两个团队，从而保证了验证工作的独立性。

4　软件验证活动

4.1　概要

本项目的软件生命周期完整定义见《斗舰 2000 机载定位系统软件合格审定计划》。本章只描述软件生命周期中的软件验证过程的活动，它主要分为核查、评审、分析、测试。

4.2　核查

核查是由软件验证人员独立进行的案头检查活动。软件验证人员将在 ASIDE 的辅助下，根据检查单逐项核查数据是否符合相关的要求。核查工作的粒度较细，以数据元为单位，而且必须穷举进行。

4.2.1　迁移准则

核查的迁入准则是：

（1）软件开发人员提交了已开发的某个数据项的部分内容（也即数据元）；

（2）建立了这些数据元的核查基线。

核查的迁出准则是：软件验证人员提交了核查结果以及相关的问题报告。

4.2.2 软件计划和软件标准的核查要点

针对软件计划和软件标准中不同的数据元,根据其描述的内容进行有关准确性、完整性、可验证性、一致性等方面的核查。

4.2.3 软件高层需求的核查要点

(1) 高层需求与系统需求的符合性;

(2) 高层需求的准确性和一致性;

(3) 高层需求与目标机的兼容性;

(4) 高层需求的可验证性;

(5) 高层需求与软件需求标准的符合性;

(6) 高层需求到系统需求的可追踪性;

(7) 高层需求中的算法的准确性。

4.2.4 软件低层需求的核查要点

(1) 低层需求与高层需求的符合性;

(2) 低层需求的准确性和一致性;

(3) 低层需求与目标机的兼容性;

(4) 低层需求的可验证性;

(5) 低层需求与软件设计标准的符合性;

(6) 低层需求到高层需求的可追踪性;

(7) 低层需求中的算法的准确性。

4.2.5 软件架构的核查要点

(1) 软件架构与高层需求的符合性;

(2) 软件架构的一致性;

(3) 软件架构与目标机的兼容性;

(4) 软件架构的可验证性;

(5) 软件架构与软件设计标准的符合性;

(6) 分区的完整性。

4.2.6 源代码的核查要点

(1) 源代码与低层需求的符合性;

(2) 源代码与软件架构的符合性;

(3) 源代码的可验证性;

(4) 源代码与软件编码标准的符合性;

(5) 源代码到低层需求的可追踪性;

(6) 源代码的准确性和一致性。

4.2.7 集成输出的核查要点

(1) 是否存在不正确的硬件地址;

(2) 是否存在内存重叠;

（3）是否存在软件部件遗漏。

4.2.8　软件测试用例、测试规程的核查要点

软件测试用例的核查要点：

（1）测试用例必须来源于需求，并与需求建立正确的追踪关系；

（2）每条需求的测试用例完全覆盖了本需求；

（3）在适用的情况下，应有验证正常功能的测试用例和健壮性的测试用例；

（4）测试用例应描述测试的目的、输入、条件、期望输出、通过/未通过的判定准则。

软件测试规程的核查要点：

（1）测试规程描述了每个测试用例的初始设置步骤；

（2）测试规程描述了每个测试用例的执行步骤；

（3）测试规程描述了每个测试用例的评价步骤；

（4）测试规程描述了测试环境的使用步骤。

4.2.9　软件测试结果核查要点

（1）根据测试用例的判定准则，判定了实际测试结果与期望输出的符合性；

（2）若有实际测试结果与期望输出不符的现象，判断差异是否能得到有效的解释，是否可接受；

（3）若测试结果不能接受，提出了问题报告；

（4）在测试结果中标识被测试的配置项或软件版本。

4.3　评审

评审是由评审委员会进行的现场检查活动。通常评审委员会由项目各负责人、项目相关人员、同行专家以及其他重要人员组成。

评审的粒度可以比核查粗一些，以生成的文档为单位。各位评审委员会可以根据自己的专业特长或工作经验对文档中的内容抽样阅读和评审，重点关注各个阶段可能产生软件失效或安全问题的关键内容。

项目软件负责人在 ASIDE 平台创建评审会议，ASIDE 会自动通知评审委员会成员，并把评审文档的链接提前发送给评审委员会成员。为保证评审效果，各评审人员应提前阅读相关文档、作好准备、给出批注。在评审会议上，评审委员会成员各抒己见，讨论各方的观点和疑点，达成一致意见，并在 ASIDE 中记录评审会议纪要，并对确定的问题发起问题报告。

4.3.1　迁移准则

评审的迁入准则是：

（1）某个完整的数据项已完成了核查；

（2）建立了评审基线。

评审的迁出准则是：形成了评审报告以及相关的问题报告。

4.3.2　软件计划和软件标准的评审要点

(1) 内容完整,结构清晰,表达明确;

(2) 定义了软件开发过程和软件综合过程的活动;

(3) 定义了过程和活动间的迁移准则、相互关系和顺序;

(4) 定义了软件生命周期环境;

(5) 说明了额外的考虑;

(6) 定义了软件开发标准;

(7) 协调了软件计划相关联的活动,各个计划之间互相一致;

(8) 软件计划与软件标准符合 DO-178B,并达到 A 级软件的要求。

4.3.3　软件高层需求评审要点

对软件高层需求主要评审以下方面:

(1) 每条高层需求具有唯一的标识号;

(2) 标识了派生需求;

(3) 派生需求已提交至系统安全评估过程;

(4) 每条分配给软件的系统需求可追踪至一条或多条软件高层需求;

(5) 除派生的需求外,高层需求可追踪到一条或多条系统需求。

4.3.4　低层需求及软件架构的评审要点

对低层需求主要评审以下方面:

(1) 每条低层需求具有唯一的标识号;

(2) 标识了派生需求;

(3) 派生需求已提交至系统安全评估过程;

(4) 每条高层需求可追踪至一条或多条软件低层需求;

(5) 除派生的需求外,低层需求可追踪到一条或多条高层需求;

(6) 定义了非激活代码(如果有)不能在目标机中被激活的方法。

对软件架构主要评审以下方面:

(1) 软件架构与高层需求的符合性;

(2) 软件架构的一致性;

(3) 软件架构与目标机的兼容性;

(4) 软件架构的可验证性;

(5) 软件架构与软件设计标准的符合性;

(6) 明确了分区的使用,分区软件部件间的交互以及每个分区的软件等级;

(7) 分区的完整性;

(8) 定义了防止分区被破坏的手段;

(9) 定义了数据流和控制流。

4.3.5　软件测试用例和规程评审要点

对测试用例主要评审以下方面:

（1）测试用例的设计符合本计划 4.4.2；

（2）设计了可能出现的被 0 除的测试用例；

（3）设计了可能出现的数据溢出；

（4）设计了检查超时保护机制是否能正确响应的测试用例。

对测试规程主要评审以下方面：

（1）测试规程的设计符合本计划 4.4.3；

（2）测试规程与测试环境相一致；

（3）根据测试规程进行测试，能够获得相应级别适航信用。

4.3.6　软件测试结果评审要点

对测试结果主要评审以下方面：

（1）测试结果指明了在一项测试中每个测试规程的通过/未通过结果，以及该项测试最终的通过/未通过结果；

（2）测试结果标识了被测试的配置项或软件版本；

（3）测试结果包含了覆盖率分析和可追踪性分析。

4.3.7　软件配置索引评审要点

（1）软件配置索引标识了软件产品、可执行目标码、源代码、软件生命周期数据；

（2）软件配置索引标识了归档和发布；

（3）软件配置索引标识了构建可执行目标码的指令。

4.3.8　软件生命周期环境配置索引评审要点

（1）软件生命周期环境配置索引标识了软件生命周期环境硬件及其操作系统软件；

（2）软件生命周期环境配置索引标识了软件开发工具、数据完整性工具软件测试用具及环境；

（3）软件生命周期环境配置索引标识了经鉴定的工具及相关工具鉴定数据。

4.3.9　软件完成综述评审要点

（1）软件完成综述说明了系统功能、软件功能与软件合格审定计划中的差异；

（2）软件完成综述说明了软件特性；

（3）软件完成综述说明了实际使用的软件生命周期及数据，并解释了与软件合格审定计划中的差异；

（4）软件完成综述说明了额外考虑，并明确了可能引起合格审定文档的数据项；

（5）软件完成综述总结了软件变更历史和目前的软件状态；

（6）软件完成综述列举了符合性声明的证据。

4.4　测试

4.4.1　迁移准则

软件测试的迁入准则是：

（1）在高层需求评审完成、建立阶段基线后即可开始相关测试用例/测试规程的设计；

（2）在低层需求和软件架构评审完成、建立阶段基线后即可开始相关测试用例/测试规程的设计；

（3）在源代码编译集成并经过核查，测试用例/测试规程经过评审后，即可开始相关测试执行活动。

软件测试的迁出准则是：

（1）完成了测试执行、产生了测试结果、分析了测试输出与期望输出的差异、给出了测试结论；

（2）提交了相关的问题报告。

4.4.2　测试用例设计方法

（1）在适用的情况下应设计正常范围测试用例和健壮性（异常范围）测试用例；

（2）对于需求的每个功能点，设计了相应的测试用例；

（3）对于实型和整型变量，设计了基于合法值的等价类和边界值的测试用例；

（4）对于实型和整型变量，设计了基于非法值的等价类的测试用例；

（5）对于时间相关的功能，如滤波器、积分器和延时，测试用例对代码进行多次迭代，在上下文语境中检查该功能的特性；

（6）对于时间相关的功能，如滤波器、积分器和延时，针对算术溢出保护机制设计了测试用例；

（7）对于正常运行中各种可能的状态转换都设计了测试用例；

（8）设计了引发软件需求不允许的状态转换的测试用例；

（9）对于用逻辑方程表达的软件需求，在测试用例中按软件等级所要达到的结构覆盖要求设置变量的各种使用；

（10）对于以计算值作为循环计数的情况，设计了有可能计算超出循环计数值范围的测试用例。

4.4.3　测试规程设计方法

（1）本项目所有测试用例应设计两套测试规程：一是宿主机环境下的仿真测试规程，二是目标机环境下的测试规程；

（2）对宿主机环境下的仿真测试规程，应用 C 语言编写相应的桩程序和驱动程序，使用键盘模拟来自控制器和传感器的总线数据；

（3）对目标机环境下的测试规程，将通过 ARINCE 429 传递控制器和传感器的总线数据。

4.4.4　测试的执行与测试结果的记录

（1）根据测试规程在相应测试环境下运行测试用例；

（2）记录测试结果。

4.5　分析

4.5.1　迁移准则

需求覆盖分析的迁入准则是:测试用例设计完成。

需求覆盖分析的迁出准则是:

(1) 需求覆盖分析达到 100%;

(2) 需求覆盖分析中提出的问题已经关闭。

结构覆盖分析的迁入准则是:

(1) 在进行测试活动的同时,记录覆盖信息;

(2) 在完成测试活动后汇总覆盖情况。

结构覆盖分析的迁出准则是:

(1) 完成了分析并产生分析结果,结构覆盖分析达到 MC/DC100%的覆盖;

(2) 结构覆盖分析中提出的问题已经关闭。

源代码与目标代码的追踪分析的迁入准则是:

(1) 集成过程的活动已完成,得到了可执行代码;

(2) 集成过程的输出已经得到验证,提出的问题已经关闭。

追踪分析的迁出准则是:

(1) 完成了源代码和目标代码的追踪分析并产生分析结果,追踪分析达到适航的要求;

(2) 追踪分析中提出的问题已经关闭。

4.5.2　需求覆盖分析

(1) 在 ASIDE 中,每条测试用例必须追踪到一条高层需求或低层需求。根据测试用例与需求的追踪关系,进行需求覆盖分析;

(2) 每条需求的每一个功能点都至少要有一个测试用例;

(3) 每条需求的每一个可能的意外情况都至少要有一个测试用例;

(4) 如果采用了边界值方法设计测试用例,每个有效边界和无效边界都至少要有一个测试用例;

(5) 如果采用了等价类方法设计测试用例,每个有效等价类和无效等价类都必须要有一个测试用例;

(6) 如果需求采用了状态机的描述方式,则每个状态下的每个有效触发和无效触发都必须要有一个测试用例;

(7) 对于时间相关的功能,如滤波器、积分器和延时,必须设计测试用例对代码进行多次迭代,在上下文语境中检查该功能的特性;

(8) 对于时间相关的功能,如滤波器、积分器和延时,必须针对算术溢出保护机制设计测试用例;

(9) 对于以计算值作为循环计数的情况,设计有可能计算超出循环计数值范围的测试用例。

4.5.3 源代码的结构覆盖分析

使用测试工具 RTRT 进行基于源代码的结构覆盖分析,达到 SC、DC、MC/DC 的覆盖要求。

4.5.4 数据耦合

(1) 分析函数调用时参数的个数、类型、范围和顺序;

(2) 分析全局变量的使用;

(3) 分析存储管理的读/写访问。

4.5.5 控制耦合

(1) 分析调用树的设计;

(2) 比较测试运行时的调用树与设计的调用树;

(3) 在测试运行时通过设置断点来分析程序执行的顺序;

(4) 不同速率组的调度分析。

4.5.6 源代码与目标代码的追踪分析

本项目在编译过程中生成汇编代码,通过分析源代码和汇编代码的对应关系,实现源代码和目标代码的追踪分析。如果存在有编译器所引入的无法追踪到源代码的目标代码,则分析这些目标代码的合理性以确保不会对安全产生隐患。

5 软件验证环境

5.1 宿主机仿真测试环境

宿主机使用本项目软件研制使用的 PC 机。

用键盘模拟传感器和控制器进行数据输入。

用 PC 机显示器的 DOS 窗口模拟目标机显示器,以"+"显示位置信息和运动轨迹。

编写桩程序和驱动程序,与核心功能的应用程序一起编译链接,进行仿真测试。

所有测试用例都应具有在宿主机仿真测试的规程。

5.2 目标机真实测试环境

使用 Tornado 自带的编译器进行源代码交叉编译、链接、加载,在目标机环境进行真实测试。本套编译环境已经在斗舰 1000 中得到使用和验证。如果项目中改变了编译环境,则之前完成的测试和覆盖率分析结果将不再有效,需要重新进行测试和分析。

所有测试用例都应具有在目标机真实测试的规程。

5.3 宿主机仿真测试和目标机真实测试的差异

在本项目中,宿主机仿真测试用于测试机载软件应用程序(除去与目标机环境相关的代码)相对于需求的符合性和健壮性。

由于所有的测试用例都具有在目标机真实测试的规程,并且都将在目标机上进行真实测试,因此,所有适航信用来自目标机真实测试活动。

5.4　软件验证工具及鉴定要求

软件验证工具及鉴定要求如表 F.1 所示。

表 F.1　软件验证工具及鉴定要求

工具标识	使用工具	版本	实现功能	是否鉴定	鉴定级别
AD-BD-001	ASIDE 核心软件包	2.4	测试用例的编写和管理 测试规程的编写和管理 测试结果的编写和管理 追踪数据的建立与管理 其他验证数据的编写和管理	不需鉴定	N/A
AD-MD-024	ASIDE 数据查询与举证模块	2.4	软件生命周期数据的查询 适航审定过程中的举证	不需鉴定	N/A
AV-ET-049	RTRT	7.5	覆盖率分析	需要鉴定	TQL5

5.5　管理和支持类工具及鉴定要求

管理和支持类工具及鉴定要求如表 F.2 所示。

表 F.2　管理和支持类工具及鉴定要求

工具标识	使用工具	版本	使用的功能	是否鉴定	鉴定级别
AD-BD-001	ASIDE 核心软件包	2.4	项目管理 工作任务的分配及管理 软件全生命周期的过程管理 会议的管理 基线的建立与管理	不需鉴定 不需鉴定	N/A N/A
AD-MD-021	ASIDE 问题、变更管理模块	2.4	问题管理 变更控制、影响分析	不需鉴定	N/A
AD-MD-022	ASIDE 质量保证管理模块	2.4	质量保证活动的管理 质量保证记录的管理	不需鉴定	N/A
AD-MD-023	ASIDE 评注管理模块	2.4	软件研制过程中非正式的自由信息交互平台,不产生任何适航信用	不需鉴定	N/A
AD-MD-024	ASIDE 数据查询与举证模块	2.4	软件生命周期数据的查询 适航审定过程中的举证	不需鉴定	N/A
AD-SL-001	DO-178B/C 标准 A 级模板	2.4	满足适航要求的软件生命周期模板	不需鉴定	N/A

6 注释

6.1 术语

本文档中的术语依据《DO‐178B》。

6.2 缩写词

ASIDE	Airborne Software Integrated Development Environment
TARGET	斗舰 2000 机载定位系统
PSAC	Plan for Software Aspects of Certification
SCM	Software Configuration Management
SQA	Software Quality Assurance
SCCB	Software Configuration Control Board

附录 G　软件配置管理计划(样本)

1　范围

1.1　标识

本文档的标识为 TARGET - SCMP - 1.0,适用于斗舰 2000 机载定位系统(以下简称 TARGET)的机载软件研制。

1.2　系统概述

斗舰 2000 是一个假想的飞行器,我们对斗舰 2000 做如下假设:

(1)斗舰 2000 平稳飞行于海拔 5000 m 高的水平面上(即定位系统不考虑斗舰 2000 的飞行高度问题);

(2)斗舰 2000 飞行方向的改变只限于左转和右转两种。

本项目旨在研制斗舰 2000 的机载定位系统,简称为 TARGET,其主要功能是:

(1)通过 ARINC 429 总线接收来自传感器的速度数值和转弯信号;

(2)根据转弯信号计算即时方向、根据即时方向和速度数值计算即时位置;

(3)通过 RS - 422 总线向显示器发送命令,显示速度、方向、位置、轨迹以及传感器状态;

(4)通过 RS - 422 总线接收转储命令;

(5)转储位置历史数据。

TARGET 的系统架构见图 G.1。

图 G.1　TARGET 的系统架构

1.3　文档概述

根据《DO‑178B》第 11.4 条的要求,本文档主要描述 TARGET 项目(以下简称为本项目)的软件配置管理过程的组织机构和职责、环境、活动、迁移准则、记录等。

2　引用文档

《DO‑178B》,Software Considerations in Airborne Systems and Equipment Certification,December 1,1992

《斗舰 2000 机载定位系统软件研制任务书》,2.0 版

《斗舰 2000 机载定位系统软件开发计划》,1.0 版

《斗舰 2000 机载定位系统软件验证计划》,1.0 版

《斗舰 2000 机载定位系统软件合格审定计划》,1.0 版

《斗舰 2000 机载定位系统软件质量保证计划》,1.0 版

《斗舰 2000 机载定位系统软件项目管理计划》,1.0 版

《斗舰 2000 机载定位系统软件需求标准》,1.0 版

《斗舰 2000 机载定位系统软件设计标准》,1.0 版

《斗舰 2000 机载定位系统软件编码标准》,1.0 版

《ASIDE 用户手册》,3.0 版

《上海爱韦讯信息技术有限公司组织级配置管理程序》,3.2 版

3　软件配置管理的组织结构与人员职责

3.1　组织结构

参与 TARGET 项目的人员及组织结构如图 G.2 所示。

3.2　职责

根据 3.1 给出的组织结构,直接与软件配置管理相关的项目人员主要有项目软件负责人、软件配置管理委员会、软件配置管理负责人、软件配置管理人员,他们的职责将在本节中列出。其他项目人员的职责描述参见相应的软件计划。

3.2.1　R‑01　项目软件负责人

R‑01　项目软件负责人的职责是:

(1) PI‑01　规划项目立项进度;

(2) PI‑02　获取分配到软件的系统需求(即软件研制任务书);

(3) SP‑03　确定项目的软件生命周期;

(4) SP‑04　制定项目进度计划;

(5) SP‑05　编制项目管理计划;

(6) SP‑14　协调各软件计划;

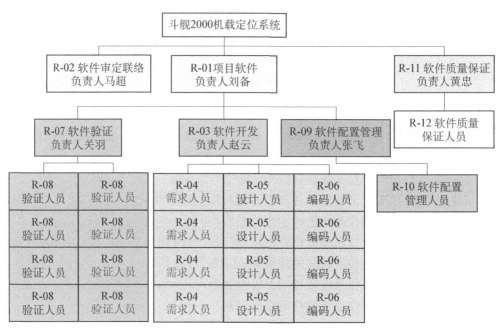

图 G.2　TARGET 研制的组织结构

（7）SIS-03　编制软件完成综述；

（8）DPR-02　讨论并审批数据问题；

（9）CCR-03　安全性评估反馈；

（10）SR-05　向系统生命周期提交派生的高层需求；

（11）SD-06　向系统生命周期提交派生的低层需求；

（12）履行 R-13　项目管理团队的职责；

（13）履行 R-14　软件配置管理委员会（SCCB）的职责；

（14）履行 R-15　项目成员的职责；

（15）负责软件计划过程的日常实施；

（16）负责软件总结过程的日常实施；

（17）监督并管理软件生命周期其他过程的日常实施；

（18）参与决策软件生命周期过程的迁移；

（19）向上级报告软件生命周期状态；

（20）保障相关过程目标的符合性。

3.2.2　R-09　软件配置管理负责人

R-09　软件配置管理负责人的职责是：

（1）负责 SP-09　编制软件配置管理计划的任务分配和执行；

（2）SIS-01　完成软件生命周期环境配置索引；

(3) SIS-02 完成软件配置索引;

(4) SIS-11 软件总结阶段的配置项标识;

(5) SIS-15 软件总结阶段的配置状态纪实;

(6) SIS-16 软件总结阶段的归档、检索和发布;

(7) 履行 R-13 项目管理团队的职责;

(8) 履行 R-14 软件配置管理委员会(SCCB)的职责;

(9) 履行 R-15 项目成员的职责;

(10) 负责软件配置管理过程的任务分配和日常实施;

(11) 支持其他过程的实施;

(12) 向项目软件负责人报告软件生命周期状态;

(13) 负责相关问题报告的归零;

(14) 保障相关过程目标的符合性。

3.2.3 R-10 软件配置管理人员

R-10 软件配置管理人员的职责是:

(1) SP-34 软件计划阶段的配置项标识;

(2) SP-38 软件计划阶段的配置状态纪实;

(3) SP-39 软件计划阶段的归档、检索和发布;

(4) SR-09 软件需求阶段的配置项标识;

(5) SR-13 软件需求阶段的配置状态纪实;

(6) SR-14 软件需求阶段的归档、检索和发布;

(7) SR-15 软件需求阶段的软件生命周期环境控制;

(8) SD-10 软件设计阶段的配置项标识;

(9) SD-14 软件设计阶段的配置状态纪实;

(10) SD-15 软件设计阶段的归档、检索和发布;

(11) SD-16 软件设计阶段的软件生命周期环境控制;

(12) SC-05 软件编码阶段的配置项标识;

(13) SC-09 软件编码阶段的配置状态纪实;

(14) SC-10 软件编码阶段的归档、检索和发布;

(15) SC-11 软件编码阶段的软件生命周期环境控制;

(16) STCPH-10 高层需求测试用例设计阶段的配置项标识;

(17) STCPH-14 高层需求测试用例设计阶段的配置状态纪实;

(18) STCPII-15 高层需求测试用例设计阶段的归档、检索和发布;

(19) STCPH-16 高层需求测试用例设计阶段的软件生命周期环境控制;

(20) STCPL-10 低层需求测试用例设计阶段的配置项标识;

(21) STCPL-14 低层需求测试用例设计阶段的配置状态纪实;

(22) STCPL-15 低层需求测试用例设计阶段的归档、检索和发布;

（23）STCPL - 16　低层需求测试用例设计阶段的软件生命周期环境控制；

（24）SIT - 14　集成与测试阶段的配置项标识；

（25）SIT - 18　集成与测试阶段的配置状态纪实；

（26）SIT - 19　集成与测试阶段的归档、检索和发布；

（27）SIT - 20　集成与测试阶段的加载控制；

（28）SIT - 21　集成与测试阶段的软件生命周期环境控制；

（29）SP - 40　软件计划阶段的软件生命周期环境控制；

（30）BE - 03　构建基线；

（31）CCR - 05　变更的配置实施；

（32）履行 R - 14　软件配置管理委员会（SCCB）的职责；

（33）履行 R - 15　项目成员的职责；

（34）向软件配置管理负责人报告任务完成状态；

（35）支持其他过程的实施。

3.2.4　R - 13　项目管理团队

R - 13　项目管理团队成员为：项目软件负责人、软件开发负责人、软件验证负责人、软件配置管理负责人、软件质量保证负责人。R - 13　项目管理团队的职责是：

（1）SP - 01　估算项目规模；

（2）SP - 02　估算项目工作量；

（3）SP - 15　核查项目管理计划；

（4）SP - 16　核查软件合格审定计划；

（5）SP - 17　核查软件开发计划；

（6）SP - 18　核查软件验证计划；

（7）SP - 19　核查软件配置管理计划；

（8）SP - 20　核查软件质量保证计划；

（9）SP - 21　核查软件需求标准；

（10）SP - 22　核查软件设计标准；

（11）SP - 23　核查软件编码标准；

（12）BE - 01　申请基线。

3.2.5　R - 14　软件配置管理委员会（SCCB）

R - 14　软件配置管理委员会（SCCB）由项目软件负责人、软件开发负责人、软件验证负责人、软件配置管理负责人、软件配置管理人员、软件质量保证负责人组成。R - 14　软件配置管理委员会（SCCB）的职责是：

（1）参与 CCR - 02　变更评审；

（2）参与 BE - 02　审批基线。

3.2.6　R-15　项目成员

R-15 项目成员包含参与 TARGET 项目的所有成员。R-15　项目成员的职责是:

(1) 参与 SP-24　评审项目管理计划;

(2) 参与 SP-25　评审软件合格审定计划;

(3) 参与 SP-26　评审软件开发计划;

(4) 参与 SP-27　评审软件验证计划;

(5) 参与 SP-28　评审软件配置管理计划;

(6) 参与 SP-29　评审软件质量保证计划;

(7) 参与 SP-30　评审软件需求标准;

(8) 参与 SP-31　评审软件设计标准;

(9) 参与 SP-32　评审软件编码标准;

(10) 参与 SR-07　评审软件需求数据;

(11) 参与 SD-08　评审软件设计说明;

(12) 参与 STCPH-08　评审测试用例和测试规程;

(13) 参与 STCPL-08　评审测试用例和测试规程;

(14) 参与 SIT-12　评审测试结果;

(15) 参与 SIS-07　评审软件生命周期环境配置索引;

(16) 参与 SIS-08　评审软件配置索引;

(17) 参与 SIS-09　评审软件完成综述;

(18) 参与 PPR-02　讨论过程问题;

(19) 参与 DPR-01　提出数据问题;

(20) 参与 CCR-01　变更申请;

(21) 参与 CCR-04　变更的开发实施;

(22) 参与 SOI-02　内部准备;

(23) 参与 SOI-05　参与审查。

3.2.7　SCCB 成员

SCCB 是软件配置管理委员会。本项目的 SCCB 由项目软件负责人、软件开发负责人、软件验证负责人、软件配置管理负责人、软件配置管理人员、软件质量保证负责人组成。SCCB 的职责请参见本计划的第 3.2.5 节

4　软件配置管理的环境

本项目采用 ASIDE 作为软件研制的综合集成环境,项目的配置管理活动全部由 ASIDE 支持,包括配置标识、基线的建立和追踪、问题报告和变更控制、数据归档、数据检索、数据发布、配置状态统计、配置管理记录以及软件配置索引和软件生命周期环境配置索引的编制和生成等等。

5   软件配置管理的活动

5.1   配置项的定义

在本项目中,配置项被划分成为两类,即文档配置项和数据元配置项。这两类配置项都需要进行配置标识。

5.1.1   文档配置项

文档配置项是较粗粒度的配置项,它以电子文档为特征。一个文档配置项由一个或多个电子文档组成。具体文档配置项见表 G.1。

表 G.1   文档配置项

文档配置项	表示形式	控制类别
斗舰 2000 机载定位系统软件研制任务书	文档	CC1
斗舰 2000 机载定位系统软件项目管理计划	文档	CC1
斗舰 2000 机载定位系统软件合格审定计划	文档	CC1
斗舰 2000 机载定位系统软件开发计划	文档	CC1
斗舰 2000 机载定位系统软件验证计划	文档	CC1
斗舰 2000 机载定位系统软件配置管理计划	文档	CC1
斗舰 2000 机载定位系统软件质量保证计划	文档	CC1
斗舰 2000 机载定位系统软件需求标准	文档	CC1
斗舰 2000 机载定位系统软件设计标准	文档	CC1
斗舰 2000 机载定位系统软件编码标准	文档	CC1
斗舰 2000 机载定位系统软件需求数据	文档	CC1
斗舰 2000 机载定位系统软件设计说明	文档	CC1
斗舰 2000 机载定位系统软件源代码	文本文件	CC1
斗舰 2000 机载定位系统可执行目标代码	二进制文件	CC1
斗舰 2000 机载定位系统软件高层需求测试用例及规程	文本文件	CC1
斗舰 2000 机载定位系统软件低层需求测试用例及规程	文本文件	CC1
斗舰 2000 机载定位系统软件测试结果	文档/文本文件	CC2
斗舰 2000 机载定位系统软件核查记录	文档/文本文件	CC2
斗舰 2000 机载定位系统软件生命周期环境配置索引	文档	CC1
斗舰 2000 机载定位系统软件配置索引	文档	CC1
斗舰 2000 机载定位系统软件配置状态报告	文档	CC2
斗舰 2000 机载定位系统软件完成综述	文档	CC1
斗舰 2000 机载定位系统软件符合性评审报告	文档	CC2
斗舰 2000 机载定位系统软件质量保证记录	文档	CC2
斗舰 2000 机载定位系统评审报告	文档	CC2
斗舰 2000 机载定位系统问题报告	文档	CC2
斗舰 2000 机载定位系统变更请求	文档	CC2

5.1.2　数据元配置项

数据元配置项是较细粒度的配置项,它以 ASIDE 数据库中有独立语义的数据单元为特征。一个文档配置项由多个数据元组成,同时一个数据元也可能重复出现在多个文档配置项中。具体数据元配置项见表 G.2。

ASIDE 以数据元为单位来管理软件生命周期数据,数据元配置项也需要进行标识,以更加有效地实现数据核查、数据追踪、影响分析、覆盖分析等活动。

表 G.2　数据元配置项

数据元配置项	表示形式	控制类别
软件研制任务书数据元	ASIDE 数据库记录	CC1
软件生命周期及项目管理数据元	ASIDE 数据库记录	CC1
软件计划与软件标准	ASIDE 数据库记录	CC1
高层需求层次结构	ASIDE 数据库记录	CC1
高层需求(条目化)	ASIDE 数据库记录	CC1
软件需求数据(非条目化)	ASIDE 数据库记录	CC1
高层需求与系统需求的追踪数据	ASIDE 数据库记录	CC1
软件设计说明(非条目化)	ASIDE 数据库记录	CC1
低层需求(条目化)	ASIDE 数据库记录	CC1
低层需求层级结构	ASIDE 数据库记录	CC1
软件架构(非条目化)	ASIDE 数据库记录	CC1
低层需求与高层需求的追踪数据	ASIDE 数据库记录	CC1
软件源代码(函数)	ASIDE 数据库记录	CC1
软件源代码(全局变量)	ASIDE 数据库记录	CC1
软件源代码(数据类型)	ASIDE 数据库记录	CC1
源代码与低层需求的追踪数据	ASIDE 数据库记录	CC1
可执行目标代码与源代码的追踪数据	ASIDE 数据库记录	CC1
可执行目标代码	ASIDE 数据库记录	CC1
编译、链接、加载日志	ASIDE 数据库记录	CC1
高层需求测试用例	ASIDE 数据库记录	CC1
高层需求测试规程	ASIDE 数据库记录	CC1
测试用例与高层需求的追踪数据	ASIDE 数据库记录	CC1
高层需求测试规程与测试用例的追踪数据	ASIDE 数据库记录	CC1
低层需求测试用例	ASIDE 数据库记录	CC1
低层需求测试规程	ASIDE 数据库记录	CC1
测试用例与低层需求的追踪数据	ASIDE 数据库记录	CC1
低层需求测试规程与测试用例的追踪数据	ASIDE 数据库记录	CC1
软件测试结果	ASIDE 数据库记录	CC2
测试结果与测试规程的追踪数据	ASIDE 数据库记录	CC1
测试结构覆盖率数据	ASIDE 数据库记录	CC2
低层需求测试覆盖率数据	ASIDE 数据库记录	CC2

(续表)

数据元配置项	表示形式	控制类别
高层需求测试覆盖数据	ASIDE 数据库记录	CC2
软件配置索引	ASIDE 数据库记录	CC1
软件生命周期环境配置索引	ASIDE 数据库记录	CC1
软件配置状态报告	ASIDE 数据库记录	CC2
软件完成综述	ASIDE 数据库记录	CC1
软件配置管理记录	ASIDE 数据库记录	CC2
软件质量保证记录	ASIDE 数据库记录	CC2
软件符合性评审报告	ASIDE 数据库记录	CC2
软件问题报告	ASIDE 数据库记录	CC2
软件变更请求	ASIDE 数据库记录	CC2
项目进度计划	ASIDE 数据库记录	CC1
项目软件生命周期	ASIDE 数据库记录	CC1
项目估算数据	ASIDE 数据库记录	CC1
软件生命周期环境	ASIDE 数据库记录	CC1
评审检查单	ASIDE 数据库记录	CC2
评审报告	ASIDE 数据库记录	CC2
核查检查单	ASIDE 数据库记录	CC2
核查记录	ASIDE 数据库记录	CC2
加载控制记录	ASIDE 数据库记录	CC2

5.2　配置项的标识

5.2.1　文档配置项的标识方法

文档配置项的标识由如下 3 个字段组成,字段之间用'-'隔开:

TARGET-〈标识符〉-〈版本号〉

各文档配置项的标识符见表 G.3。

版本号分为 2 段,中间用小数点隔开,分别从 0 开始,小数点的左边是大版本号,右边是小版本号。

表 G.3　配置项的标识符

配置项	标识符
斗舰 2000 机载定位系统软件研制任务书	SRAS
斗舰 2000 机载定位系统软件项目管理计划	SPMP
斗舰 2000 机载定位系统软件合格审定计划	PSAC
斗舰 2000 机载定位系统软件开发计划	SDP
斗舰 2000 机载定位系统软件验证计划	SVP
斗舰 2000 机载定位系统软件配置管理计划	SCMP
斗舰 2000 机载定位系统软件质量保证计划	SQAP
斗舰 2000 机载定位系统软件需求标准	SRS

(续表)

配置项	标识符
斗舰 2000 机载定位系统软件设计标准	SDS
斗舰 2000 机载定位系统软件编码标准	SCS
斗舰 2000 机载定位系统软件需求数据	SRD
斗舰 2000 机载定位系统软件设计说明	SDD
斗舰 2000 机载定位系统软件源代码	SC
斗舰 2000 机载定位系统可执行目标代码	EXE
斗舰 2000 机载定位系统软件高层需求测试用例及规程	RVCP
斗舰 2000 机载定位系统软件低层需求测试用例及规程	DVCP
斗舰 2000 机载定位系统软件测试结果	SVR
斗舰 2000 机载定位系统软件核查记录	SVR
斗舰 2000 机载定位系统软件生命周期环境配置索引	SECI
斗舰 2000 机载定位系统软件配置索引	SCI
斗舰 2000 机载定位系统软件配置状态报告	SCMR
斗舰 2000 机载定位系统软件完成综述	SAS
斗舰 2000 机载定位系统软件符合性评审报告	SCRR
斗舰 2000 机载定位系统软件质量保证记录	SQAR
斗舰 2000 机载定位系统评审报告	SRR
斗舰 2000 机载定位系统问题报告	PR
斗舰 2000 机载定位系统变更请求	CR

5.2.2 数据元配置项的标识方法

数据元配置项的标识由 ASIDE 自动生成和维护,在本计划中不作描述,请参见《机载软件集成研制环境 ASIDE 用户手册》[53]。

5.3 基线和可追踪性

5.3.1 基线建立的方法

本项目将通过 ASIDE 建立基线,其步骤是:

(1) 项目各相关负责人申请基线;

(2) SCCB 审核,可能有三种结果:批准、修改或否决;

(3) 如果批准,ASIDE 自动建立基线,结束;

(4) 如果修改,原基线申请人根据相关意见修改基线申请,然后回到步骤(1);

(5) 如果否决,结束。

5.3.2 基线的种类及组成

软件生命周期的各阶段需要建立的基线种类及其配置项见表 G.4。

表 G. 4　基线的种类及其组成

软件生命周期过程	基线的种类	基线的组成（配置项）
软件生命周期的输入	项目设立阶段基线	斗舰 2000 机载定位系统软件研制任务书 软件研制任务书数据元
软件计划阶段	软件计划核查基线	软件生命周期数据元 软件计划与软件标准
	软件计划评审基线	斗舰 2000 机载定位系统软件项目管理计划 斗舰 2000 机载定位系统软件合格审定计划 斗舰 2000 机载定位系统软件开发计划 斗舰 2000 机载定位系统软件验证计划 斗舰 2000 机载定位系统软件配置管理计划 斗舰 2000 机载定位系统软件质量保证计划 斗舰 2000 机载定位系统软件需求标准 斗舰 2000 机载定位系统软件设计标准 斗舰 2000 机载定位系统软件编码标准
	软件计划阶段基线 又作 SOI♯1 审定基线	软件生命周期数据元 软件计划与软件标准 斗舰 2000 机载定位系统软件项目管理计划 斗舰 2000 机载定位系统软件合格审定计划 斗舰 2000 机载定位系统软件开发计划 斗舰 2000 机载定位系统软件验证计划 斗舰 2000 机载定位系统软件配置管理计划 斗舰 2000 机载定位系统软件质量保证计划 斗舰 2000 机载定位系统软件需求标准 斗舰 2000 机载定位系统软件设计标准 斗舰 2000 机载定位系统软件编码标准
软件需求阶段	软件需求核查基线	高层需求层级结构 高层需求（条目化） 软件需求数据（非条目化） 高层需求与系统需求的追踪数据
	软件需求评审基线	斗舰 2000 机载定位系统软件需求数据
	软件需求阶段基线	高层需求层次结构 高层需求（条目化） 软件需求数据（非条目化） 高层需求与系统需求的追踪数据 斗舰 2000 机载定位系统软件需求数据
高层需求测试用例 设计阶段	高层需求测试用例和 规程核查基线	软件高层需求测试用例 软件高层需求测试规程 测试用例与高层需求的追踪数据 高层需求测试规程与测试用例的追踪数据

(续表)

软件生命周期过程	基线的种类	基线的组成(配置项)
	高层需求测试用例和规程评审基线	斗舰 2000 机载定位系统软件高层需求测试用例及规程
	高层需求测试用例和规程阶段基线	软件高层需求测试用例 软件高层需求测试规程 测试用例与高层需求的追踪数据 高层需求测试规程与测试用例的追踪数据 斗舰 2000 机载定位系统软件高层需求测试用例及规程
软件设计阶段	软件设计核查基线	低层需求层次结构 软件设计说明(非条目化) 低层需求(条目化) 软件架构(非条目化) 低层需求与高层需求的追踪数据
	软件设计评审基线	斗舰 2000 机载定位系统软件设计说明
	软件设计阶段基线	低层需求层次结构 软件审计说明(非条目化) 低层需求(条目化) 软件架构(非条目化) 低层需求与高层需求的追踪数据 斗舰 2000 机载定位系统软件设计说明
低层需求测试用例设计阶段	低层需求测试用例和规程核查基线	软件低层需求测试用例 软件低层需求测试规程 测试用例与低层需求的追踪数据 低层需求测试规程与测试用例的追踪数据
	低层需求测试用例和规程评审基线	斗舰 2000 机载定位系统软件低层需求测试用例及规程
	低层需求测试用例和规程阶段基线	软件低层需求测试用例 软件低层需求测试规程 测试用例与低层需求的追踪数据 低层需求测试规程与测试用例的追踪数据 斗舰 2000 机载定位系统软件低层需求测试用例及规程
软件编码阶段	软件编码核查基线	软件源代码(函数) 软件源代码(全局变量) 软件源代码(数据类型) 源代码与低层需求的追踪数据 斗舰 2000 机载定位系统软件源代码

（续表）

软件生命周期过程	基线的种类	基线的组成（配置项）
	软件编码阶段基线	软件源代码（函数） 软件源代码（全局变量） 软件源代码（数据类型） 源代码与低层需求的追踪数据 斗舰 2000 机载定位系统软件源代码
SOI#2 审定基线		高层需求层次结构 高层需求（条目化） 软件需求数据（非条目化） 高层需求与系统需求的追踪数据 斗舰 2000 机载定位系统软件需求数据 软件高层需求测试用例 软件高层需求测试规程 测试用例与高层需求的追踪数据 高层需求测试规程与测试用例的追踪数据 斗舰 2000 机载定位系统软件高层需求测试用例及规程 低层需求层次结构 软件设计说明（非条目化） 低层需求（条目化） 软件架构（非条目化） 低层需求与高层需求的追踪数据 斗舰 2000 机载定位系统软件设计说明 软件低层需求测试用例 软件低层需求测试规程 测试用例与低层需求的追踪数据 斗舰 2000 机载定位系统软件低层需求测试用例及规程 斗舰 2000 机载定位系统软件源代码 软件源代码（函数） 软件源代码（全局变量） 软件源代码（数据类型） 源代码与低层需求的追踪数据
集成与测试阶段	集成与测试核查基线	斗舰 2000 机载定位系统可执行目标代码 编译、链接、加载日志 软件测试结果 测试结果与测试规程的追踪数据 软件测试结构覆盖数据 软件低层需求测试覆盖数据 软件高层需求测试覆盖数据 可执行目标代码与源代码的追踪数据

(续表)

软件生命周期过程	基线的种类	基线的组成(配置项)
	集成与测试评审基线	斗舰 2000 机载定位系统软件测试结果
	集成与测试阶段基线 又作 SOI♯3 审定基线	斗舰 2000 机载定位系统可执行目标代码 编译、链接、加载日志 软件测试结果 测试结果与测试规程的追踪数据 软件测试结构覆盖数据 软件低层需求测试覆盖数据 软件高层需求测试覆盖数据 可执行目标代码与源代码的追踪数据 斗舰 2000 机载定位系统软件测试结果
软件总结阶段	软件总结核查基线	软件配置索引 软件生命周期环境配置索引 软件配置状态报告 软件完成综述
	软件总结评审基线	斗舰 2000 机载定位系统软件配置索引 斗舰 2000 机载定位系统软件生命周期环境 配置索引 斗舰 2000 机载定位系统软件配置状态报告 斗舰 2000 机载定位系统软件完成综述
	软件总结阶段基线	软件配置索引 软件生命周期环境配置索引 软件配置状态报告 软件完成综述 斗舰 2000 机载定位系统软件配置索引 斗舰 2000 机载定位系统软件生命周期环境 配置索引 斗舰 2000 机载定位系统软件配置状态报告 斗舰 2000 机载定位系统软件完成综述
SOI♯4 审定基线		所有数据元配置项 所有文档配置项

5.3.3　基线建立的时机

基线建立的时机见表 G.5。

表 G.5　基线建立的时机

软件生命周期过程	基线的种类	建立基线的时机
软件生命周期的输入	项目设立阶段基线	项目筹备、立项时
软件计划阶段	软件计划核查基线	完成了部分相对独立的软件计划和软件标 准数据元的编制,需要进行核查

（续表）

软件生命周期过程	基线的种类	建立基线的时机
	软件计划评审基线	完成了所有软件计划和软件标准的编制,经过了核查,没有开口的问题报告,需要进行评审
	软件计划阶段基线 又作 SOI♯1 审定基线	完成了所有软件计划和软件标准的编制,经过了评审,没有开口的问题报告
软件需求阶段	软件需求核查基线	完成了部分相对独立的软件需求的开发,需要进行核查
	软件需求评审基线	完成了所有软件需求的开发,经过了核查,没有开口的问题报告,需要进行评审
	软件需求阶段基线	完成了所有软件需求的开发,经过了评审,没有开口的问题报告
高层需求测试用例设计阶段	高层需求测试用例和规程核查基线	完成了部分相对独立的软件需求测试用例的设计,需要进行核查
	高层需求测试用例和规程评审基线	完成了所有软件需求测试用例的设计,经过了核查,没有开口的问题报告,需要进行评审
	高层需求测试用例和规程阶段基线	完成了所有软件需求测试用例的设计,经过了评审,没有开口的问题报告
软件设计阶段	软件设计核查基线	完成了部分相对独立的软件设计的开发,需要进行核查
	软件设计评审基线	完成了所有软件设计的开发,经过了核查,没有开口的问题报告,需要进行评审
	软件设计阶段基线	完成了所有软件设计的开发,经过了评审,没有开口的问题报告
低层需求测试用例设计阶段	低层需求测试用例和规程核查基线	完成了部分相对独立的低层需求测试用例的设计,需要进行核查
	低层需求测试用例和规程评审基线	完成了所有低层需求测试用例的设计,经过了核查,没有开口的问题报告,需要进行评审
	低层需求测试用例和规程阶段基线	完成了所有低层需求测试用例的设计,经过了评审,没有开口的问题报告
软件编码阶段	软件编码核查基线	完成了部分相对独立的软件编码工作,需要进行核查
	软件编码阶段基线	完成了所有编码工作,经过了核查,没有开口的问题报告

(续表)

软件生命周期过程	基线的种类	建立基线的时机
SOI♯2审定基线		已经建立了软件需求阶段基线 已经建立了软件设计阶段基线 已经建立了软件编码阶段基线 已经建立了高层需求测试用例设计阶段基线 已经建立了低层需求测试用例设计阶段基线
集成与测试阶段	集成与测试核查基线	完成了部分相对独立的测试工作,需要进行核查
	集成与测试评审基线	完成了所有测试工作,经过了核查,没有开口的问题报告,需要进行评审
	集成与测试阶段基线 又作SOI♯3审定基线	完成了所有测试工作,经过了评审,没有开口的问题报告
软件总结阶段	软件总结核查基线	完成了部分相对独立的软件总结工作,需要进行核查
	软件总结评审基线	完成了所有软件总结工作,经过了核查,没有开口的问题报告,需要进行评审
	软件总结阶段基线	完成了所有软件总结工作,经过了评审,没有开口的问题报告
SOI♯4审定基线		完成了所有软件研制工作,经过了符合性评审,没有开口的问题报告,建立了软件总结阶段基线

5.3.4 基线的保护

在本项目中,基线的保护工作由 ASIDE 得到保证,详细参见《ASIDE 用户手册》。

5.3.5 配置项与基线的追踪性

在本项目中,配置项之间的追踪关系以数据元为粒度建立。在数据元的编制过程中,由 ASIDE 自动建立数据元之间的追踪关系。详细参见《ASIDE 用户手册》。

在建立基线后,对基线内的配置项进行核查/分析/评审/测试/审定等活动,提出问题报告和实施变更,关闭问题报告及变更,直至建立一条新的基线,整个过程在 ASIDE 平台实施。ASIDE 将自动建立这两条基线之间的追踪。详细参见《ASIDE 用户手册》。

5.4 问题报告

5.4.1 问题报告的内容

问题报告的内容应包含:

（1）问题编号（由 ASIDE 自动生成和维护）；

（2）问题状态；

（3）问题摘要；

（4）问题来源（在执行什么活动时发现了问题，对于测试执行时发现的问题，还应记录对应的测试用例和测试规程编号）；

（5）问题对象（针对哪条基线的哪个配置项的哪个数据元提出了问题报告）；

（6）严重程度；

（7）优先级；

（8）问题描述；

（9）审核意见；

（10）处理描述；

（11）验证描述；

（12）备注；

（13）问题附件；

（14）问题处理历史。

5.4.2　问题报告的创建

对问题报告的创建时间不作限制，即在任何时间任何项目成员发现问题时都可以创建问题报告。但一般情况下，在验证、评审、QA 审计、局方审定时发现的问题必须要及时创建问题报告。

5.4.3　问题报告的处理流程

详见《ASIDE 用户手册》。

5.4.4　与变更控制活动的关系

如果提出的问题涉及跨阶段的软件生命周期数据，将发起变更请求。例如，在设计阶段发现需求有问题，将发起变更需求的请求，通过变更流程来解决问题。

5.5　变更控制

5.5.1　变更请求的内容

变更请求的内容应包含：

（1）变更编号（由 ASIDE 自动生成和维护）；

（2）变更状态；

（3）变更来源（如果变更由问题引发，记录问题编号）；

（4）变更原因；

（5）变更描述；

（6）变更影响性分析；

（7）变更对象（针对哪条基线的哪个配置项的哪个数据元提出了变更请求）；

（8）建议处理方案；

（9）变更审核意见；

(10) 备注；

(11) 变更附件；

(12) 变更处理历史。

5.5.2　变更请求的提出

通常来说，问题报告经评审后打开，应启动一个变更。在特殊情况下，也可以直接提出一个变更。对变更请求的提出时间也不作限制。

5.5.3　变更请求的处理流程

详见《ASIDE 用户手册》。

5.5.4　变更影响分析

变更影响分析根据追踪关系以及相关联的数据元来实现。除此之外，变更影响分析还需要进行表 G.6 的分析内容。

表 G.6　变更影响分析的内容

序号	项目	说　　　明
1	追踪性	变更对需求、设计、源代码、测试用例与规程等对象之间的追踪性的影响
2	内存余量	变更对内存分配的影响
3	时间余量	变更对任务调度时间、接口时间的影响
4	数据流	变更对数据流、部件耦合的影响
5	控制流	变更对控制流、部件耦合的影响
6	输入/输出	变更对总线负载、内存访问、硬件接口的影响
7	开发环境	变更对编译器、链接器、加载器等工具的选择、版本、选项的影响
8	运行特性	变更对增益、滤波、门限、中断、异常处理、容错等的影响
9	分区	变更对分区的影响
10	安全性	变更对安全性的影响
11	软件验证	变更对软件验证活动的影响

5.5.5　保持完整性的方法

变更中数据的完整性由 ASIDE 得到支持和保证，参见《ASIDE 用户手册》。

5.6　配置状态记实

5.6.1　配置管理状态报告的数据

配置管理状态报告包括以下数据：

(1) 配置管理活动摘要(日期、内容)；

(2) 配置项列表；

(3) 基线列表；

(4) 问题报告列表；

(5) 变更报告列表；

(6) 配置管理工具状态。

5.6.2　配置管理状态数据的存储

配置管理状态数据存放在 ASIDE 中。

5.6.3 配置管理状态数据的检索

通过 ASIDE 检索配置管理状态数据。

5.6.4 配置管理状态数据的可用性

通过 ASIDE 设置配置管理状态数据的使用权限。

5.7 归档、检索和发布

5.7.1 数据归档

数据归档由 ASIDE 支持和保证,参见《ASIDE 用户手册》。

5.7.2 数据检索

数据检索由 ASIDE 支持和保证,参见《ASIDE 用户手册》。

5.7.3 数据发布

数据发布由 ASIDE 支持和保证,参见《ASIDE 用户手册》。

5.7.4 数据留存

项目数据全部在 ASIDE 平台上编制、开发、验证和管理,并保存在 ASIDE 数据库中。ASIDE 数据库安装于 RAID5 冗余阵列硬盘,进行自动数据保护和备份。

利用 ASIDE 提供的基线建立和完整数据库备份功能,每月做一次完全备份。异地存放到北京。

5.8 软件加载控制

可执行目标码在加载到目标环境时,需要进行加载控制。除了要验证部件号码,还要保证进行必要的测试验证软件加载的过程正确。

5.9 软件生命周期环境控制

本项目使用的软件生命周期环境纳入组织级配置管理库,建立基线并受到保护。详见《上海爱韦讯信息技术有限公司组织级配置管理程序》。

6 软件配置管理过程的迁移准则

概括地说,软件配置管理活动(包括基线、问题报告、变更控制等等)的迁移准则是:

(1) 对于 CC1 控制的配置项,当其责任角色发生改变时,应建立基线;

(2) 软件生命周期的任何时候都可以创建问题报告。在验证、评审、QA 审计、局方审定时发现的问题必须及时创建问题报告;

(3) 通常情况下,问题报告经评审后打开,应启动一个变更请求。在特殊情况下,例如来自上级单位或者系统生命周期的变更请求,可以在没有问题报告的情况下创建。

7 软件配置管理数据

7.1 软件配置管理记录

本项目中所有的配置管理记录由 ASIDE 生成维护,参见《ASIDE 用户手册》。

7.2　软件配置索引

本项目中所有的配置项、基线、问题报告、变更请求都将建立标识、进行配置管理控制,最终由 ASIDE 自动汇总成软件配置索引,参见《ASIDE 用户手册》。

7.3　软件生命周期环境配置索引

本项目中所有的开发软件、测试软件和管理支持类软件都将建立标识,进行组织级配置管理控制,最终汇总成软件生命周期环境配置索引,详见《上海爱韦讯信息技术有限公司组织级配置管理程序》。

8　供应方控制

本项目没有供应方。

9　注释

9.1　术语

本文档中的术语依据《DO‑178B》。

9.2　缩写词

ASIDE	Airborne Software Integrated Development Environment
TARGET	斗舰 2000 机载定位系统
PSAC	Plan for Software Aspects of Certification
SCM	Software Configuration Management
SQA	Software Quality Assurance
SCCB	Software Configuration Control Board

附录 H　软件质量保证计划(样本)

1　范围

1.1　标识

本文档的标识为 TARGET - SQAP - 1.0,适用于斗舰 2000 机载定位系统(以下简称 TARGET)的机载软件研制。

1.2　系统概述

斗舰 2000 是一个假想的飞行器,我们对斗舰 2000 做如下假设:

(1)斗舰 2000 平稳飞行于海拔 5 000 m 高的水平面上(即定位系统不考虑斗舰 2000 的飞行高度问题);

(2)斗舰 2000 飞行方向的改变只限于左转和右转两种。

本项目旨在研制斗舰 2000 的机载定位系统,简称为 TARGET,其主要功能是:

(1)通过 ARINC 429 总线接收来自传感器的速度数值和转弯信号;

(2)根据转弯信号计算即时方向、根据即时方向和速度数值计算即时位置;

(3)通过 RS - 422 总线向显示器发送命令,显示速度、方向、位置、轨迹以及传感器状态;

(4)通过 RS - 422 总线接收转储命令;

(5)转储位置历史数据。

TARGET 的系统架构见图 H.1。

图 H.1　TARGET 的系统架构

1.3　文档概述

根据 DO - 178B 第 11.5 条的要求,本文档主要描述 TARGET 项目的软件质量保证过程的组织机构和职责、环境、权威、活动、迁移准则、时间表、记录等。

2　引用文档

《DO‐178B》，Software Considerations in Airborne Systems and Equipment Certification，December 1,1992

《斗舰 2000 机载定位系统软件研制任务书》，2.0 版

《斗舰 2000 机载定位系统软件开发计划》，1.0 版

《斗舰 2000 机载定位系统软件验证计划》，1.0 版

《斗舰 2000 机载定位系统软件配置管理计划》，1.0 版

《斗舰 2000 机载定位系统软件合格审定计划》，1.0 版

《斗舰 2000 机载定位系统软件项目管理计划》，1.0 版

《斗舰 2000 机载定位系统软件需求标准》，1.0 版

《斗舰 2000 机载定位系统软件设计标准》，1.0 版

《斗舰 2000 机载定位系统软件编码标准》，1.0 版

《ASIDE 用户手册》，3.0 版

3　软件质量保证的组织结构与人员职责

3.1　组织结构

参与 TARGET 项目的人员及组织结构如图 H.2 所示。

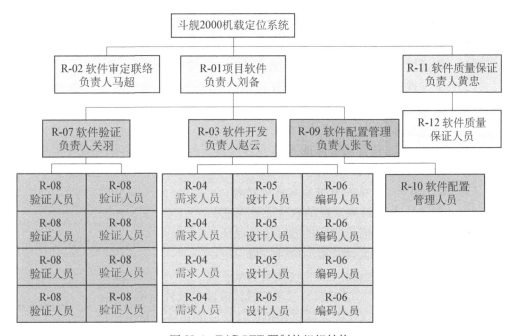

图 H.2　TARGET 研制的组织结构

3.2 职责

根据3.1给出的组织结构,直接与软件质量保证相关的项目人员主要有软件质量保证负责人、软件质量保证人员,他们的职责将在本节中列出。其他项目人员的职责描述参见相应的软件计划。

3.2.1 R-11 软件质量保证负责人

R-11 软件质量保证负责人的职责是:

(1) 负责SP-10 编制软件质量保证计划的任务分配和执行;

(2) SP-41 软件计划阶段的软件质量保证;

(3) SR-16 软件需求阶段的软件质量保证;

(4) SD-17 软件设计阶段的软件质量保证;

(5) SC-12 软件编码阶段的软件质量保证;

(6) STCPH-17 高层需求测试用例设计阶段的软件质量保证;

(7) STCPL-17 低层需求测试用例设计阶段的软件质量保证;

(8) SIT-22 集成与测试阶段的软件质量保证;

(9) SIS-17 进行软件符合性评审;

(10) SIS-18 软件总结阶段的软件质量保证;

(11) PPR-01 提出过程问题;

(12) PPR-02 讨论过程问题;

(13) PPR-04 验证过程问题;

(14) 履行R-13 项目管理团队的职责;

(15) 履行R-14 软件配置管理委员会(SCCB)的职责;

(16) 履行R-15 项目成员的职责;

(17) 负责软件质量保证过程的日常实施;

(18) 参与软件计划过程和软件总结过程的实施;

(19) 负责相关问题报告的归零;

(20) 保障相关过程目标的符合性。

3.2.2 R-12 软件质量保证人员

R-12 软件质量保证人员的职责是:

(1) 参与SP-10 编制软件质量保证计划;

(2) SP-41 软件计划阶段的软件质量保证;

(3) SR-16 软件需求阶段的软件质量保证;

(4) SD-17 软件设计阶段的软件质量保证;

(5) SC-12 软件编码阶段的软件质量保证;

(6) STCPH-17 高层需求测试用例设计阶段的软件质量保证;

(7) STCPL-17 低层需求测试用例设计阶段的软件质量保证;

(8) SIT-22 集成与测试阶段的软件质量保证;

(9) SIS-17　进行软件符合性评审；

(10) SIS-18　软件总结阶段的软件质量保证；

(11) PPR-01　提出过程问题；

(12) PPR-02　讨论过程问题；

(13) PPR-04　验证过程问题；

(14) 履行 R-15　项目成员的职责；

(15) 向软件质量保证负责人报告任务完成状态；

(16) 编制质量保证记录。

3.2.3　R-13　项目管理团队

R-13　项目管理团队成员为：项目软件负责人、软件开发负责人、软件验证负责人、软件配置管理负责人、软件质量保证负责人。R-13　项目管理团队的职责是：

(1) SP-01　估算项目规模；

(2) SP-02　估算项目工作量；

(3) SP-15　核查项目管理计划；

(4) SP-16　核查软件合格审定计划；

(5) SP-17　核查软件开发计划；

(6) SP-18　核查软件验证计划；

(7) SP-19　核查软件配置管理计划；

(8) SP-20　核查软件质量保证计划；

(9) SP-21　核查软件需求标准；

(10) SP-22　核查软件设计标准；

(11) SP-23　核查软件编码标准；

(12) BE-01　申请基线。

3.2.4　R-14　软件配置管理委员会(SCCB)

R-14　软件配置管理委员会(SCCB)由项目软件负责人、软件开发负责人、软件验证负责人、软件配置管理负责人、软件配置管理人员、软件质量保证负责人组成。R-14　软件配置管理委员会(SCCB)的职责是：

(1) 参与 CCR-02　变更评审；

(2) 参与 BE-02　审批基线。

3.2.5　R-15　项目成员

R-15　项目成员包含参与 TARGET 项目的所有成员。R-15　项目成员的职责是：

(1) 参与 SP-24　评审项目管理计划；

(2) 参与 SP-25　评审软件合格审定计划；

(3) 参与 SP-26　评审软件开发计划；

（4）参与 SP - 27　评审软件验证计划；

（5）参与 SP - 28　评审软件配置管理计划；

（6）参与 SP - 29　评审软件质量保证计划；

（7）参与 SP - 30　评审软件需求标准；

（8）参与 SP - 31　评审软件设计标准；

（9）参与 SP - 32　评审软件编码标准；

（10）参与 SR - 07　评审软件需求数据；

（11）参与 SD - 08　评审软件设计说明；

（12）参与 STCPH - 08　评审测试用例和测试规程；

（13）参与 STCPL - 08　评审测试用例和测试规程；

（14）参与 SIT - 12　评审测试结果；

（15）参与 SIS - 07　评审软件生命周期环境配置索引；

（16）参与 SIS - 08　评审软件配置索引；

（17）参与 SIS - 09　评审软件完成综述；

（18）参与 PPR - 02　讨论过程问题；

（19）参与 DPR - 01　提出数据问题；

（20）参与 CCR - 01　变更申请；

（21）参与 CCR - 04　变更的开发实施；

（22）参与 SOI - 02　内部准备；

（23）参与 SOI - 05　参与审查。

3.2.6　独立性

根据 3.1 给出的组织结构可以看出，软件质量保证的项目人员和软件研制的其他人员（包括软件开发人员、软件验证人员、软件配置管理人员、审定联络负责人、甚至项目软件负责人）都是独立的，这从组织结构上保证了质量保证活动的独立开展，不受到软件开发、软件验证、软件配置管理、审定联络等方面的制约。

软件质量保证负责人和软件质量保证人员对软件生命周期中迁移准则的满足性有审计的权力；软件质量保证负责人对软件生命周期中的重要迁移（如阶段关闭）有否决的权力、对软件生命周期数据的发布有否决的权力。

4　软件质量保证的环境

本项目采用 ASIDE 作为软件研制的综合集成环境，项目的质量保证活动全部由 ASIDE 支持，包括对软件生命周期中过程的审计、数据的审计、迁移准则满足性的审核、评审会议的参与、问题报告的提出、问题报告和变更的控制、质量保证记录的管理和跟踪等等。

软件质量保证负责人通过这些活动确保软件生命周期的过程和数据符合已批准的软件计划和软件标准。

5　软件质量保证的活动

5.1　软件过程的审计

软件质量保证负责人和软件质量保证人员将至少每两周审计软件开发过程、软件验证过程、软件配置管理过程、审定联络过程的活动。审计活动由 ASIDE 自动发起。审计的依据是本项目的以下 4 项计划：

《斗舰 2000 机载定位系统软件合格审定计划》

《斗舰 2000 机载定位系统软件开发计划》

《斗舰 2000 机载定位系统软件验证计划》

《斗舰 2000 机载定位系统软件配置管理计划》

软件质量保证负责人和软件质量保证人员将利用 ASIDE 提供的软件过程检查单来审计是否执行了预期的活动以及是否按规定的标准执行了活动。

软件质量保证负责人和软件质量保证人员将在 ASIDE 中记录并公布审计结果。在发现不符合项时，将利用 ASIDE 建立问题报告，并跟踪问题报告的处理流程。

5.2　软件数据的审计

5.2.1　文档配置项的审计

软件质量保证应对如下文档配置项进行全面审计：

(1) 斗舰 2000 机载定位系统软件项目管理计划；

(2) 斗舰 2000 机载定位系统软件合格审定计划；

(3) 斗舰 2000 机载定位系统软件开发计划；

(4) 斗舰 2000 机载定位系统软件验证计划；

(5) 斗舰 2000 机载定位系统软件配置管理计划；

(6) 斗舰 2000 机载定位系统软件配置管理计划；

(7) 斗舰 2000 机载定位系统软件需求标准；

(8) 斗舰 2000 机载定位系统软件设计标准；

(9) 斗舰 2000 机载定位系统软件编码标准；

(10) 斗舰 2000 机载定位系统可执行目标代码；

(11) 斗舰 2000 机载定位系统软件生命周期环境配置索引；

(12) 斗舰 2000 机载定位系统软件配置索引；

(13) 斗舰 2000 机载定位系统软件符合性评审报告；

(14) 斗舰 2000 机载定位系统软件完成综述；

软件质量保证应对如下文档配置项进行不低于 20% 的抽样审计。

(1) 斗舰 2000 机载定位系统软件需求数据；

(2) 斗舰 2000 机载定位系统软件设计说明；

(3) 斗舰 2000 机载定位系统软件源代码；

（4）斗舰 2000 机载定位系统软件高层需求测试用例及规程；

（5）斗舰 2000 机载定位系统软件低层需求测试用例及规程；

（6）斗舰 2000 机载定位系统软件核查记录；

（7）斗舰 2000 机载定位系统软件测试结果；

（8）斗舰 2000 机载定位系统软件配置状态报告。

5.2.2　数据元配置项的审计

软件质量保证应对如下数据元配置项进行不低于 20％的抽样审计。

（1）高层需求（条目化）；

（2）低层需求（条目化）；

（3）软件源代码（函数）；

（4）软件源代码（全局变量）；

（5）软件源代码（数据类型）；

（6）软件高层需求测试用例；

（7）软件高层需求测试规程；

（8）软件低层需求测试用例；

（9）软件低层需求测试规程；

（10）软件测试结果；

（11）软件配置索引；

（12）软件生命周期环境配置索引；

（13）软件完成综述；

（14）软件配置管理记录；

（15）软件问题报告；

（16）软件变更请求。

5.2.3　报告和追踪不符合项

在审计中发现的不符合项，应通过 ASIDE 中的问题报告功能予以记录、报告，并追踪其处理过程，直至问题关闭。

5.3　软件符合性评审

软件质量保证负责人主持软件符合性评审。该评审要评审和确认以下事项：

（1）已经完成计划中规定的所有软件生命周期过程活动；

（2）系统需求、软件需求、软件设计、源代码、验证用例、验证过程、验证结果之间的追踪性；

（3）所有软件生命周期数据符合软件计划和标准，并受到相应的软件配置管理控制；

（4）已经关闭了所有的问题报告和变更报告；

（5）所有对计划和标准的偏离已被记录，并经过批准；

（6）能根据归档的源代码重新生成可执行目标代码。

6 软件质量保证过程的迁移准则

软件质量保证是软件生命周期中全程支持的、实时操作的活动,它的执行分为定时触发(如两周一次的过程审计)和事件触发(如软件生命周期状态的变化)两种。

ASIDE 系统根据设定的定时触发和事件触发原则,由系统自动生成质量保证活动的任务。通知到相关的人员。

7 软件质量保证记录

软件质量保证记录包括:
(1)软件质量保证负责人提出的问题报告;
(2)软件质量保证负责人填写的检查单;
(3)软件质量保证负责人编制的软件质量保证过程状态报告。

8 供应方控制

本项目没有供应方。

9 注释

9.1 术语

本文档中的术语依据《DO-178B》。

9.2 缩写词

ASIDE　　　Airborne Software Integrated Development Environment
TARGET　　斗舰 2000 机载定位系统
PSAC　　　Plan for Software Aspects of Certification
SCM　　　 Software Configuration Management
SQA　　　 Software Quality Assurance
SCCB　　　Software Configuration Control Board

附录 I 软件合格审定计划(样本)

1 范围

1.1 标识

本文档的标识为 TARGET‑PSAC‑1.0,适用于斗舰 2000 机载定位系统(以下简称 TARGET)的机载软件研制。

1.2 文档概述

根据《DO‑178B》第 11.1 条的要求编制,主要有以下内容:

(1) 系统概述,概要说明 TARGET 的系统功能和架构;

(2) 软件概述,概要说明 TARGET 的软件功能模块组成;

(3) 审定基础,摘要说明符合性方法;

(4) 软件生命周期,定义将使用的软件生命周期,并概要解释如何满足每个软件生命周期过程的目标;

(5) 软件生命周期数据,规定软件生命周期过程将产生和控制的软件生命周期数据,以及拟向合格审定机构提交哪些软件生命周期数据;

(6) 其他考虑,可能影响审定过程的其他考虑;

(7) 软件研制管理,描述软件项目进度、软件规模估算、项目跟踪与监控以及风险管理。

2 引用文档

《FAR 25 部》

《DO‑178B》, Software Considerations in Airborne Systems and Equipment Certification, December 1,1992

《斗舰 2000 机载定位系统软件研制任务书》,2.0 版

《斗舰 2000 机载定位系统软件开发计划》,1.0 版

《斗舰 2000 机载定位系统软件验证计划》,1.0 版

《斗舰 2000 机载定位系统软件配置管理计划》,1.0 版

《斗舰 2000 机载定位系统软件质量保证计划》,1.0 版

《斗舰 2000 机载定位系统软件项目管理计划》,1.0 版

《斗舰 2000 机载定位系统软件需求标准》,1.0 版

《斗舰 2000 机载定位系统软件设计标准》,1.0 版

《斗舰 2000 机载定位系统软件编码标准》,1.0 版

《ASIDE 用户手册》,3.0 版

3　系统概述

斗舰 2000 是一个假想的飞行器,我们对斗舰 2000 做如下假设:

(1) 斗舰 2000 平稳飞行于海拔 5 000 m 高的水平面上(即定位系统不考虑斗舰 2000 的飞行高度问题);

(2) 斗舰 2000 飞行方向的改变只限于左转和右转两种。

本项目旨在研制斗舰 2000 的机载定位系统,简称为 TARGET,其主要功能是:

(1) 通过 ARINC 429 总线接收来自传感器的速度数值和转弯信号;

(2) 根据转弯信号计算即时方向、根据即时方向和速度数值计算即时位置;

(3) 通过 RS‑422 总线向显示器发送命令,显示速度、方向、位置、轨迹以及传感器状态;

(4) 通过 RS‑422 总线接收转储命令;

(5) 转储位置历史数据。

TARGET 的系统架构见图 I.1。

图 I.1　TARGET 的系统架构

3.1　硬件环境

TARGET 所用的显示器分辨率为 575×575(像素),其目标机硬件运行环境见表 I.1。

表 I.1　TARGET 硬件环境需求

类别	需求	类别	需求
处理器	Power PC 750	FLASH	32M
SRAM	128M	硬盘	1G

3.2　软件环境

TARGET 的软件环境需求见表 I.2。

表 I.2　TARGET 软件环境需求

类别	需求	类别	需求
宿主机操作系统 宿主机开发环境	Windows XP 或以上版本 VC 6.0	目标机操作系统 目标机开发环境	VxWorks 5.5 Tornado 2.2

3.3　接口

（1）与传感器通过 ARINC 429 总线接口；
（2）与控制器通过 RS-422 总线接口；
（3）与显示器通过 RS-422 总线接口；

3.4　安全特征

本系统的主要功能是斗舰 2000 飞行过程中的定位。当系统发生故障时,将使斗舰 2000 的飞行员无法明确自己当前的位置信息,从而影响飞行员的重要操作决策,致使斗舰 2000 可能产生灾难性的后果。(此段文字仅做示意)

4　软件概述

4.1　软件功能概述

TARGET 的软件功能是:
（1）传感器数据的接收和处理；
（2）控制命令的接收和处理；
（3）方向的计算；
（4）位置的计算；
（5）速度、方向、位置和轨迹的显示；
（6）传感器状态的显示；
（7）位置历史数据的保存和转储。

4.2　软件架构

TARGET 采用传统的机载软件两层架构,即由应用程序层和操作系统层组成。应用程序层实现 TARGET 的应用功能;操作系统层向应用程序层提供任务调度的功能。

4.3　资源共享

TARGET 不采用资源共享策略。
TARGET 不与其他软件共享全局可访问的存储和通信通道。

4.4 分区

TARGET 不采用分区策略。

4.5 余度和故障容错

TARGET 不采用余度策略。

TARGET 的故障容错策略是:

(1) 在接收传感器数据时应判断其是否有效;

(2) 在连续 1 s 及以上收不到有效的传感器数据时,应向显示器发送提示信息"SENSOR FAIL";

(3) 看门狗的复位周期应是 200 ms;

(4) 关键数据应有限幅、滤波处理。

4.6 定时和调度策略

TARGET 采用不同速率组的周期调度策略。有 2 个速率组,分别为 50 ms 和 1 s。

5 审定考虑

5.1 审定基础

本项目的审定基础是 FAR 25 部,其中关于软件的条例(regulation)是:

(1) FAR 25.1301 - Function and installation;

(2) FAR 25.1309 - Function, systems, and installation (a), (b1), (b2), (c) and (d)。

相关的描述见表 I.3。

表 I.3 FAR 25.1301 和 FAR 25.1309 的描述

编号	描述
FAR 25.1301	Each item of installed equipment must— Be of a kind and design appropriate to its intended function; Be labeled as to its identification, function, or operating limitations, or any applicable combination of these factors; Be installed according to limitations specified for that equipment; Function properly when installed.
FAR 25.1309	(a) The equipment, systems, and installations whose functioning is required by this subchapter, must be designed to ensure that they perform their intended functions under any foreseeable operating condition.
	(b) The airplane systems and associated components, considered separately and in relation to other systems, must be designed so that—

（续表）

编号	描 述
	（1） The occurrence of any failure condition which would prevent the continued safe flight and landing of the airplane is extremely improbable, and （2） The occurrence of any other failure conditions which would reduce the capability of the airplane or the ability of the crew to cope with adverse operating conditions is improbable.
	（c） Warning information must be provided to alert the crew to unsafe system operating conditions, and to enable them to take appropriate corrective action. Systems, controls, and associated monitoring and warning means must be designed to minimize crew errors which could create additional hazards.
	（d） Compliance with the requirements of paragraph (b) of this section must be shown by analysis, and where necessary, by appropriate ground, flight, or simulator tests. The analysis must consider— （1） Possible modes of failure, including malfunctions and damage from external sources. （2） The probability of multiple failures and undetected failures. （3） The resulting effects on the airplane and occupants, considering the stage of flight and operating conditions, and （4） The crew warning cues, corrective action required, and the capability of detecting faults.

5.2 系统安全性评估

具体系统安全性评估信息略。

根据以上系统安全评估,本项目的设计保证等级设定为 A 级。

5.3 软件等级

根据以上系统安全评估以及软件研制任务书的要求,TARGET 的软件等级定义为 A 级。

5.4 符合性方法

TARGET 的研制将采用 DO－178B 作为符合性方法,根据 DO－178B 对 A 级软件提出的所有适航要求进行 TARGET 研制。本项目将通过实施本文档第 6 章定义的软件生命周期过程来实现对过程目标的符合。在研制过程中产生的软件生命周期数据将提供目标符合性的证据。

6 软件生命周期

6.1 软件生命周期概述

本项目软件生命周期的定义涉及两个概念:过程和阶段。

6.1.1 过程

过程的概念与 DO-178B 的描述基本一致。

为更好地体现生命周期的完整性,本项目在立项以后除了引用 DO-178B 对过程的定义和要求之外,还增加了软件总结过程。具体地,本项目的软件生命周期包含如下过程:

(1) 软件计划过程;

(2) 软件开发过程(包括软件需求过程、软件设计过程、软件编码过程、集成过程);

(3) 软件总结过程;

(4) 软件综合过程(包括软件验证过程、软件配置管理过程、软件质量保证过程、审定联络过程)。

图 I.2 给出了这些过程之间的关系:

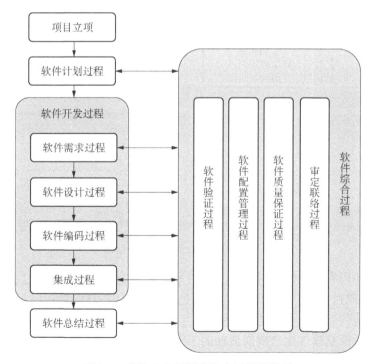

图 I.2 软件生命周期中各个过程的关系

6.1.2 阶段

由于软件综合过程是一个支持性的过程,它贯穿于软件计划过程、软件开发过程和软件总结过程之中。为此,本项目软件生命周期的定义还引入了阶段的概念,从时间和里程碑的角度对软件生命周期进行了划分。具体地,本项目的软件生命周期包含如下几个阶段:

(1) 项目立项阶段;

(2) 软件计划阶段;

(3) 软件需求阶段;

(4) 高层需求测试用例设计阶段;

(5) 软件设计阶段;

(6) 低层需求测试用例设计阶段;

(7) 软件编码阶段;

(8) 集成与测试阶段;

(9) 软件总结阶段。

图 I.3 给出了这九个阶段以及局方四次审定介入的先后次序和依赖关系。

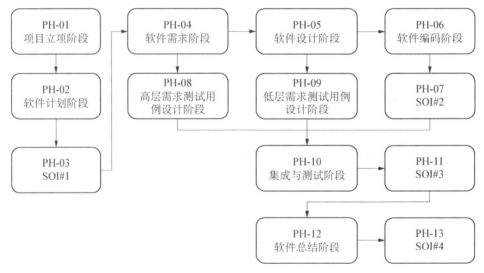

图 I.3 软件生命周期的各个阶段

过程和阶段有比较好的对应关系。对软件计划过程、软件需求过程、软件设计过程、软件编码过程、集成过程、软件总结过程增加相应的软件综合过程的活动,就可以得到相应的阶段。具体地,这些阶段与过程之间的关系见图 I.4。

过程和阶段是软件生命周期活动的不同组织方式。为了行文方便,我们将在不同的场合分别使用过程和阶段两个概念。例如,在软件开发计划的 5.2,5.3 等章节我们使用了过程的概念;而在软件合格审定计划的 6.3,6.4 等章节我们使用了阶段的概念来定义软件生命周期。

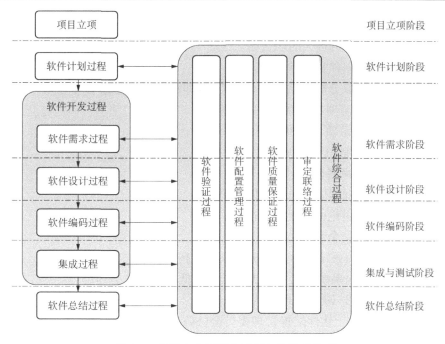

图 I.4 软件生命周期中过程和阶段的关系

6.2 项目组织结构和职责

6.2.1 组织结构

参与 TARGET 项目的人员及组织结构如图 I.5 所示。

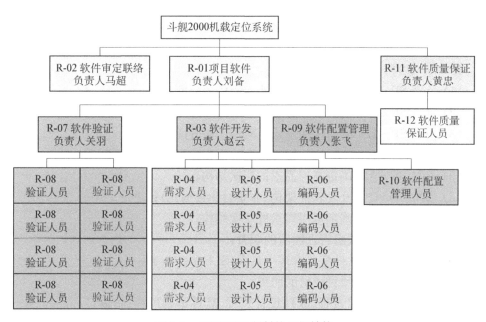

图 I.5 TARGET 研制的组织结构

6.2.2　R-01　项目软件负责人

R-01　项目软件负责人的职责是：

(1) PI-01　规划项目立项进度；

(2) PI-02　获取分配到软件的系统需求（即软件研制任务书）；

(3) SP-03　确定项目的软件生命周期；

(4) SP-04　制定项目进度计划；

(5) SP-05　编制项目管理计划；

(6) SP-14　协调各软件计划；

(7) SIS-03　编制软件完成综述；

(8) DPR-02　讨论并审批数据问题；

(9) CCR-03　安全性评估反馈；

(10) SR-05　向系统生命周期提交派生的高层需求；

(11) SD-06　向系统生命周期提交派生的低层需求；

(12) 履行R-13　项目管理团队的职责；

(13) 履行R-14　软件配置管理委员会（SCCB）的职责；

(14) 履行R-15　项目成员的职责；

(15) 负责软件计划过程的日常实施；

(16) 负责软件总结过程的日常实施；

(17) 监督并管理软件生命周期其他过程的日常实施；

(18) 参与决策软件生命周期过程的迁移；

(19) 向上级报告软件生命周期状态；

(20) 保障相关过程目标的符合性。

6.2.3　R-03　软件开发负责人

R-03　软件开发负责人的职责是：

(1) 负责SP-07　编制软件开发计划的任务分配和执行；

(2) 负责SP-11　编制软件需求标准的任务分配和执行；

(3) 负责SP-12　编制软件设计标准的任务分配和执行；

(4) 负责SP-13　编制软件编码标准的任务分配和执行；

(5) 参与SR-01　确定高层需求的层次结构；

(6) 参与SD-01　开发软件架构（非条目化数据元）；

(7) 参与SD-02　确定低层需求的层次结构；

(8) 履行R-13　项目管理团队的职责；

(9) 履行R-14　软件配置管理委员会（SCCB）的职责；

(10) 履行R-15　项目成员的职责；

(11) 负责软件需求过程、软件设计过程、软件编码过程、集成过程的任务分配和日常实施；

(12) 支持其他过程的实施;

(13) 向项目软件负责人报告软件开发状态;

(14) 负责相关问题报告的归零;

(15) 负责相关变更报告的归零;

(16) 保障相关过程目标的符合性。

6.2.4 R-07 软件验证负责人

R-07 软件验证负责人的职责是:

(1) 负责 SP-08 编制软件验证计划的任务分配和执行;

(2) STCPH-03 核查测试用例;

(3) STCPH-04 分析基于高层需求的测试覆盖;

(4) STCPH-07 核查测试规程;

(5) STCPL-03 核查测试用例;

(6) STCPL-04 分析基于低层需求的测试覆盖;

(7) STCPL-07 核查测试规程;

(8) 参与 SIT-07 分析结构覆盖;

(9) 参与 SIT-08 分析数据耦合和控制耦合;

(10) 参与 SIT-09 分析源代码与目标代码的追踪;

(11) 参与 SIT-10 核查测试结果;

(12) 负责 SIS-06 核查软件完成综述;

(13) 履行 R-13 项目管理团队的职责;

(14) 履行 R-14 软件配置管理委员会(SCCB)的职责;

(15) 履行 R-15 项目成员的职责;

(16) 负责软件计划、软件标准、软件需求数据、软件设计描述、源代码、集成、测试的验证任务分配和实施;

(17) 支持其他过程的实施;

(18) 向项目软件负责人报告软件验证状态;

(19) 负责相关问题报告的归零;

(20) 保障相关过程目标的符合性。

6.2.5 R-09 软件配置管理负责人

R-09 软件配置管理负责人的职责是:

(1) 负责 SP-09 编制软件配置管理计划的任务分配和执行;

(2) SIS 01 完成软件生命周期环境配置索引;

(3) SIS-02 完成软件配置索引;

(4) SIS-11 软件总结阶段的配置项标识;

(5) SIS-15 软件总结阶段的配置状态纪实;

(6) SIS-16 软件总结阶段的归档、检索和发布;

（7）履行 R-13　项目管理团队的职责；

（8）履行 R-14　软件配置管理委员会（SCCB）的职责；

（9）履行 R-15　项目成员的职责；

（10）负责软件配置管理过程的任务分配和日常实施；

（11）支持其他过程的实施；

（12）向项目软件负责人报告软件生命周期状态；

（13）负责相关问题报告的归零；

（14）保障相关过程目标的符合性。

6.2.6　R-11　软件质量保证负责人

R-11　软件质量保证负责人的职责是：

（1）负责 SP-10　编制软件质量保证计划的任务分配和执行；

（2）SP-41　软件计划阶段的软件质量保证；

（3）SR-16　软件需求阶段的软件质量保证；

（4）SD-17　软件设计阶段的软件质量保证；

（5）SC-12　软件编码阶段的软件质量保证；

（6）STCPH-17　高层需求测试用例设计阶段的软件质量保证；

（7）STCPL-17　低层需求测试用例设计阶段的软件质量保证；

（8）SIT-22　集成与测试阶段的软件质量保证；

（9）SIS-17　进行软件符合性评审；

（10）SIS-18　软件总结阶段的软件质量保证；

（11）PPR-01　提出过程问题；

（12）PPR-02　讨论过程问题；

（13）PPR-04　验证过程问题；

（14）履行 R-13　项目管理团队的职责；

（15）履行 R-14　软件配置管理委员会（SCCB）的职责；

（16）履行 R-15　项目成员的职责；

（17）负责软件质量保证过程的日常实施；

（18）参与软件计划过程和软件总结过程的实施；

（19）负责相关问题报告的归零；

（20）保障相关过程目标的符合性。

6.2.7　R-02　合格审定联络负责人

R-02　合格审定联络负责人的职责是：

（1）负责 SP-06　编制软件合格审定计划的任务分配和执行；

（2）负责 SIS-03　编制软件完成综述的任务分配和执行；

（3）SOI-03　与审定机构协调，发起合格审定评审会议；

（4）SOI-04　提交数据；

（5）履行 R-13 项目管理团队的职责；

（6）履行 R-14 软件配置管理委员会(SCCB)的职责；

（7）履行 R-15 项目成员的职责；

（8）支持其他过程的实施；

（9）负责相关问题报告的归零；

（10）保障相关过程目标的符合性。

6.2.8 R-04 软件需求人员

R-04 软件需求人员的职责是：

（1）执行被分配的 SP-07 编制软件开发计划任务；

（2）执行被分配的 SP-11 编制软件需求标准任务；

（3）SR-01 确定高层需求的层次结构；

（4）SR-02 开发高层需求(条目化数据元)；

（5）SR-03 开发其他软件需求数据(非条目化数据元)；

（6）SR-04 建立高层需求与系统需求的追踪关系；

（7）履行 R-15 项目成员的职责；

（8）向软件开发负责人报告任务完成状态；

（9）负责相关问题报告的归零；

（10）负责相关变更报告的归零。

6.2.9 R-05 软件设计人员

R-05 软件设计人员的职责是：

（1）执行被分配的 SP-07 编制软件开发计划任务；

（2）执行被分配的 SP-12 编制软件设计标准任务；

（3）SD-01 开发软件架构(非条目化数据元)；

（4）SD-02 确定低层需求的层次结构；

（5）SD-03 开发低层需求(条目化数据元)；

（6）SD-04 开发其他软件设计说明(非条目化数据元)；

（7）SD-05 建立低层需求与高层需求的追踪关系；

（8）履行 R-15 项目成员的职责；

（9）向软件开发负责人报告任务完成状态；

（10）负责相关问题报告的归零；

（11）负责相关变更报告的归零。

6.2.10 R-06 软件编码人员

R-06 软件编码人员的职责是：

（1）执行被分配的 SP-07 编制软件开发计划任务；

（2）执行被分配的 SP-13 编制软件编码标准任务；

（3）SC-01 开发源代码；

（4）SC-02　建立源代码与低层需求的追踪关系；

（5）SIT-01　编译源代码；

（6）SIT-02　进行软件集成；

（7）SIT-03　进行硬件/软件集成；

（8）履行 R-15　项目成员的职责；

（9）向软件开发负责人报告任务完成状态；

（10）负责相关问题报告的归零；

（11）负责相关变更报告的归零。

6.2.11　R-08　软件验证人员

R-08　软件验证人员的职责是：

（1）执行被分配的 SP-08　编制软件验证计划任务；

（2）SR-06　核查软件需求数据；

（3）SD-07　核查软件设计说明；

（4）SC-03　核查源代码；

（5）STCPH-01　开发测试用例；

（6）STCPH-02　建立测试用例与高层需求的追踪关系；

（7）STCPH-05　开发测试规程；

（8）STCPH-06　建立测试规程与测试用例的追踪关系；

（9）STCPL-01　开发测试用例；

（10）STCPL-02　建立测试用例与低层需求的追踪关系；

（11）STCPL-05　开发测试规程；

（12）STCPL-06　建立测试规程与测试用例的追踪关系；

（13）SIT-04　核查集成过程输出；

（14）SIT-05　测试执行；

（15）SIT-06　建立测试结果与测试规程的追踪；

（16）SIT-07　分析结构覆盖；

（17）SIT-08　分析数据耦合和控制耦合；

（18）SIT-09　分析源代码与目标代码的追踪；

（19）SIT-10　核查测试结果；

（20）SIT-11　测试见证执行；

（21）SIS-04　核查软件生命周期环境配置索引；

（22）SIS-05　核查软件配置索引；

（23）CCR-06　变更后的验证；

（24）履行 R-15　项目成员的职责；

（25）向软件验证负责人报告任务完成状态；

（26）支持其他过程的实施；

（27）负责相关问题报告的归零。

6.2.12 R-10 软件配置管理人员

R-10 软件配置管理人员的职责是：

（1）SP-34 软件计划阶段的配置项标识；

（2）SP-38 软件计划阶段的配置状态纪实；

（3）SP-39 软件计划阶段的归档、检索和发布；

（4）SR-09 软件需求阶段的配置项标识；

（5）SR-13 软件需求阶段的配置状态纪实；

（6）SR-14 软件需求阶段的归档、检索和发布；

（7）SR-15 软件需求阶段的软件生命周期环境控制；

（8）SD-10 软件设计阶段的配置项标识；

（9）SD-14 软件设计阶段的配置状态纪实；

（10）SD-15 软件设计阶段的归档、检索和发布；

（11）SD-16 软件设计阶段的软件生命周期环境控制；

（12）SC-05 软件编码阶段的配置项标识；

（13）SC-09 软件编码阶段的配置状态纪实；

（14）SC-10 软件编码阶段的归档、检索和发布；

（15）SC-11 软件编码阶段的软件生命周期环境控制；

（16）STCPH-10 高层需求测试用例设计阶段的配置项标识；

（17）STCPH-14 高层需求测试用例设计阶段的配置状态纪实；

（18）STCPH-15 高层需求测试用例设计阶段的归档、检索和发布；

（19）STCPH-16 高层需求测试用例设计阶段的软件生命周期环境控制；

（20）STCPL-10 低层需求测试用例设计阶段的配置项标识；

（21）STCPL-14 低层需求测试用例设计阶段的配置状态纪实；

（22）STCPL-15 低层需求测试用例设计阶段的归档、检索和发布；

（23）STCPL-16 低层需求测试用例设计阶段的软件生命周期环境控制；

（24）SIT-14 集成与测试阶段的配置项标识；

（25）SIT-18 集成与测试阶段的配置状态纪实；

（26）SIT-19 集成与测试阶段的归档、检索和发布；

（27）SIT-20 集成与测试阶段的加载控制；

（28）SIT-21 集成与测试阶段的软件生命周期环境控制；

（29）SP-40 软件计划阶段的软件生命周期环境控制；

（30）BE-03 构建基线；

（31）CCR-05 变更的配置实施；

（32）履行 R-14 软件配置管理委员会(SCCB)的职责；

（33）履行 R-15 项目成员的职责；

（34）向软件配置管理负责人报告任务完成状态；

（35）支持其他过程的实施。

6.2.13　R-12　软件质量保证人员

R-12　软件质量保证人员的职责是：

（1）参与 SP-10　编制软件质量保证计划；

（2）SP-41　软件计划阶段的软件质量保证；

（3）SR-16　软件需求阶段的软件质量保证；

（4）SD-17　软件设计阶段的软件质量保证；

（5）SC-12　软件编码阶段的软件质量保证；

（6）STCPH-17　高层需求测试用例设计阶段的软件质量保证；

（7）STCPL-17　低层需求测试用例设计阶段的软件质量保证；

（8）SIT-22　集成与测试阶段的软件质量保证；

（9）SIS-17　进行软件符合性评审；

（10）SIS-18　软件总结阶段的软件质量保证；

（11）PPR-01　提出过程问题；

（12）PPR-02　讨论过程问题；

（13）PPR-04　验证过程问题；

（14）履行 R-15　项目成员的职责；

（15）向软件质量保证负责人报告任务完成状态；

（16）编制质量保证记录。

6.2.14　R-13　项目管理团队

R-13　项目管理团队成员为：项目软件负责人、软件开发负责人、软件验证负责人、软件配置管理负责人、软件质量保证负责人。

R-13　项目管理团队的职责是：

（1）SP-01　估算项目规模；

（2）SP-02　估算项目工作量；

（3）SP-15　核查项目管理计划；

（4）SP-16　核查软件合格审定计划；

（5）SP-17　核查软件开发计划；

（6）SP-18　核查软件验证计划；

（7）SP-19　核查软件配置管理计划；

（8）SP-20　核查软件质量保证计划；

（9）SP-21　核查软件需求标准；

（10）SP-22　核查软件设计标准；

（11）SP-23　核查软件编码标准；

（12）BE-01　申请基线。

6.2.15　R-14　软件配置管理委员会(SCCB)

R-14　软件配置管理委员会(SCCB)由项目软件负责人、软件开发负责人、软件验证负责人、软件配置管理负责人、软件配置管理人员、软件质量保证负责人组成。R-14　软件配置管理委员会(SCCB)的职责是:

(1) 参与 CCR-02　变更评审;

(2) 参与 BE-02　审批基线。

6.2.16　R-15　项目成员

R-15　项目成员包含参与 TARGET 项目的所有成员。R-15　项目成员的职责是:

(1) 参与 SP-24　评审项目管理计划;

(2) 参与 SP-25　评审软件合格审定计划;

(3) 参与 SP-26　评审软件开发计划;

(4) 参与 SP-27　评审软件验证计划;

(5) 参与 SP-28　评审软件配置管理计划;

(6) 参与 SP-29　评审软件质量保证计划;

(7) 参与 SP-30　评审软件需求标准;

(8) 参与 SP-31　评审软件设计标准;

(9) 参与 SP-32　评审软件编码标准;

(10) 参与 SR-07　评审软件需求数据;

(11) 参与 SD-08　评审软件设计说明;

(12) 参与 STCPH-08　评审测试用例和测试规程;

(13) 参与 STCPL-08　评审测试用例和测试规程;

(14) 参与 SIT-12　评审测试结果;

(15) 参与 SIS-07　评审软件生命周期环境配置索引;

(16) 参与 SIS-08　评审软件配置索引;

(17) 参与 SIS-09　评审软件完成综述;

(18) 参与 PPR-02　讨论过程问题;

(19) 参与 DPR-01　提出数据问题;

(20) 参与 CCR-01　变更申请;

(21) 参与 CCR-04　变更的开发实施;

(22) 参与 SOI-02　内部准备;

(23) 参与 SOI-05　参与审查。

6.3　项目立项阶段

6.3.1　概要

项目立项阶段的主要任务是获取分配到软件的系统需求,并且制定计划阶段的安排。

6.3.2　目标

项目立项阶段的主要目标是制定项目的初步进度安排,以便更好地开展软件研制活动。

6.3.3　活 动

项目立项阶段的主要活动包括：

(1) PI-01　规划项目立项进度；

(2) PI-02　获取分配到软件的系统需求；

(3) 项目软件负责人关闭软件立项阶段 ASIDE 发起 PI-03　建立项目立项阶段基线；

(4) 配套的问题报告、变更管理、质量保证等活动。

6.3.4　输 入

项目立项阶段的输入是：项目立项报告。

6.3.5　输 出

项目立项阶段的输出是：

(1) D-01　项目进度计划；

(2) D-02　分配到软件的系统需求；

(3) D-03　软件等级；

(4) D-24　软件配置管理记录；

(5) D-20　软件配置索引；

(6) D-21　项目立项阶段基线。

6.3.6　迁移准则

项目立项阶段的迁入准则是：

(1) 明确了；

(2) 完成了项目立项报告。

项目立项阶段的迁出准则是：

(1) 完成了项目立项进度规划；

(2) 获取了分配到软件的系统需求和软件等级；

(3) 建立了项目立项阶段基线。

6.4　软件计划阶段

6.4.1　概 要

软件计划阶段的主要任务是编制软件计划（软件项目管理计划、软件合格审定计划、软件开发计划、软件验证计划、软件配置管理计划、软件质量保证计划）和软件标准（软件需求标准、软件设计标准、软件编码标准），并对其进行核查、评审、配置管理、质量保证、审定联络等工作。

6.4.2　目 标

软件计划阶段的主要目标是定义一整套软件计划和软件标准，用以指导后续其他软件研制活动，以确保所研制软件能满足系统需求、并具有与适航要求相一致的置信度水平。

具体地，软件计划阶段的主要目标包括：

(1) 针对系统需求和软件等级,定义了软件开发过程、软件总结过程和软件综合过程的活动;

(2) 确定了软件生命周期,包括过程之间的相互关系、过程的顺序、反馈机理和迁移准则;

(3) 选定了软件生命周期环境,包括每个软件生命周期过程活动将采用的方法和工具;

(4) 根据需要,说明了额外的考虑;

(5) 定义了与系统安全目标一致的软件开发标准;

(6) 编制了软件计划;

(7) 协调了软件计划的开发和修订;

(8) 对计划和标准进行验证、评审,并完成相应的配置管理和质量保证工作。

6.4.3 活动

软件计划阶段的主要活动包括以下几个方面:

(1) 软件计划和软件标准编写任务的分配;

(2) 软件计划和软件标准的编写;

(3) 申请、批准、建立软件计划和软件标准的核查基线;

(4) 软件计划和软件标准核查任务的分配;

(5) 软件计划和软件标准的核查;

(6) 申请、批准、建立软件计划和软件标准的评审基线;

(7) 组织软件计划和软件标准的评审会议;

(8) 评审软件计划和软件标准;

(9) 关闭软件计划阶段;

(10) 配套的问题报告、变更管理、质量保证等活动。

这几个方面工作的串行和并行关系如图 I.6 所示:

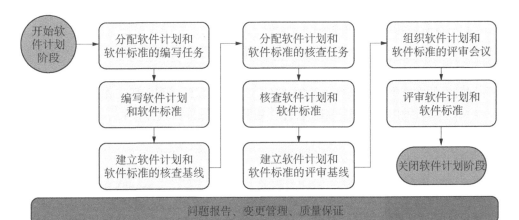

图 I.6 软件计划阶段活动

这几个方面的工作具体细分和分工如下：

（1）项目管理团队 SP-01 估算项目规模，SP-02 估算项目工作量，SP-03 确定项目的软件生命周期；

（2）项目软件负责人 SP-04 制定项目进度计划，SP-05 编制项目管理计划；

（3）合格审定负责人分配软件合格审定计划的编制任务；

（4）软件开发负责人分配软件开发计划和软件开发标准的编制任务；

（5）软件验证负责人分配软件验证计划的编制任务；

（6）软件配置管理负责人分配软件配置管理计划的编制任务；

（7）软件质量保证负责人分配软件质量保证计划的编制任务；

（8）软件开发人员、软件验证人员、软件配置管理人员、软件质量保证人员接受任务进行软件计划和标准的编写工作：SP-06 编制软件合格审定计划，SP-07 编制软件开发计划，SP-08 编制软件验证计划，SP-09 编制软件配置管理计划，SP-10 编制软件质量保证计划，SP-11 编制软件需求标准，SP-12 编制软件设计标准，SP-13 编制软件编码标准，并提交任务；

（9）项目管理团队 SP-14 协调各软件计划；

（10）ASIDE 自动创建核查基线；

（11）项目管理团队进行核查工作：SP-15 核查项目管理计划，SP-16 核查软件合格审定计划，SP-17 核查软件开发计划，SP-18 核查软件验证计划，SP-19 核查软件配置管理计划，SP-20 核查软件质量保证计划，SP-21 核查软件需求标准，SP-22 核查软件设计标准，SP-23 核查软件编码标准；

（12）项目软件负责人组织评审会，ASIDE 自动创建评审基线；

（13）评审委员会对软件计划和软件标准进行评审：SP-24 评审项目管理计划，SP-25 评审软件合格审定计划，SP-26 评审软件开发计划，SP-27 评审软件验证计划，SP-28 评审软件配置管理计划，SP-29 评审软件质量保证计划，SP-30 评审软件需求标准，SP-31 评审软件设计标准，SP-32 评审软件编码标准；

（14）本阶段相应的配置管理活动：SP-34 软件计划阶段的配置项标识，SP-36 软件计划阶段的问题报告，SP-37 软件计划阶段的变更控制及变更评审，SP-38 软件计划阶段的配置状态纪实，SP-39 软件计划阶段的归档、检索和发布，SP-40 软件计划阶段的软件生命周期环境控制，SP-35 建立软件计划阶段工作产品基线；

（15）本阶段相应的 SP-41 软件计划阶段的软件质量保证；

（16）项目软件负责人关闭软件计划阶段，ASIDE 发起 SP-33 建立软件计划阶段基线。

6.4.4 输入

软件计划阶段的输入是：

（1）D-01 项目进度计划；

（2）D-02 分配到软件的系统需求；

(3) D-03 软件等级。

6.4.5 输出

软件计划阶段的输出是：

(1) D-04 项目估算数据；

(2) D-05 项目软件生命周期；

(3) D-01 项目进度计划；

(4) D-06 项目管理计划；

(5) D-07 软件合格审定计划；

(6) D-08 软件开发计划；

(7) D-09 软件验证计划；

(8) D-10 软件配置管理计划；

(9) D-11 软件质量保证计划；

(10) D-12 软件需求标准；

(11) D-13 软件设计标准；

(12) D-14 软件编码标准；

(13) D-16 核查记录；

(14) D-17 问题报告；

(15) D-22 变更请求；

(16) D-19 评审报告；

(17) D-20 软件配置索引；

(18) D-23 软件配置状态报告；

(19) D-24 软件配置管理记录；

(20) D-25 软件生命周期环境配置索引；

(21) D-26 软件质量保证记录；

(22) D-21 软件计划阶段基线。

6.4.6 迁移准则

软件计划阶段的迁入准则是：

(1) 完成了项目立项进度规划；

(2) 获取了分配到软件的系统需求和软件等级；

(3) 建立了项目立项阶段基线。

软件计划阶段的迁出准则是：

(1) 完成了软件计划和软件标准的编制；

(2) 完成了软件计划和软件标准的核查并关闭了相关问题报告和变更；

(3) 完成了软件计划和软件标准的评审并关闭了相关问题报告和变更；

(4) 完成了软件计划阶段的 SQA 审计并关闭了相关问题报告和变更；

(5) 建立了软件计划阶段基线。

6.5 软件需求阶段

6.5.1 概要

软件需求阶段的主要任务是依据软件研制任务书、软件开发计划和软件需求标准开发软件高层需求，并对其进行核查、评审、配置管理、质量保证等工作。本项目的系统需求来自软件研制任务书。

6.5.2 目标

软件需求阶段的主要目标是把每一条分配给软件的系统需求展开为一条或多条软件高层需求。这些高层需求包括功能需求、性能需求、接口需求和安全相关需求。对于系统需求中没有明确说明的需求，要增加派生的软件高层需求。具体地，软件需求阶段的主要目标包括：

（1）软件高层需求已开发；

（2）派生的软件高层需求被标识，提交至系统安全评估过程进行评估；

（3）验证了软件高层需求符合分配给软件的系统需求；

（4）验证了软件高层需求是准确的、一致的；

（5）验证了软件高层需求与目标机兼容；

（6）验证了软件高层需求的可验证性；

（7）验证了软件高层需求遵从软件需求标准；

（8）验证了软件高层需求可追踪至分配给软件的系统需求；

（9）验证了软件高层需求中的算法是准确的。

6.5.3 活动

软件需求阶段的主要活动包括以下几个方面：

（1）软件高层需求编写任务的分配；

（2）软件高层需求的编写；

（3）建立软件高层需求与分配给软件的系统需求的追踪；

（4）申请、批准、建立软件高层需求的核查基线；

（5）软件高层需求核查任务的分配；

（6）软件高层需求的核查；

（7）申请、批准、建立软件高层需求的评审基线；

（8）组织软件高层需求的评审会议；

（9）评审软件高层需求；

（10）关闭软件需求阶段；

（11）配套的问题报告、变更管理、质量保证等活动。

这几个方面工作的串行和并行关系如图 I.7 所示。

这几个方面的工作具体分工如下：

（1）软件开发负责人分配软件高层需求的编制任务；

（2）软件需求人员接受任务，执行并完成软件高层需求的编制任务：SR-01 确

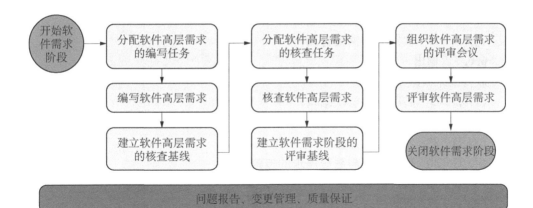

图 I.7　软件需求阶段活动

定高层需求的层次结构,SR-02　开发高层需求(条目化数据元),SR-03　开发其他软件需求数据(非条目化数据元),提交任务;

(3) ASIDE 自动 SR-04　建立高层需求与系统需求的追踪关系;

(4) 项目软件负责人 SR-05　向系统生命周期提交派生的高层需求;

(5) ASIDE 自动创建核查基线;

(6) 软件验证负责人分配软件高层需求的核查任务;

(7) 软件验证人员接受任务,SR-06　核查软件需求数据;

(8) 项目软件负责人组织评审会,ASIDE 自动创建评审基线;

(9) 评审委员会 SR-07　评审软件需求数据;

(10) 软件配置管理人员进行软件配置管理活动:SR-09　软件需求阶段的配置项标识,SR-11　软件需求阶段的问题报告,SR-12　软件需求阶段的变更控制及变更评审,SR-13　软件需求阶段的配置状态纪实,SR-14　软件需求阶段的归档、检索和发布,SR-15　软件需求阶段的软件生命周期环境控制,SR-10　建立软件需求阶段工作产品基线;

(11) 软件质量保证人员进行 SR-16　软件需求阶段的软件质量保证;

(12) 项目软件负责人关闭软件需求阶段,ASIDE 发起 SR-08　建立软件需求阶段基线。

6.5.4　输入

软件需求阶段的输入是:

(1) D-02　分配到软件的系统需求;

(2) D-08　软件开发计划;

(3) D-12　软件需求标准;

(4) D-09　软件验证计划;

(5) D-15　核查检查单;

(6) D-18　评审检查单;

（7）D-10 软件配置管理计划；

（8）D-11 软件质量保证计划。

6.5.5 输出

软件需求阶段的输出是：

（1）D-27 高层需求层次结构；

（2）D-28 高层需求（条目化）；

（3）D-29 软件需求数据（非条目化）；

（4）D-30 高层需求与系统需求的追踪数据；

（5）D-16 核查记录；

（6）D-17 问题报告；

（7）D-22 变更请求；

（8）D-19 评审报告；

（9）D-20 软件配置索引；

（10）D-23 软件配置状态报告；

（11）D-24 软件配置管理记录；

（12）D-25 软件生命周期环境配置索引；

（13）D-26 软件质量保证记录；

（14）D-21 软件需求阶段基线。

6.5.6 迁移准则

软件需求阶段的迁入准则是：

（1）建立了软件计划阶段基线；

（2）完成了软件开发计划和软件需求标准的评审；

（3）关闭了与软件开发计划和软件需求标准相关的问题报告和变更报告。

软件需求阶段的迁出准则是：

（1）完成了软件高层需求的编制；

（2）建立了软件高层需求与系统需求的追踪；

（3）完成了软件高层需求的核查并关闭了相关问题报告和变更；

（4）完成了软件高层需求的评审并关闭了相关问题报告和变更；

（5）完成了软件需求阶段的 SQA 审计并关闭了相关问题报告和变更；

（6）建立了软件需求阶段基线。

6.6 高层需求测试用例设计阶段

6.6.1 概要

高层需求测试用例设计阶段的主要任务是依据软件高层需求和软件验证计划开发软件高层需求的测试用例及相应的测试规程，并对其进行核查、评审、配置管理、质量保证等工作。

6.6.2 目标

高层需求测试用例设计阶段的主要目标是基于软件高层需求开发测试用例和

测试规程,建立测试用例与高层需求的追踪,建立测试规程与测试用例的追踪。

具体地,高层需求测试用例设计阶段的主要目标包括:

(1) 软件需求测试用例和测试规程符合软件高层需求;

(2) 软件高层需求的测试覆盖率达到要求;

(3) 软件测试规程是正确的。

6.6.3 活动

高层需求测试用例设计阶段的主要活动包括以下几个方面:

(1) 软件需求测试用例(及测试规程)编写任务的分配;

(2) 软件需求测试用例(及测试规程)的编写;

(3) 建立软件需求测试用例与软件高层需求的追踪;

(4) 申请、批准、建立软件需求测试用例(及测试规程)的核查基线;

(5) 软件需求测试用例(及测试规程)核查任务的分配;

(6) 软件需求测试用例(及测试规程)的核查;

(7) 申请、批准、建立软件需求测试用例阶段的评审基线;

(8) 组织软件需求测试用例(及测试规程)的评审会议;

(9) 评审软件需求测试用例(及测试规程);

(10) 关闭软件需求测试用例设计阶段;

(11) 配套的问题报告、变更管理、质量保证等活动。

这几个方面工作的串行和并行关系如图 I.8 所示:

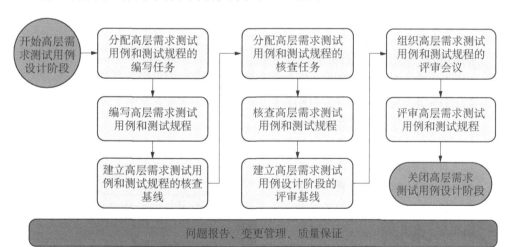

图 I.8 高层需求测试用例设计阶段活动

这几个方面的工作具体分工如下:

(1) 软件验证负责人分配软件需求测试用例(及测试规程)的编制任务;

(2) 软件验证人员接受任务,STCPH - 01 开发测试用例,STCPH - 05 开发测试规程,提交任务;

（3）ASIDE 自动 STCPH－02　建立测试用例与高层需求的追踪关系，STCPH－06　建立测试规程与测试用例的追踪关系；

（4）ASIDE 自动创建软件需求测试用例（及测试规程）的核查基线；

（5）软件验证负责人分配软件需求测试用例（及测试规程）的核查任务；

（6）软件验证人员接受任务，STCPH－03　核查测试用例，STCPH－07　核查测试规程；

（7）软件验证负责人分配软件需求测试覆盖分析任务；

（8）软件验证人员接受任务，STCPH－04　分析基于高层需求的测试覆盖；

（9）项目软件负责人组织评审会，ASIDE 自动创建评审基线；

（10）评审委员会 STCPH－08　评审测试用例和测试规程；

（11）软件配置管理人员进行本阶段相应的软件配置管理活动：STCPH－10　高层需求测试用例设计阶段的配置项标识，STCPH－12　高层需求测试用例设计阶段的问题报告，STCPH－13　高层需求测试用例设计阶段的变更控制及变更评审，STCPH－14　高层需求测试用例设计阶段的配置状态纪实，STCPH－15　高层需求测试用例设计阶段的归档、检索和发布，STCPH－16　高层需求测试用例设计阶段的软件生命周期环境控制，STCPH－11　建立高层需求测试用例设计阶段工作产品基线；

（12）软件质量保证人员进行 STCPH－17　高层需求测试用例设计阶段的软件质量保证；

（13）项目软件负责人关闭高层需求测试用例设计阶段，ASIDE 发起 STCPH－09　建立高层需求测试用例设计阶段基线。

6.6.4　输入

高层需求测试用例设计阶段的输入是：

（1）D-09　软件验证计划；

（2）D-28　高层需求（条目化）；

（3）D-29　软件需求数据（非条目化）；

（4）D-15　核查检查单；

（5）D-18　评审检查单；

（6）D-10　软件配置管理计划；

（7）D-11　软件质量保证计划。

6.6.5　输出

高层需求测试用例设计阶段的输出是：

（1）D-38　测试用例；

（2）D-39　测试用例与高层需求的追踪数据；

（3）D-41　高层需求测试覆盖数据；

（4）D-43　测试规程；

（5）D-44　测试规程与测试用例的追踪数据；

(6) D-16 核查记录;

(7) D-17 问题报告;

(8) D-22 变更请求;

(9) D-19 评审报告;

(10) D-20 软件配置索引;

(11) D-23 软件配置状态报告;

(12) D-24 软件配置管理记录;

(13) D-25 软件生命周期环境配置索引;

(14) D-26 软件质量保证记录;

(15) D-21 高层需求测试用例设计阶段基线。

6.6.6 迁移准则

高层需求测试用例设计阶段的迁入准则是:

(1) 完成了软件高层需求和软件验证计划的评审;

(2) 关闭了与软件高层需求和软件验证计划相关的问题报告和变更报告;

(3) 建立了需求阶段基线。

高层需求测试用例设计阶段的迁出准则是:

(1) 完成了高层需求测试用例及测试规程的编制;

(2) 完成了高层需求测试用例及测试规程的核查并关闭了相关问题报告和变更;

(3) 完成了高层需求测试用例及测试规程的评审并关闭了相关问题报告和变更;

(4) 完成了高层需求测试用例设计阶段的 SQA 审计并关闭了相关问题报告和变更;

(5) 建立了高层需求测试用例设计阶段基线。

6.7 软件设计阶段

6.7.1 概要

软件设计阶段的主要任务是依据软件高层需求、软件开发计划和软件设计标准开发软件架构和软件低层需求,并对其进行核查、评审、配置管理、质量保证等工作。

6.7.2 目标

软件设计阶段的主要目标是把软件高层需求开发为软件架构和软件低层需求,建立高层需求与低层需求之间的追踪,识别派生的低层需求。

如果存在某些高层需求已经足够详尽和细化,并且完全已经可以作为低层需求进行编码的话,可以在软件设计阶段使用 ASIDE 提供的功能拷贝这些高层需求使其直接成为软件低层需求,用于后续的验证和软件编码活动。具体地,软件设计阶段的主要目标包括:

(1) 根据高层需求开发出软件架构和低层需求;

(2) 派生的低层需求提交至系统安全评估过程进行安全评估;

(3) 验证了软件低层需求符合高层需求;

（4）验证了软件低层需求是准确的、一致的；

（5）验证了软件架构和低层需求与目标机兼容；

（6）验证了软件架构和低层需求的可验证性；

（7）验证了软件架构和低层需求遵从软件设计标准；

（8）验证了软件低层需求可追踪至高层需求；

（9）验证了软件低层需求中的算法是准确的；

（10）验证了软件架构与高层需求兼容；

（11）验证了软件架构是一致的；

（12）验证了软件分区的完整性得到了确认。

6.7.3　活动

软件设计阶段的主要活动包括以下几个方面：

（1）软件架构和低层需求编写任务的分配；

（2）软件架构和低层需求的编写；

（3）建立软件低层需求与软件高层需求的追踪；

（4）申请、批准、建立软件架构和低层需求的核查基线；

（5）软件架构和低层需求核查任务的分配；

（6）软件架构和低层需求的核查；

（7）申请、批准、建立软件架构和低层需求的评审基线；

（8）组织软件架构和低层需求的评审会议；

（9）评审软件架构和低层需求；

（10）关闭软件设计阶段；

（11）配套的问题报告、变更管理、质量保证等活动。

这几个方面工作的串行和并行关系如图 I.9 所示：

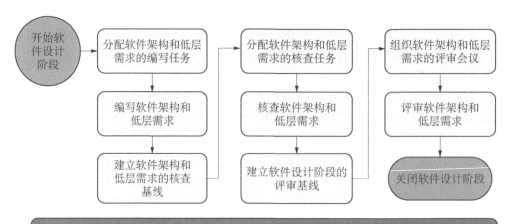

图 I.9　软件设计阶段活动

这几个方面的工作具体分工如下:

(1) 软件开发负责人 SD‐02　确定低层需求的层次结构,并分配软件架构和低层需求的编制任务;

(2) 软件设计人员接受任务,执行并完成软件低层需求的编制任务:SD‐01　开发软件架构(非条目化数据元),SD‐03　开发低层需求(条目化数据元),SD‐04　开发其他软件设计说明(非条目化数据元),提交任务;

(3) ASIDE 自动 SD‐05　建立低层需求与高层需求的追踪关系;

(4) 项目软件负责人 SD‐06　向系统生命周期提交派生的低层需求;

(5) ASIDE 自动创建软件架构和低层需求的核查基线;

(6) 软件验证负责人分配软件架构和低层需求的核查任务;

(7) 软件验证人员接受任务,SD‐07　核查软件设计说明;

(8) 项目软件负责人组织评审会,ASIDE 自动创建评审基线;

(9) 评审委员会 SD‐08　评审软件设计说明;

(10) 软件配置管理人员进行本阶段相应的软件配置管理活动:SD‐10　软件设计阶段的配置项标识,SD‐12　软件设计阶段的问题报告,SD‐13　软件设计阶段的变更控制及变更评审,SD‐14　软件设计阶段的配置状态纪实,SD‐15　软件设计阶段的归档、检索和发布,SD‐16　软件设计阶段的软件生命周期环境控制,SD‐11　建立软件设计阶段工作产品基线;

(11) 软件质量保证人员进行 SD‐17　软件设计阶段的软件质量保证;

(12) 项目软件负责人关闭软件设计阶段,ASIDE 发起 SD‐09　建立软件设计阶段基线。

6.7.4　输入

软件设计阶段的输入是:

(1) D‐08　软件开发计划;

(2) D‐13　软件设计标准;

(3) D‐28　高层需求(条目化);

(4) D‐29　软件需求数据(非条目化);

(5) D‐09　软件验证计划;

(6) D‐15　核查检查单;

(7) D‐18　评审检查单;

(8) D‐10　软件配置管理计划;

(9) D‐11　软件质量保证计划。

6.7.5　输出

软件设计阶段的输出是:

(1) D‐31　软件架构(非条目化);

(2) D‐32　低层需求层次结构;

（3）D-33 低层需求（条目化）；

（4）D-34 软件设计说明（非条目化）；

（5）D-35 低层需求与高层需求的追踪数据；

（6）D-16 核查记录；

（7）D-17 问题报告；

（8）D-22 变更请求；

（9）D-19 评审报告；

（10）D-20 软件配置索引；

（11）D-23 软件配置状态报告；

（12）D-24 软件配置管理记录；

（13）D-25 软件生命周期环境配置索引；

（14）D-26 软件质量保证记录；

（15）D-21 软件设计阶段基线。

6.7.6 迁移准则

软件设计阶段的迁入准则是：

（1）完成了软件高层需求、软件开发计划、软件设计标准的评审；

（2）关闭了与软件高层需求、软件开发计划、软件设计标准相关的问题报告和变更报告；

（3）建立了软件需求阶段基线。

软件设计阶段的迁出准则是：

（1）完成了软件架构和低层需求的编制；

（2）建立了软件低层需求与软件高层需求的追踪；

（3）完成了软件架构和低层需求的核查并关闭了相关问题报告和变更；

（4）完成了软件架构和低层需求的评审并关闭了相关问题报告和变更；

（5）完成了软件设计阶段的 SQA 审计并关闭了相关问题报告和变更；

（6）建立了软件设计阶段基线。

6.8 低层需求测试用例设计阶段

6.8.1 概要

低层需求测试用例设计阶段的主要任务是依据软件架构和低层需求、软件验证计划开发测试用例及相应的测试规程，并对其进行核查、评审、配置管理、质量保证等工作。

6.8.2 目标

低层需求测试用例设计阶段的主要目标是基于低层需求开发测试用例和测试规程。

具体地，低层需求测试用例设计阶段的主要目标包括：

（1）低层需求测试用例和测试规程符合低层需求；

(2) 低层需求的测试覆盖率达到要求;

(3) 软件测试规程是正确的。

6.8.3　活动

低层需求测试用例设计阶段的主要活动包括以下几个方面:

(1) 低层需求测试用例(及测试规程)编写任务的分配;

(2) 低层需求测试用例(及测试规程)的编写;

(3) 建立低层需求测试用例和低层需求的追踪;

(4) 申请、批准、建立低层需求测试用例(及测试规程)的核查基线;

(5) 低层需求测试用例(及测试规程)核查任务的分配;

(6) 低层需求测试用例(及测试规程)的核查;

(7) 申请、批准、建立低层需求测试用例阶段的评审基线;

(8) 组织低层需求测试用例(及测试规程)的评审会议;

(9) 评审低层需求测试用例(及测试规程);

(10) 关闭低层需求测试用例设计阶段;

(11) 配套的问题报告、变更管理、质量保证等活动。

这几个方面工作的串行和并行关系如图 I.10 所示:

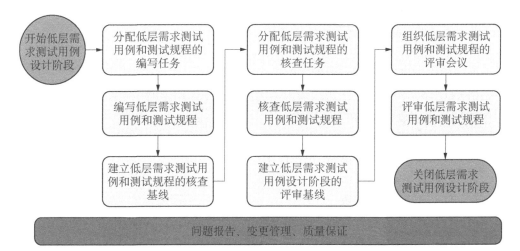

图 I.10　低层需求测试用例设计阶段活动

这几个方面的工作具体分工如下:

(1) 软件验证负责人分配低层需求测试用例(及测试规程)的编制任务;

(2) 软件验证人员接受任务,STCPL-01　开发测试用例,STCPL-05　开发测试规程,提交任务;

(3) ASIDE 自动 STCPL-02　建立测试用例与低层需求的追踪关系,STCPL-06　建立测试规程与测试用例的追踪关系;

(4) ASIDE 自动创建低层需求测试用例(及测试规程)的核查基线;

（5）软件验证负责人分配低层需求测试用例（及测试规程）的核查任务；

（6）软件验证人员接受任务，STCPL-03　核查测试用例，STCPL-07　核查测试规程；

（7）软件验证负责人分配低层需求测试覆盖分析任务；

（8）软件验证人员 STCPL-04　分析基于低层需求的测试覆盖；

（9）项目软件负责人组织评审会，ASIDE 自动创建评审基线；

（10）评审委员会 STCPL-08　评审测试用例和测试规程；

（11）软件配置管理人员进行本阶段相应的软件配置管理活动：STCPL-10　低层需求测试用例设计阶段的配置项标识，STCPL-12　低层需求测试用例设计阶段的问题报告，STCPL-13　低层需求测试用例设计阶段的变更控制及变更评审，STCPL-14　低层需求测试用例设计阶段的配置状态纪实，STCPL-15　低层需求测试用例设计阶段的归档、检索和发布，STCPL-16　低层需求测试用例设计阶段的软件生命周期环境控制，STCPL-11　建立低层需求测试用例设计阶段工作产品基线；

（12）软件质量保证人员进行 STCPL-17　低层需求测试用例设计阶段的软件质量保证；

（13）项目软件负责人关闭低层需求测试用例设计阶段，ASIDE 发起 STCPL-09　建立低层需求测试用例设计阶段基线。

6.8.4　输入

低层需求测试用例设计阶段的输入是：

（1）D-09　软件验证计划；

（2）D-31　软件架构（非条目化）；

（3）D-33　低层需求（条目化）；

（4）D-34　软件设计说明（非条目化）；

（5）D-15　核查检查单；

（6）D-18　评审检查单；

（7）D-10　软件配置管理计划；

（8）D-11　软件质量保证计划。

6.8.5　输出

低层需求测试用例设计阶段的输出是：

（1）D-38　测试用例；

（2）D-40　测试用例与低层需求的追踪数据；

（3）D-42　低层需求测试覆盖数据；

（4）D-43　测试规程；

（5）D-44　测试规程与测试用例的追踪数据；

（6）D-16　核查记录；

(7) D-17　问题报告;

(8) D-22　变更请求;

(9) D-19　评审报告;

(10) D-20　软件配置索引;

(11) D-23　软件配置状态报告;

(12) D-24　软件配置管理记录;

(13) D-25　软件生命周期环境配置索引;

(14) D-26　软件质量保证记录;

(15) D-21　低层需求测试用例设计阶段基线。

6.8.6　迁移准则

低层需求测试用例设计阶段的迁入准则是:

(1) 完成了软件架构和低层需求、软件验证计划的评审;

(2) 关闭了与软件架构和低层需求、软件验证计划相关的问题报告和变更报告;

(3) 建立了设计阶段基线。

低层需求测试用例设计阶段的迁出准则是:

(1) 完成了低层需求测试用例及测试规程的编制;

(2) 完成了低层需求测试用例及测试规程的核查并关闭了相关问题报告和变更;

(3) 完成了低层需求测试用例及测试规程的评审并关闭了相关问题报告和变更;

(4) 完成了低层需求测试用例设计阶段的 SQA 审计并关闭了相关问题报告和变更;

(5) 建立了低层需求测试用例设计阶段基线。

6.9　软件编码阶段

6.9.1　概要

软件编码阶段的主要任务是依据软件高层需求、软件架构和低层需求、软件开发计划和软件编码标准开发源代码,并对其进行核查、配置管理、质量保证等工作。

6.9.2　目标

软件编码阶段的主要目标是把软件设计开发为源代码,并且建立源代码与软件低层需求之间的追踪关系。软件编码阶段不允许产生死代码。具体地,软件编码阶段的主要目标包括:

(1) 源代码的开发已完成;

(2) 源代码符合低层需求;

(3) 源代码符合软件架构;

(4) 源代码是可验证的;

(5) 源代码遵从软件编码标准;

(6) 源代码可追踪至低层需求;

(7) 源代码是准确的、一致的。

6.9.3　活动

软件编码阶段的主要活动包括以下几个方面：

(1) 源代码编写任务的分配；

(2) 源代码的编写；

(3) 源代码与软件设计的追踪任务的分配；

(4) 建立源代码与软件设计的追踪；

(5) 申请、批准、建立软件编码核查基线；

(6) 软件编码阶段核查任务的分配；

(7) 执行软件编码阶段核查任务；

(8) 关闭软件编码阶段；

(9) 配套的问题报告、变更管理、质量保证等活动。

这几个方面工作的串行和并行关系如图 I.11 所示。

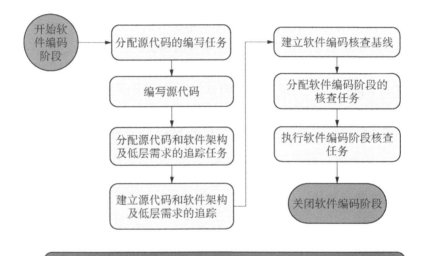

图 I.11　软件编码阶段活动

这几个方面的工作具体分工如下：

(1) 软件开发负责人分配源代码的编制任务；

(2) 软件编码人员接受任务，SC-01　开发源代码，在 ASIDE 中上传源代码；

(3) ASIDE 中分析上传的源代码，得到函数名称、全局变量、数据类型等用以追踪的数据元；

(4) 软件开发负责人分配源代码与软件低层需求建立追踪的任务；

(5) 软件编码人员接受任务，SC-02　建立源代码与低层需求的追踪关系；

(6) ASIDE 自动创建源代码的核查基线；

（7）软件验证负责人分配源代码的核查任务；

（8）软件验证人员接受任务，SC-03　核查源代码；

（9）软件配置管理人员进行本阶段相应的软件配置管理活动：SC-05　软件编码阶段的配置项标识，SC-07　软件编码阶段的问题报告，SC-08　软件编码阶段的变更控制及变更评审，SC-09　软件编码阶段的配置状态纪实，SC-10　软件编码阶段的归档、检索和发布，SC-11　软件编码阶段的软件生命周期环境控制；

（10）软件质量保证人员进行 SC-12　软件编码阶段的软件质量保证；

（11）项目软件负责人关闭软件编码阶段，ASIDE 发起 SC-04　建立软件编码阶段基线。

6.9.4　输入

软件编码阶段的输入是：

（1）D-08　软件开发计划；

（2）D-14　软件编码标准；

（3）D-31　软件架构(非条目化)；

（4）D-33　低层需求(条目化)；

（5）D-34　软件设计说明(非条目化)；

（6）D-15　核查检查单；

（7）D-10　软件配置管理计划；

（8）D-11　软件质量保证计划。

6.9.5　输出

软件编码阶段的输出是：

（1）D-36　源代码(函数)；

（2）D-36　源代码(全局变量)；

（3）D-36　源代码(数据类型)；

（4）D-37　源代码与低层需求的追踪数据；

（5）D-16　核查记录；

（6）D-17　问题报告；

（7）D-22　变更请求；

（8）D-19　评审报告；

（9）D-20　软件配置索引；

（10）D-23　软件配置状态报告；

（11）D-24　软件配置管理记录；

（12）D-25　软件生命周期环境配置索引；

（13）D-26　软件质量保证记录；

（14）D-21　软件编码阶段基线。

6.9.6　迁移准则

软件编码阶段的迁入准则是：

(1) 完成了软件高层需求、软件架构和低层需求、软件开发计划、软件编码标准的评审;

(2) 关闭了与软件高层需求、软件架构和低层需求、软件开发计划、软件编码标准相关的问题报告和变更报告;

(3) 建立了设计阶段基线。

软件编码阶段的迁出准则是:

(1) 完成了源代码的编制;

(2) 建立了源代码与低层需求的追踪;

(3) 完成了源代码的核查并关闭了相关问题报告和变更;

(4) 完成了软件编码阶段的 SQA 审计并关闭了相关问题报告和变更;

(5) 建立了软件编码阶段基线。

6.10 集成与测试阶段

6.10.1 概要

集成与测试阶段的主要集成任务是将源代码编译、链接成为可执行代码,并加载到仿真测试环境或真实目标机环境中进行软件/硬件集成。

集成与测试阶段的测试任务是在测试环境下运行测试用例,得到测试结果。在本项目中,测试活动可以分为三个层次,分别是:

(1) 底层测试:验证可执行代码在仿真测试环境运行时,相对软件低层需求的符合性与健壮性。

(2) 软件集成测试:验证可执行代码在仿真测试环境运行时,各软件部件之间能够正确交互,相对于软件需求和软件架构的符合性与健壮性。

(3) 软件/硬件集成测试:验证可执行代码在真实目标机环境中运行时,相对软件高层需求的符合性与健壮性。

6.10.2 目标

集成与测试阶段的主要目标包括:

(1) 正确实现软件的编译、链接、集成;

(2) 进行软件底层测试、软件集成测试、软件/硬件集成测试;

(3) 测试结果与预期结果相符。若发现测试结果与预期结果的差异,要么通过问题报告等流程进行解决,要么对差异进行有效的解释;

(4) 软件结构覆盖率(SC, DC,MC/DC)达到要求;

(5) 软件结构覆盖率(数据耦合和控制耦合)达到要求;

(6) 分析了目标代码与源代码追踪。

6.10.3 活动

集成与测试阶段的主要活动包括以下几个方面:

(1) 软件集成任务的分配;

(2) 执行软件集成;

（3）申请、批准、建立集成与测试核查基线；

（4）集成与测试任务的分配；

（5）核查软件集成活动的输出，编制软件核查报告；

（6）基于软件测试用例执行测试，收集测试结果和结构覆盖率，编制软件测试结果；

（7）申请、批准、建立集成与测试评审基线；

（8）组织集成与测试阶段的评审会议；

（9）评审集成与测试阶段；

（10）关闭集成与测试阶段；

（11）配套的问题报告、变更管理、质量保证等活动。

这几个方面工作的串行和并行关系如图 I.12 所示：

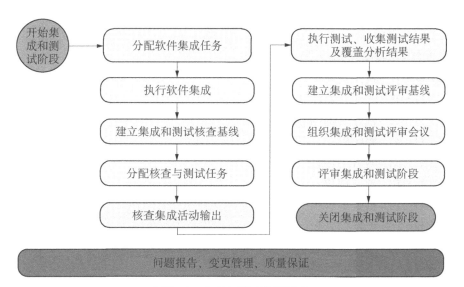

图 I.12　集成与测试阶段活动

这几个方面的工作具体分工如下：

（1）软件开发负责人分配集成任务；

（2）软件开发人员接受任务，SIT‐01　编译源代码，SIT‐02　进行软件集成，SIT‐03　进行硬件/软件集成；

（3）ASIDE 自动创建集成与测试的核查基线；

（4）软件验证负责人分配核查与测试任务；

（5）软件验证人员接受任务，SIT‐04　核查集成过程输出；

（6）软件验证人员接受任务，SIT‐05　测试执行，SIT‐11　测试见证执行，记录测试结果，SIT‐06　建立测试结果与测试规程的追踪，SIT‐10　核查测试结果；

（7）软件验证人员接受任务，SIT‐07　分析结构覆盖，SIT‐08　分析数据耦合

和控制耦合,SIT-09　分析源代码与目标代码的追踪;

（8）项目软件负责人组织评审会,ASIDE 自动创建评审基线;

（9）评审委员会 SIT-12　评审测试结果;

（10）软件配置管理人员进行本阶段的软件配置管理活动:SIT-14　集成与测试阶段的配置项标识,SIT-16　集成与测试阶段的问题报告,SIT-17　集成与测试阶段的变更控制及变更评审,SIT-18　集成与测试阶段的配置状态纪实,SIT-19　集成与测试阶段的归档、检索和发布,SIT-20　集成与测试阶段的加载控制,SIT-21　集成与测试阶段的软件生命周期环境控制,SIT-15　建立集成与测试阶段工作产品基线;

（11）软件质量保证人员进行 SIT-22　集成与测试阶段的软件质量保证;

（12）项目软件负责人关闭集成与测试阶段,ASIDE 发起 SIT-13　建立集成与测试阶段基线。

6.10.4　输入

集成与测试阶段的输入是:

（1）D-09　软件验证计划;

（2）D-08　软件开发计划;

（3）D-31　软件架构(非条目化);

（4）D-36　源代码;

（5）D-38　测试用例;

（6）D-43　测试规程;

（7）D-15　核查检查单;

（8）D-18　评审检查单;

（9）D-10　软件配置管理计划;

（10）D-11　软件质量保证计划。

6.10.5　输出

集成与测试阶段的输出是:

（1）D-46　目标代码;

（2）D-47　可执行目标代码;

（3）D-49　测试结果;

（4）D-50　测试结果与测试规程的追踪数据;

（5）D-51　测试结构覆盖数据;

（6）D-52　目标代码与源代码的追踪分析数据;

（7）D-53　加载控制记录;

（8）D-48　编译、链接、加载日志;

（9）软硬件集成后的测试环境或真实目标机环境;

（10）D-16　核查记录;

(11) D-17　问题报告；

(12) D-22　变更请求；

(13) D-19　评审报告；

(14) D-20　软件配置索引；

(15) D-23　软件配置状态报告；

(16) D-24　软件配置管理记录；

(17) D-25　软件生命周期环境配置索引；

(18) D-26　软件质量保证记录；

(19) D-21　集成与测试阶段基线。

6.10.6　迁移准则

集成与测试阶段的迁入准则是：

(1) 完成了源代码的核查；

(2) 关闭了与源代码相关的问题报告和变更报告；

(3) 建立了软件编码阶段基线；

(4) 完成了高层需求测试用例(及测试规程)、低层需求测试用例(及测试规程)的评审；

(5) 关闭了与高层需求测试用例(及测试规程)、低层需求测试用例(及测试规程)相关的问题报告和变更报告；

(6) 建立了高层需求测试用例设计阶段基线、低层需求测试用例设计阶段基线。

集成与测试阶段的迁出准则是：

(1) 完成了集成活动；

(2) 完成了集成活动输出的核查，底层测试、软件集成测试、软件/硬件集成测试、测试结构覆盖分析、源代码与目标代码的追踪分析；

(3) 完成了集成与测试的核查并关闭了相关问题报告和变更；

(4) 完成了集成与测试阶段的 SQA 审计并关闭了相关问题报告和变更；

(5) 建立了集成与测试阶段基线。

6.11　软件总结阶段

6.11.1　概要

软件总结阶段的主要任务是回顾软件研制的实施情况，汇总软件配置索引和软件生命周期环境配置索引，分析和记录实施阶段与 DO-178B 和软件合格审定计划的符合性和差异，并对其进行核查、配置管理、质量保证等工作。

6.11.2　目标

软件总结阶段的主要目标包括：

(1) 软件符合性评审通过，差异得到解释并可以接受；

(2) 软件配置索引是完整的；

（3）软件生命周期环境配置索引是完整的。

6.11.3　活动

软件总结阶段的主要活动包括以下几个方面：

（1）分配软件完成综述、软件生命周期环境配置索引、软件配置索引编制任务；

（2）编制软件完成综述、软件生命周期环境配置索引、软件配置索引；

（3）申请、批准、建立软件总结阶段的核查基线；

（4）分配软件完成综述、软件生命周期环境配置索引、软件配置索引核查任务；

（5）核查软件完成综述、软件生命周期环境配置索引、软件配置索引；

（6）申请、批准、建立软件总结阶段的评审基线；

（7）组织软件完成综述、软件生命周期环境配置索引、软件配置索引的评审会议；

（8）评审软件完成综述、软件生命周期环境配置索引、软件配置索引；

（9）关闭软件总结阶段；

（10）配套的问题报告、变更管理、质量保证等活动。

这几个方面工作的串行和并行关系如图 I.13 所示：

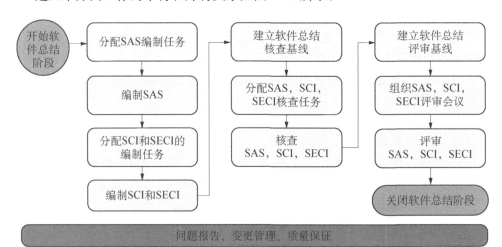

图 I.13　软件总结阶段活动

这几个方面的工作具体分工如下：

（1）合格审定联络负责人分配软件完成综述编制任务；

（2）项目软件负责人接受任务，SIS-03 编制软件完成综述；

（3）软件配置管理负责人分配软件配置索引和软件生命周期配置索引的编制任务；

（4）软件配置管理人员接受任务，SIS-02 完成软件配置索引，SIS-01 完成软件生命周期环境配置索引；

（5）ASIDE 自动创建软件完成综述、软件配置索引、软件生命周期配置索引的核查基线；

（6）软件验证负责人分配软件完成综述、软件配置索引和软件生命周期配置索引的核查任务；

（7）软件验证人员接受任务，SIS-06 核查软件完成综述，SIS-05 核查软件配置索引，SIS-04 核查软件生命周期环境配置索引；

（8）项目软件负责人组织软件总结阶段的评审会议，ASIDE 自动创建评审基线；

（9）评审委员会 SIS-09 评审软件完成综述，SIS-08 评审软件配置索引，SIS-07 评审软件生命周期环境配置索引；

（10）软件配置管理人员进行本阶段相应的软件配置管理活动：SIS-11 软件总结阶段的配置项标识，SIS-13 软件总结阶段的问题报告，SIS-14 软件总结阶段的变更控制及变更评审，SIS-16 软件总结阶段的归档、检索和发布，SIS-12 建立软件总结阶段工作产品基线；

（11）软件质量保证人员进行 SIS-18 软件总结阶段的软件质量保证，SIS-17 进行软件符合性评审；

（12）项目软件负责人关闭软件总结阶段，ASIDE 发起 SIS-10 建立软件总结阶段基线。

6.11.4 输入

软件总结阶段的输入是：

（1）D-10 软件配置管理计划；

（2）D-23 软件配置状态报告；

（3）D-24 软件配置管理记录；

（4）D-45 软件生命周期环境；

（5）D-09 软件验证计划；

（6）D-15 核查检查单；

（7）D-18 评审检查单；

（8）D-11 软件质量保证计划。

6.11.5 输出

软件总结阶段的输出是：

（1）D-25 软件生命周期环境配置索引；

（2）D-20 软件配置索引；

（3）D-54 软件完成综述；

（4）D-16 核查记录；

（5）D-17 问题报告；

（6）D-22 变更请求；

（7）D-19 评审报告；

（8）D-23 软件配置状态报告；

（9）D-24　软件配置管理记录；

（10）D-26　软件质量保证记录；

（11）D-21　软件总结阶段基线。

6.11.6　迁移准则

软件总结阶段的迁入准则是：

（1）关闭了与测试相关的问题报告和变更报告；

（2）完成了集成与测试阶段，建立了集成与测试阶段基线。

软件总结阶段的迁出准则是：

（1）完成了软件完成综述、软件配置索引和软件生命周期配置索引的编制；

（2）完成了软件完成综述、软件配置索引和软件生命周期配置索引的核查并关闭了相关问题报告和变更；

（3）完成了软件总结阶段的 SQA 审计并关闭了相关问题报告和变更；

（4）建立了软件总结阶段基线。

7　软件生命周期数据

7.1　文档配置项

文档配置项是较粗粒度的配置项，它以电子文档为特征。一个文档配置项由一个或多个电子文档组成。具体文档配置项见表 I.4。

表 I.4　文档配置项

文档配置项	表示形式	控制类别
斗舰 2000 机载定位系统软件研制任务书	文档	CC1
斗舰 2000 机载定位系统软件项目管理计划	文档	CC1
斗舰 2000 机载定位系统软件合格审定计划	文档	CC1
斗舰 2000 机载定位系统软件开发计划	文档	CC1
斗舰 2000 机载定位系统软件验证计划	文档	CC1
斗舰 2000 机载定位系统软件配置管理计划	文档	CC1
斗舰 2000 机载定位系统软件质量保证计划	文档	CC1
斗舰 2000 机载定位系统软件需求标准	文档	CC1
斗舰 2000 机载定位系统软件设计标准	文档	CC1
斗舰 2000 机载定位系统软件编码标准	文档	CC1
斗舰 2000 机载定位系统软件需求数据	文档	CC1
斗舰 2000 机载定位系统软件设计说明	文档	CC1
斗舰 2000 机载定位系统软件源代码	文本文件	CC1
斗舰 2000 机载定位系统可执行目标代码	二进制文件	CC1
斗舰 2000 机载定位系统软件高层需求测试用例及规程	文本文件	CC1
斗舰 2000 机载定位系统软件低层需求测试用例及规程	文本文件	CC1

（续表）

文档配置项	表示形式	控制类别
斗舰 2000 机载定位系统软件测试结果	文档/文本文件	CC2
斗舰 2000 机载定位系统软件核查记录	文档/文本文件	CC2
斗舰 2000 机载定位系统软件生命周期环境配置索引	文档	CC1
斗舰 2000 机载定位系统软件配置索引	文档	CC1
斗舰 2000 机载定位系统软件配置状态报告	文档	CC2
斗舰 2000 机载定位系统软件完成综述	文档	CC1
斗舰 2000 机载定位系统软件符合性评审报告	文档	CC2
斗舰 2000 机载定位系统软件质量保证记录	文档	CC2
斗舰 2000 机载定位系统评审报告	文档	CC2
斗舰 2000 机载定位系统问题报告	文档	CC2
斗舰 2000 机载定位系统变更请求	文档	CC2

7.2 数据元配置项

数据元配置项是较细粒度的配置项,它以 ASIDE 数据库中有独立语义的数据单元为特征。一个文档配置项由多个数据元组成,同时一个数据元也可能重复出现在多个文档配置项中。具体数据元配置项见表 I.5。

AISDE 以数据元为单位来管理软件生命周期数据,数据元配置项也需要进行标识,以更加有效地实现数据核查、数据追踪、影响分析、覆盖分析等活动。

表 I.5　数据元配置项

数据元配置项	表示形式	控制类别
软件研制任务书数据元	ASIDE 数据库记录	CC1
软件生命周期及项目管理数据元	ASIDE 数据库记录	CC1
软件计划与软件标准	ASIDE 数据库记录	CC1
高层需求层次结构	ASIDE 数据库记录	CC1
高层需求(条目化)	ASIDE 数据库记录	CC1
软件需求数据(非条目化)	ASIDE 数据库记录	CC1
高层需求与系统需求的追踪数据	ASIDE 数据库记录	CC1
软件设计说明(非条目化)	ASIDE 数据库记录	CC1
低层需求(条目化)	ASIDE 数据库记录	CC1
低层需求层级结构	ASIDE 数据库记录	CC1
软件架构(非条目化)	ASIDE 数据库记录	CC1
低层需求与高层需求的追踪数据	ASIDE 数据库记录	CC1
软件源代码(函数)	ASIDE 数据库记录	CC1
软件源代码(全局变量)	ASIDE 数据库记录	CC1
软件源代码(数据类型)	ASIDE 数据库记录	CC1

数据元配置项	表示形式	控制类别
源代码与低层需求的追踪数据	ASIDE 数据库记录	CC1
目标代码	ASIDE 数据库记录	CC1
可执行目标代码与源代码的追踪数据	ASIDE 数据库记录	CC1
可执行目标代码	ASIDE 数据库记录	CC1
编译、链接、加载日志	ASIDE 数据库记录	CC1
高层需求测试用例	ASIDE 数据库记录	CC1
高层需求测试规程	ASIDE 数据库记录	CC1
测试用例与高层需求的追踪数据	ASIDE 数据库记录	CC1
高层需求测试规程与测试用例的追踪数据	ASIDE 数据库记录	CC1
低层需求测试用例	ASIDE 数据库记录	CC1
低层需求测试规程	ASIDE 数据库记录	CC1
测试用例与低层需求的追踪数据	ASIDE 数据库记录	CC1
低层需求测试规程与测试用例的追踪数据	ASIDE 数据库记录	CC1
软件测试结果	ASIDE 数据库记录	CC2
测试结果与测试规程的追踪数据	ASIDE 数据库记录	CC1
测试结构覆盖率数据	ASIDE 数据库记录	CC2
低层需求测试覆盖率数据	ASIDE 数据库记录	CC2
高层需求测试覆盖率数据	ASIDE 数据库记录	CC2
软件配置索引	ASIDE 数据库记录	CC1
软件生命周期环境配置索引	ASIDE 数据库记录	CC1
软件配置状态报告	ASIDE 数据库记录	CC2
软件完成综述	ASIDE 数据库记录	CC1
软件配置管理记录	ASIDE 数据库记录	CC2
软件质量保证记录	ASIDE 数据库记录	CC2
软件符合性评审报告	ASIDE 数据库记录	CC2
软件问题报告	ASIDE 数据库记录	CC2
软件变更请求	ASIDE 数据库记录	CC2
项目进度计划	ASIDE 数据库记录	CC1
项目估算数据	ASIDE 数据库记录	CC1
软件生命周期环境	ASIDE 数据库记录	CC1
评审检查单	ASIDE 数据库记录	CC2
评审报告	ASIDE 数据库记录	CC2
核查检查单	ASIDE 数据库记录	CC2
核查记录	ASIDE 数据库记录	CC2
加载控制记录	ASIDE 数据库记录	CC2

7.3　呈报给审定机构的软件生命周期数据

以下数据将打印成纸质文档,呈报给审定机构:

(1) 斗舰 2000 机载定位系统软件合格审定计划;

(2) 斗舰 2000 机载定位系统软件配置索引;

(3) 斗舰 2000 机载定位系统软件完成综述。

8 其他考虑

8.1 工具及鉴定要求

8.1.1 软件开发工具及鉴定要求

软件开发工具及鉴定要求如表 I.6 所示。

表 I.6 软件开发工具及鉴定要求

工具标识	使用工具	版本	使用的功能	是否鉴定	鉴定级别
AD-BD-001	ASIDE 核心软件包	1.2	软件需求数据的编写和管理 软件设计说明的编写和管理 源代码导入及分析 追踪数据的建立与管理	不需鉴定	N/A
AD-MD-020	ASIDE 文档生成模块	1.2	根据数据库中的软件生命周期数据以及文档的模板,生成各类文档	需要鉴定	TQL-5
AV-ET-053	Tornado	2.2	交叉编译、链接	不需鉴定	N/A
AV-ET-038	VC	6.0	源代码编辑 宿主机编译、链接	不需鉴定	N/A

8.1.2 软件验证工具及鉴定要求

软件验证工具鉴定要求如表 I.7 所示。

表 I.7 软件验证工具及鉴定要求

工具标识	使用工具	版本	实现功能	是否鉴定	鉴定级别
AD-BD-001	ASIDE 核心软件包	2.4	测试用例的编写和管理 测试规程的编写和管理 测试结果的编写和管理 追踪数据的建立与管理 其他验证数据的编写和管理	不需鉴定	N/A
AD-MD-024	ASIDE 数据查询与举证模块	2.4	软件生命周期数据的查询 适航审定过程中的举证	不需鉴定	N/A
AV-ET-049	RTRT	7.5	覆盖率分析	需要鉴定	TQL5

8.1.3 管理和支持类工具及鉴定要求

管理和支持类工具及鉴定要求如表 I.8 所示。

表 I.8　管理和支持类工具及鉴定要求

工具标识	使用工具	版本	使用的功能	是否鉴定	鉴定级别
AD-BD-001	ASIDE 核心软件包	2.4	项目管理 工作任务的分配及管理 软件全生命周期的过程管理 会议的管理 基线的建立与管理	不需鉴定	N/A
AD-MD-021	ASIDE 问题、变更管理模块	2.4	问题管理 变更控制、影响分析	不需鉴定	N/A
AD-MD-022	ASIDE 质量保证管理模块	2.4	质量保证活动的管理 质量保证记录的管理	不需鉴定	N/A
AD-MD-023	ASIDE 评注管理模块	2.4	软件研制过程中非正式的自由信息交互平台,不产生任何适航信用	不需鉴定	N/A
AD-MD-024	ASIDE 数据查询与举证模块	2.4	软件生命周期数据的查询 适航审定过程中的举证	不需鉴定	N/A
AD-SL-001	DO-178B/C 标准 A 级模板	2.4	满足适航要求的软件生命周期模板	不需鉴定	N/A

8.2　符合性的替代方法

本项目不采用符合性替代方法。

8.3　以前开发的软件

本项目不采用以前开发的软件。

8.4　可选项软件

本项目没有可选项软件。

8.5　用户可修改软件

本项目没有用户可修改软件。

8.6　COTS 软件

本项目机载软件中不使用 COTS 软件。

8.7　外场可加载软件

本项目没有外场可加载软件。

8.8　多版本非相似软件

本项目没有多版本非相似软件。

8.9　产品服务历史

本项目首次研制,没有服务历史。

9 软件研制管理

9.1 项目进度

本项目的进度和里程碑，以项目立项之时开始，以周为单位安排，详见表 I.9。

表 I.9 主要里程碑

里程碑	预计完成日期
项目启动	第 1 周
完成计划和标准的编制	第 1 周
完成计划和标准的核查	第 1 周
完成计划和标准的评审	第 1 周
完成 SOI♯1 审定	第 1 周
完成高层需求的开发	第 2～3 周
完成高层需求的核查	第 2～3 周
完成高层需求的评审	第 2～3 周
完成低层需求的开发	第 4～5 周
完成低层需求的核查	第 4～5 周
完成低层需求的评审	第 4～5 周
完成软件架构的开发	第 4～5 周
完成软件架构的核查	第 4～5 周
完成软件架构的评审	第 4～5 周
完成软件编码的开发	第 6～7 周
完成软件编码的核查	第 6～7 周
完成软件编码的评审	第 6～7 周
完成软件高层需求测试用例和测试规程的开发	第 4～7 周
完成软件高层需求测试用例和测试规程的核查	第 4～7 周
完成软件高层需求测试用例和测试规程的评审	第 4～7 周
完成软件低层需求测试用例和测试规程的开发	第 6～7 周
完成软件低层需求测试用例和测试规程的核查	第 6～7 周
完成软件低层需求测试用例和测试规程的评审	第 6～7 周
完成 SOI♯2 审定	第 6～7 周
完成测试运行	第 8～9 周
完成测试结果的核查	第 8～9 周
完成测试结果的评审	第 8～9 周
完成 SOI♯3 审定	第 9 周
完成发布	第 10 周
完成验收	第 11 周
完成软件总结相关文档的编制	第 12 周
完成软件总结相关文档的核查	第 12 周
完成软件总结相关文档的评审	第 12 周
完成 SOI♯4 审定	第 12 周

9.2　软件规模估算

根据历史经验,估算 TARGET 的软件规模为 800 行 C 语言有效代码(不包括注释行和空行)。

9.3　跟踪与监控

跟踪与监控是软件管理的重要环节。本项目在软件研制中将在 ASIDE 的辅助下进行以下跟踪和监控:

(1)及时检查软件研制过程中应执行的活动以及它们与过程目标的符合性,对不符合项采取纠正措施;

(2)检查软件研制过程中应产生的数据以及它们与相关标准和要求的符合性,对不符合项采取纠正措施;

(3)检查问题报告的统计数据(包括问题报告总数、未关闭的问题报告数等),对影响进度的问题采取措施;

(4)检查变更请求的统计数据(包括变更请求总数、未关闭的变更请求数等),对影响进度的变更采取措施;

(5)检查项目进度状态,复审和修订项目进度和计划;

(6)检查项目风险管理状态,复审和修订风险管理规程。

9.4　风险管理

本项目的风险管理规程由以下四个步骤组成:

(1)识别风险;

(2)描述风险;

(3)分析风险;

(4)监控风险和应急处理。

在识别风险时要考虑三个因素,即产生的后果、出现的可能性、影响前两个因素的选项。如果风险必定出现,那么这是问题而不是风险。如果产生的后果对项目没有较大影响,这也不是风险。

在描述风险时要包括两个因素,即引起风险的原因和风险可能出现的时间段。引起风险的原因有以下四种:

(1)缺乏过程和职权的控制;

(2)缺乏资源(如人力、技能、技术、设施);

(3)缺乏时间(进度);

(4)缺乏用于决策的信息。

在分析风险时要确定风险发生的概率,对难以确定数值的则用低、中、高表示:

(1)出现概率<0.3,低;

(2)出现概率 0.3～0.7,中;

(3)出现概率 0.7～0.99,高。

在确定风险发生的概率时要确定风险的等级，等级分为低、中、高三种。发生概率高的或发生后对项目产生重大影响的定为高等级。选用以下三种对策来对付风险：

(1) 避免，即采用新的方法或技术来避免风险的发生；

(2) 缓解，即减小发生的概率或产生的影响；

(3) 接受，即接受风险的发生及其后果，但采取可能的应急措施。

表 I.10 是依据以上规程对本项目风险的初步分析结果。

表 I.10 本项目风险分析

序号	名　称	等级	原　因	对　策
1	对适航标准和适航要求的理解不深刻	中	项目人员以前多参与军用飞机项目，第一次参加民用飞机机载软件的研制	参加由上海爱韦讯信息技术有限公司组织的 DO-178B 基础培训和高级培训
2	没有适航实践经验，可能导致研制过程和数据达不到适航要求	高	项目人员以前多参与军用飞机项目，第一次参加民用飞机机载软件的研制	参加由上海爱韦讯信息技术有限公司组织的 DO-178B 实战训练 邀请相关专家提供项目咨询
3	软件验证拖延进度	中	软件验证人员缺乏经验	加强前期培训 补充有经验的验证人员

10　注释

10.1　术语

本文档中的术语依据《DO-178B》。

10.2　缩写词

ASIDE　　　Airborne Software Integrated Development Environment

TARGET　　斗舰 2000 机载定位系统

PSAC　　　Plan for Software Aspects of Certification

SCM　　　 Software Configuration Management

SQA　　　 Software Quality Assurance

SCCB　　　Software Configuration Control Board

术　语　表

活动

活动(Activity)是软件研制中一个相对独立的步骤,根据一定的输入进行相关的处理后得到相应的输出,并产生软件产品状态外部可见的改变。

行动者

行动者(Actor)是实施活动的实体。

角色

角色(Role)是行动者执行某些特定活动所需的职责、权力和技能。一个行动者执行某一系列或某一类活动的时候,我们称他扮演了某一角色。

数据

数据(Data),有时也被称为"工件"或"产品",是活动的输入或输出。

关系

关系:设 A 和 B 是两个集合,如果 A 的元素 a 和 B 的元素 b 之间存在某种相关性 R,那么称 a 和 b 之间存在二元关系 R,记作 $R(a, b)$。特别地,如果 $A=B$,那么称 R 是集合 A 上的二元关系。

软件研制流程

软件研制流程是活动、行动者、角色、数据这四个基本要素以及它们之间的关联关系组成一个综合体。用数学的方式表达,软件研制流程是一个多元组: $P = \langle A, Actor, R, D, R_\mathrm{I}, R_\mathrm{C}, R_\mathrm{EXE}, R_\mathrm{PLAY}, R_\mathrm{OUT}, R_\mathrm{IN}, R_\mathrm{S}, R_\mathrm{T} \rangle$。

软件研制实践

软件研制实践是软件研制流程在具体软件项目中的实例化。也就是说,软件研制实践是根据预先定义的软件研制流程进行一个实际软件项目的研发实践。

活动的独立性关系

　　$a_1 \in A$，$a_2 \in A$，如果 a_1 和 a_2（按照相关的标准或要求）不能由同一个行动者来执行，我们称 a_1 和 a_2 是独立的，记作 $R_I(a_1, a_2)$。

活动的组成关系

　　如果活动 a_2 实行了活动 a_1 的所有工作，那么我们称 a_2 由 a_1 组成，a_1 是 a_2 的子活动，记作 $R_C(a_1, a_2)$，其中 $a_1 \in A$，$a_2 \in A$，A 是活动的集合。

传递关系

　　传递关系：R 是集合 A 上的二元关系，对于 $\forall x \in A$，$\forall y \in A$，$\forall z \in A$，如果 $R(x, y)$，$R(y, z)$，则有 $R(x, z)$，那么称 R 是传递的关系。

自反关系

　　自反关系：R 是集合 A 上的二元关系，如果 $\forall x \in A$，有 $R(x, x)$，那么称 R 是自反的关系。

反自反关系

　　反自反关系：R 是集合 A 上的二元关系，如果 $\forall x \in A$，$R(x, x)$ 不成立，那么称 R 是反自反的关系。

对称关系

　　对称关系：R 是集合 A 上的二元关系，对于 $\forall x \in A$，$\forall y \in A$，如果 $R(x, y)$，则有 $R(y, x)$，那么称 R 是对称的关系。

反对称关系

　　反对称关系：R 是集合 A 上的二元关系，对于 $\forall x \in A$，$\forall y \in A$，$y \neq x$，如果 $R(x, y)$，则 $R(y, x)$ 不成立，那么称 R 是反对称的关系。

拟序关系

　　拟序关系：R 是集合 A 上的二元关系，如果 R 是传递的，反自反的，那么称 R 是拟序关系。

偏序关系

　　偏序关系：R 是集合 A 上的二元关系，如果 R 是传递的，自反的，反对称的，那么称 R 是偏序关系。

恒等关系

恒等关系：R 是集合 A 上的二元关系，如果对 $\forall x \in A$，$R(x, x)$ 成立，且对 $\forall x \in A$，$\forall y \in A$，$y \neq x$，都有 $R(x, y)$ 不成立，那么称 R 是恒等关系。习惯上恒等关系通常被记作 I。

原子活动

对于 $a \in A$，A 是活动的集合。如果 $\forall a' \in A$，$R_C(a', a)$ 不成立，那么称 a 是原子活动。也就是说，一个活动如果不能分解成为其他更细粒度的活动，称为原子活动。

过程

为了叙述上的方便，我们常常把一系列工作内容相近、性质相仿、并共同实现某(些)目标的活动组合在一起，成为一个更大的活动。我们常常把以这样的方式组合后的活动称之为过程(Process)，以区别于常规意义上的活动。

子过程

由于过程本身也是活动，因此过程也可以有组成关系，如果一个过程由其他几个过程组成，那么后者称为前者的子过程。

阶段

以活动执行的时间作为划分的依据，把一系列在时间上紧密相关的活动组合在一起，称之为阶段(Phase)。一个阶段的活动完成后，通常会达到一个新的里程碑。

任务

把活动进行分解或适当组合，形成一个相对独立、粒度适宜、能够由单一行动者来执行的单位，称为任务(Task)。

角色的组成关系

如果角色 r_2 包含了角色 r_1 的所有职责和权限，那么我们称 r_2 由 r_1 组成，r_1 是 r_2 的子角色，记作 $R_C(r_1, r_2)$，其中 $r_1 \in R$，$r_2 \in R$，R 是角色的集合。

角色实施活动的关系(权限)

如果一个角色 r 可以执行活动 a，我们就称 r 对 a 存在"实施"关系，记作 $R_{EXE}(r, a)$，其中 $r \in R$，$a \in A$，R 是角色的集合，A 是活动的集合。

角色的互斥关系

若有 $R_I(a_1, a_2)$、$R_{EXE}(r_1, a_1)$ 和 $R_{EXE}(r_2, a_2)$，我们称 r_1 和 r_2 是互斥的。

行动者扮演角色的关系

如果某个行动者 *actor* 具备足够的能力和资质扮演角色 r，我们说 *actor* 和 r 存在扮演关系，记作 $R_{\text{PLAY}}(actor, r)$，其中 $r \in R$，$actor \in Actor$，R 为角色的集合，$Actor$ 为行动者的集合。

数据的组成关系

如果数据 d_2 包含了数据 d_1 的所有信息，那么我们称 d_2 由 d_1 组成，d_1 是 d_2 的子数据，记作 $R_{\text{C}}(d_1, d_2)$，其中 $d_1 \in D$，$d_2 \in D$，D 是数据集合。

数据元

一个具有独立语义的数据，如果它不能进一步分解为更细粒度且具有独立语义的数据，则称为数据元(Data Element)。

条目化数据元

以条目的形式出现，在软件研制流程定义的时候无法明确其数量，只有在实例化后在软件研制实践中才能实际产生的数据元，称之为条目化数据元。

非条目化数据元

以段落(非条目)的形式存在，在软件研制流程定义的时候就可以明确其存在数量，而在实例化的时候并不会改变其数量和结构的数据元，称为非条目化数据元。

数据项

为了叙述上的方便，我们常常把性质相近、从属于某一个过程的输入或者输出的数据元组合在一起，形成一个更粗粒度的数据，称之为数据项(Data Item)。

文档

在软件研制实践中，把内容密切相关的数据组织在一起并按照一定的形式(如电子文件、纸质文件等)呈现出来，称之为文档(Document)，以方便进行项目评审、质保审计、局方审定、文件归档以及项目管理上的需要。

配置项

在软件研制实践中，为了实现有效的软件配置管理活动，常常把需要集中和统一管理的数据元按照一定的粒度进行组合，称之为配置项(Configuration Item)。

活动的输入输出关系

如果活动 a 的处理过程中使用了数据 d_1，产生或修改了数据 d_2，那么我们称 d_1

是 a 的输入，记作 $R_{\text{IN}}(d_1, a)$；d_2 是 a 的输出，记作 $R_{\text{OUT}}(a, d_2)$。其中 $d_1 \in D$，$d_2 \in D$，$a \in A$，D 是数据的集合，A 是活动的集合。

数据流图的平衡与匹配

假设活动 a 的输入为 d，输出为 d'，也即 $R_{\text{IN}}(d, a)$，$R_{\text{OUT}}(a, d')$。令：

$$a = \{a_1, a_2, \cdots, a_n\}, R_{\text{IN}}(d_i, a_i), R_{\text{OUT}}(a_i, d_i'), i = 1, 2, \cdots, n$$

如果满足如下条件，那么称活动 a 的输入输出数据流图和它的子活动 a_1，a_2，$\cdots$，a_n 的输入输出数据流图是平衡和匹配的：

$$d' = \{d_1', d_2', \cdots, d_n'\}, d = \{d_1, d_2, \cdots, d_n\} \backslash d'$$

迁移准则

实施一项活动所必须具备的条件，称为迁移准则。

迁移准则的前置活动关系

如果活动 a_2 的执行必须以完成活动 a_1 为前提，那么我们称 a_1 是 a_2 的前置活动，a_1 与 a_2 具有前置活动关系，记作 $R_S(a_1, a_2)$。其中 $a_1 \in A$，$a_2 \in A$，A 是活动的集合。

特定条件下的前置活动

如果在某个特定条件 condition 之下，活动 a_2 的执行必须以完成活动 a_1 为前提，那么我们称 a_1 是 a_2 在条件 condition 之下的前置活动，记作 $[\text{condition}]R_S(a_1, a_2)$。其中 $a_1 \in A$，$a_2 \in A$，A 是活动的集合。

活动的并行关系

如果活动 a_1 和 a_2 之间没有任何前置活动关系，即 $R_S(a_1, a_2)$ 和 $R_S(a_2, a_1)$ 都不成立，那么称 a_1 和 a_2 是并行关系。其中 $a_1 \in A$，$a_2 \in A$，A 是活动的集合。

迁移准则的前置数据关系

如果活动 a 的执行必须以准备好数据 d 为前提，那么我们称 d 是 a 的前置数据，记作 $R_T(d, a)$。其中 $a \in A$，$d \in D$，A 是活动的集合，D 是数据的集合。

参 考 文 献

［1］GB/T 11457－2006. 软件工程术语［J］. 2006 年 9 月.

［2］RTCA/DO－178B. Software Considerations in Airborne Systems and Equipment Certification ［S］. December 1,1992.

［3］RTCA/DO－248B. Final Report for Clarification of DO－178B, Software Considerations in Airborne Systems and Equipment Certification ［S］. October 12,2001.

［4］RTCA/DO－178C. Software Considerations in Airborne Systems and Equipment Certification ［S］. December 13,2011.

［5］RTCA/DO－248C. Supporting Information for DO－178C and DO－278A ［S］. December 13,2011.

［6］Roger S. Pressman. Software Engineering：A Practitioner's Approach, Seventh Edition ［M］. McGraw-Hill Companies. Inc,2010.

［7］中国民用航空总局航空器适航司. AC－21－02 机载系统和设备合格审定中的软件审查方法 ［S］. 2000 年 1 月 10 日.

［8］IEEE－SA Standards Board. IEEE Std 1074－1997：IEEE Standard for Developing Software Life Cycle Processes ［S］. December 9,1997.

［9］European Aviation Safety Agency (EASA). EASA Proposed CM No.：EASA Proposed CM－SWCEH－002 Issue：01 ［S］. February 10,2011.

［10］ESA Board for Software Standardisation and Control (BSSC). Ada Coding Standard ［S］. European Space Agency, October 1998.

［11］Lockheed Martin Corporation. C＋＋ Coding Standards for the System Development and Demonstration Program ［S］. December 2005.

［12］IEEE－SA Standards Board. IEEE Std 830－1998：IEEE Recommended Practice for Software Requirements Specifications ［S］. June 25,1998.

［13］Silvia T. ACUÑA, Xavier FERRÉ. New Trends in Software Process Modelling ［M］. World Scientific Publishing Co. Pte. Ltd. , February 17,2006.

［14］Robert Bogue. Cracking the Code：Breaking down the Software Development Roles ［DB/OL］. March 22,2005. http://www. developer. com/mgmt/article. php/3490871/Cracking-the-Code-Breaking-Down-the-Software-Development-Rules. htm

［15］Haibin Zhu, Mengchu Zhou, Pierre Seguin. Supporting Software Development With Role ［J］. IEEE Transactions on Systems, Man, and Cybernetics—Part A：Systems and Humans, Vol. 36, No. 6, November 2006.

［16］刘林源,朱海滨,姜传贤. 一种基于角色的协同软件开发框架［J］. 科学技术与工程,2005 年 9 月第 17 期.

[17] CAST - 15. Merging High-Level and Low-Level Requirements [S]. February 2003.

[18] CAST - 26. Verification Independence [S]. January 2006.

[19] 欧莱姆(Andy Oram),威尔逊(Greg Wilson). 鲍央舟,张玳,沈欢星译. 软件之道:软件开发争议问题剖析[M]. 人民邮电出版社,2012 年 3 月.

[20] Frederick P. Brooks, Jr. , The Mythical Man-Month: Essays on Software Engineering [M]. Addison Wesley Longman, Inc, August 2002.

[21] Nancy Leveson, Clark S. Turner. An Investigation of the Therac - 25 Accidents [R/OL]. IEEE - SA Standards Board, Vol. 26, No. 7, July 1993. http://courses. cs. vt. edu/~cs3604/lib/Therac_25/Therac_1. html

[22] Standish Group. Chaos Report [R]. The Standish Group International, Inc. , 2003.

[23] Brian Randell. Memories of the NATO Software Engineering Conferences [C]. The Association for Computing Machinery, Inc, 1998.

[24] 阿里斯代尔·库克伯恩. 敏捷软件开发[M]. 北京:机械工业出版社,2008 年.

[25] 肯特·贝克. 极致编程解析:拥抱变化[M]. 北京:电子工业出版社,2006 年 5 月.

[26] Steve McConnell. Code Complete, Second Edition [M]. Microsoft Press, December 2006.

[27] Schach, Stephen. Object-Oriented and Classical Software Engineering, Seventh Edition [M]. McGraw-Hil, 2006.

[28] Grady Booch, James Rumbaugh, Ivar Jacobson. The Unified Modeling Language User Guide, Second Edition [M]. Addison-Wesley, June 2006.

[29] Frederic P. Miller, Agnes F. Vandome, John McBrewster. Automatic Programming [M]. Betascript Publishing, December 2010.

[30] Albert Benveniste, Paul Caspi, Stephen A. Edwards, Nicolas Halbwachs, Paul Le Guernic, Robert De Simone. The Synchronous Languages 12 Years Later [C]. Proceedings of the IEEE, Vol. 91, No. 1, January 2003.

[31] Frederic P. Miller, Agnes F. Vandome, John McBrewster. Formal Methods [M]. Betascript Publishing, September 2010.

[32] S. T. Acuña, G. Barchini, M. Sosa. A culture-centered multilevel software process cycle model [C]. Proceedings of the 22nd International Conference on Software Engineering, June 2000:775.

[33] S. T. Acuña, G. Barchini, C. Laserre, A. Silva, M. Sosa, V. Quincoces. Software engineering and knowledge engineering software process: Formalizing the who's who [C]. Proceedings of the 12th International Conference on Software Engineering and Knowledge Engineering, July 2000: 221 - 230.

[34] K. Benali, J. C. Derniame. Software processes modeling: what, who, and when [C]. Proceedings of the Second European Workshop on Software Process Technology, September 1992.

[35] S. T. Acuña, A. D. Antionio, X. Ferre, M. Lopez, L. Mate. The Software Process: Modelling, Evaluation and Improvement [J]. Handbook of Software and Knowledge Engineering, Vol. 0, No. 0, 2000.

[36] EN50128. Railway applications. Communication, signalling and processing systems. Software for railway control and protection systems [S]. March 2011.

[37] IEC60880. Nuclear power plants—Instrumentation and control systems important to safety—

Software aspects for computer-based systems performing category A functions [S]. May 2006.

[38] IEC61508. Functional Safety of Electrical/Electronic/Programmable Electronic Safety-related Systems [S]. May 2000.

[39] IEC62304. Medical Device Software—Software life-cycle processes [S]. May 2007.

[40] ISO26262. Road vehicles—Functional safety [S]. November 2011.

[41] IEC61511. Functional safety Safety instrumented systems for the process industry sector [S]. June 2003.

[42] RTCA/DO - 330. Software Tool Qualification Consideration [S]. December 13,2011.

[43] RTCA/DO - 331. Mode-Based Development and Verification Supplement to DO - 178C and DO - 278A [S]. December 13,2011.

[44] RTCA/DO - 332. Object-Oriented Technology and Related Techniques Supplement to DO - 178C and DO - 278A [S]. December 2011.

[45] RTCA/DO - 333. Formal Methods Supplement to DO - 178C and DO - 278A [S]. December 2011.

[46] RTCA/DO - 278A. Software Integrity Assurance Considerations For Communication, Navigation, Surveillance And Air Traffic Management (Cns/Atm) Systems [S]. December 2011.

[47] SEI/CMMI - DEV. Capability Maturity Model Integration [S]. 1994.

[48] GJB438B. Universal Military Software Development Documentation Requirements [S]. 2009.

[49] GJB5000A. Capability Maturity Model for Military Software Development [S]. March 2008.

[50] GJB2786A. General Requirements for Military Software Development [S]. August 2009.

[51] 屈婉玲,耿素云,张立昂. 离散数学[M]. 第 2 版. 北京:清华大学出版社,2008 年.

[52] Kenneth H. Rosen 著,袁崇义,屈婉玲,张桂芸等译. 离散数学及其应用[M]. 第 6 版. 北京:机械工业出版社,2011 年.

[53] FAA /Order 8110. 49. Software Approval Guidelines. U. S. Department of Transportation Federal Aviation Administration [S]. June 2003.

[54] FAA Job Aid, Conducting Software Reviews Prior to Certification [S]. dated January 16,2004.

[55] 王云明. 关于 Review 一词的中文翻译[DB/OL]. http://www. yunmingwang. cn/blog/article. asp? id=275,2011 年 9 月 26 日.

索　　引